Jetzt helfe ich mir selbst

Einbandgestaltung: Sven Rauert

Bilder/Zeichnungen: *frisch* CONSULTING, Friedrich Schröder, Sven Schröder, ADAC, ACE, Blaupunkt, Bosch, Bucheli, Continental, Dunlop, Opel, Hella, Mahle, Motorpresse, 3M Deutschland, Sonax.

Text und redaktionelle Bearbeitung:
Friedrich Schröder, Sven Schröder

Unser besonderer Dank für technische Unterstützung gilt der Opel Vertretung Werner Schleusener in Lohmar.

Dieser Band entspricht dem Kenntnisstand zum Zeitpunkt der Drucklegung. Abweichungen durch Weiterentwicklung der beschriebenen Fahrzeuge, geänderte Anweisungen des Fahrzeugherstellers bzw. neue gesetzliche Bestimmungen sind möglich.

Alle Angaben und Ratschläge in diesem Ratgeber sind nach bestem Wissen und Gewissen erteilt. Eine Haftung der Autoren oder des Verlages und seiner Beauftragten für Personen-, Sach- und Vermögensschäden ist jedoch ausgeschlossen.

ISBN 978-3-613-03563-8

1. Auflage 2014

Lizenznehmer des Motorbuch Verlags, Postfach 103743, D-70032 Stuttgart
Ein Unternehmen der Paul Pietsch Verlage GmbH & Co. KG

Sie finden uns im Internet unter:
www.motorbuch.de

Herstellung: IPa, D-71665 Vaihingen/Enz
Druck und Bindung: Appel und Klinger,
D-96277 Schneckenlohe
Printed in Germany

Opel Astra J

Benzin- und Dieselmotoren ab Modelljahr 2013

Motor buch Verlag

Inhalt

Einleitung

Ausrüstung

Modellvorstellung

Wagenpflege

Jahreszeiten

Kleine Pannen

Fit für den Winter

Karosserie

Wartung

Antrieb

Ein Ratgeber stellt sich vor

»An modernen Autos machst du nichts mehr selber«: Eine Behauptung die nicht nur heiße Diskussionen am Biertresen provoziert. Natürlich ist auch uns, dem Team von »Jetzt helfe ich mir selbst«, der Satz geläufig. Wir allerdings widersprechen vehement und treten den schriftlichen Gegenbeweis an!
Offenbar ist auch Ihnen die provokative Meinung der Theken-Besserwisser suspekt: Würden Sie sonst etwa in »Jetzt helfe ich mir selbst« blättern und den Inhalt praktisch nutzen? Damit wissen Sie übrigens weit mehr als 15 Millionen Autofahrer hinter sich: Sie warten ihr Auto – ähnlich wie Sie – unter fachmännischer Anleitung von »Jetzt helfe ich mir selbst«.
Schwarz/weiße Weltbilder spiegeln nur selten die Realität. Doch wir verschweigen Ihnen in diesem Service-Band auch nicht: Mit angejahrtem Grundwissen und lückenhaftem Werkzeugequipment überschreiten Sie schnell die Grenzen des sinnvollen Do it yourself. Spätestens dann, wenn Sie ein Auto, gestützt auf das Ihnen vorliegende Service-Buch, von A bis Z revidieren möchten.
Vergessen Sie Ihr Vorhaben besser ganz schnell. In dem Fall ist »Jetzt helfe ich mir selbst« nicht die richtige Lektüre. Sie finden zwischen den Buchdeckeln zwar hilfreiche Tipps und geldwerte Hinweise zu Service- und überschaubaren Wartungsarbeiten, doch bis in den letzten Hohlraum lernen Sie in diesem Umfeld Ihr Auto nicht kennen.
Der Einsatz von elektronischen Komponenten, gleichwie deren Vernetzung unter dem Blech, ermöglicht heutzutage so manchen Fehler, der an alten Autos unmöglich gewesen wäre. Das gilt es nicht zu bezweifeln oder zu bekritteln – die Technik ist komplexer geworden, gleich so die Reparaturmethoden.
Doch der Alltag und die Praxis zeigen gleichfalls: Mit dem Einzug von Elektronik sind heutige Autos wesentlich zuverlässiger, sicherer und umweltfreundlicher geworden – wartungsärmer sind sie allemal. Es wäre einfach unlauter, den Fortschritt in Frage zu stellen. Selbst wenn Chips und Bits Ihnen wie uns ab und an die Zornesröte ins Gesicht treiben.

Hilfe zur Selbsthilfe

Was Sie tun können wenn Ihr Auto streikt, oder besser noch, was Sie rechtzeitig erledigen sollten, entnehmen Sie diesem Ratgeber. Sollten Sie den Fehler selbst auch nicht beheben können, in den meisten Fällen können Sie den Schaden dann zumindest grob einkreisen. So liefern Sie Ihrem Werkstattmeister wichtige Informationen und reduzieren die teure Fehlersuche auf ein Minimum.

Tipps und Wissenswertes

Damit Sie an Ihrem Auto möglichst häufig Chef im Ring bleiben, gehen wir immer mal wieder auf technische Grundbegriffe ein, erläutern Ihnen aktuelle Fachbegriffe und informieren Sie über Wissenswertes aus der Technikwelt.
Darüber hinaus geizen wir nicht mit praktischen Tipps. Beispielsweise wie Sie Ihre Scheibenwischerblätter oder Türdichtungen möglichst lange fit und geschmeidig halten.
Möchten Sie das sofort erfahren? Schauen Sie kurzerhand unter »Fit durch den Winter« nach. Weil es in der dunklen Jahreszeit besonders viel zu beachten gilt, widmen wir dem Thema ein eigenes Kapitel.
Warum das? Laut einschlägiger Untersuchungen begeben sich in der kalten Jahreszeit immer noch zu viele Automobilisten mit Sommerreifen, mit spröden Wischergummis oder mit schielenden Scheinwerfern auf die Piste. All jene Unverbesserlichen handeln verantwortungslos, verantwortungslos gegenüber sich und anderen Verkehrsteilnehmern.

Sicherheit hat Vorrang – IMMER

Wir bringen Se mit Ihrem Astra freilich nicht nur fit durch den Winter, wir bringen Sie fit durch alle Jahreszeiten: Ihre Sicherheit ist UNS nicht Schnuppe, sondern ein ehrliches Anliegen. Dementsprechend liegen wir unseren Fokus auf frühzeitige Schadenserkennung und weniger auf die Reparatur sicherheitsrelevanter Baugruppen. Selbstverständlich gehört ein übersichtlicher »Störungsbeistand« zum festen Bestandteil eines jeden Kapitels. Zudem bieten wir Ihnen Diagnose-Schemata, mit denen Sie eventuelle Unzulänglichkeiten zielsicher und rechtzeitig einkreisen. Schließlich erspart Ihnen das Wissen um die Befindlichkeiten Ihres Autos, zum Beispiel beim TÜV- oder DEKRA-Check, jede Menge Ärger, zudem entlastet es Ihr Portemonnaie.

Reparaturen in der heimischen Garage

Sollten Sie bereits geübt im Umgang mit Werkzeug sein, erledigen Sie unsere Arbeitsschritte bestimmt problemlos. Als motivierter Hobbyschrauber führen Sie unsere Reparaturen zudem locker in der heimischen Garage aus. Welche Grundausstattung Sie dafür benötigen und wie das Equipment möglichst ideal hinter das Garagentor passt, zeigen wir Ihnen auf den folgenden Seiten. An dieser Stelle erlauben Sie uns noch einen Hinweis in eigener Sache: Geübte Schrauber, wie freie Werkstätten, finden in den fundierten Auto-Reparaturanleitungen des Bucheli-Verlags natürlich IHRE Lektüre. In den Anleitungen erklären und beschreiben wir präzise, wie komplexe Baugruppen, etwa Motor und Getriebe, zerlegt und montiert werden.

Damit Sie sich besser zurechtfinden

Um etwas Bestimmtes in diesem Buch zu finden, gibt's diverse Möglichkeiten: Natürlich können Sie auf das vertraute Inhaltsverzeichnis zurückgreifen, doch auch mit schnellem Durchblättern kommen Sie auf den Punkt. Der Hinweis, in welchem Kapitel Sie gerade blättern, steht oben links auf jeder Doppelseite. Noch weiter links davon verraten wir Ihnen, ob der betreffende Abschnitt theoretisches Wissen, konkrete Arbeitsanleitungen oder Optimierungsvorschläge behandelt. Die rechte Seitenhälfte nutzten Sie jeweils als Pfadfinder für das behandelte Thema. So können Sie, auf der Suche nach bestimmten Inhalten, Ihren Korp relativ Ziel gerichtet durch die Finger laufen lassen…

INFORMATION

Bevor Teile ausgebaut oder Baugruppen zerlegt werden, ist es ratsam, vorab die theoretischen Grundlagen zu kennen. Immer wenn der Hinweis auftaucht, erklären wir die Funktion der Technik, Ihre Bedeutung im Auto und im Alltag. Ab und an beschreiben wir auch historische Hintergründe der betreffenden Entwicklung. Dieser Service bringt Ihnen die Technik Ihres Autos noch näher: Mit dem nötigen Detailwissen im Hinterkopf schraubt es sich erfolgreicher.

ARBEITSSCHRITTE

Sobald wir Arbeiten beschreiben, taucht dieses Symbol auf: Es führt Sie Schritt für Schritt zum Ziel. Bei der Auswahl halten wir uns strikt daran, was in der eigenen Hobbygarage noch machbar ist und was Sie besser unterlassen sollten. Damit Sie sehen, dass wir aus der Praxis kommen, posen wir nicht nur mit blitzblankem Werkzeug, wir arbeiten auch schon mal mit schmutzigen Händen. Dennoch hoffen wir, die Fotos machen Ihnen Appetit aufs Selberschrauben.

BESSER MACHEN

In der Praxis gleicht erfahrungsgemäß kaum ein Auto dem anderen: Autos werden tiefer gelegt, Karosserien werden verändert oder die Innenausstattung individualisiert. Vielleicht benutzen Sie dieses Buch ja auch, um Ihr Auto gezielt zu verbessern. Sie haben keine Tuninganleitung gekauft, wir präsentieren Ihnen lediglich diverse Möglichkeiten, Ihr Auto zu individualisieren und verraten Ihnen auch, worauf Sie beim Einkauf von Qualitätszubehör achten sollten.

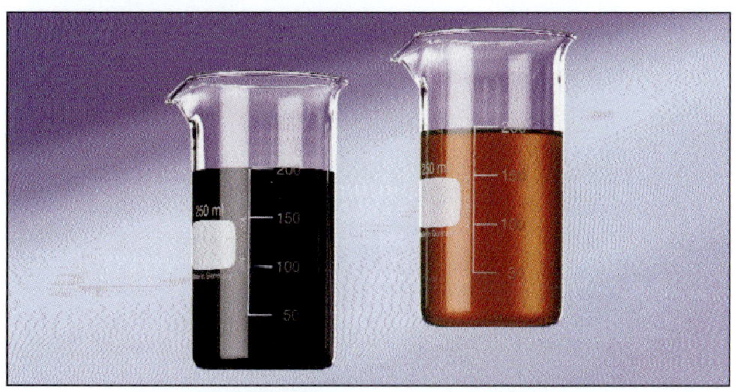

Lernen Sie Ihr Auto kennen

Egal, ob Sie Ihren Astra schon länger fahren oder erst kürzlich darin Platz genommen haben – nehmen Sie sich auf jeden Fall ein paar Augenblicke Zeit um ihn neugierig und mit Verstand zu erkunden. Selbst nachdem Sie die Bedienungsanleitung aufmerksam gelesen haben, was wir Ihnen übrigens wärmstens empfehlen, kennen Sie Ihr Auto längst noch nicht in all seinen Facetten.

Das Typenschild

Das Typenschild ist gewissermaßen der Personalausweis Ihres Astra. Die dort vorhandenen Ziffernfolgen enthalten bereits etliche – in Zahlen- und Buchstabencodes verschlüsselte – Informationen. So das Produktionsdatum, den Fahrzeugtyp, das Gewicht, die Identifikationsnummer sowie die Art und Herkunft der montierten Aggregate. Als Do-it-Yourselfer sollten Sie das Typenschild natürlich lesen und interpretieren können. Sie finden es in unterschiedlicher Ausprägung gleich mehrfach an Ihrem Auto. So zum Beispiel als Aufkleber auf der rechten B-Säule.

Die Fahrgestellnummer

Die Fahrgestellnummer bestimmt das exakte Geburtsdatum Ihres Autos. Sie ist verewigt auf dem Typenschild, im Bodenblech (Höhe Beifahrersitz) und gut sichtbar auf der linken Seite unterhalb der Frontscheibe.

Die Geburtsurkunde: Seine Fahrgestellnummer trägt der Astra gut sichtbar hinter der Frontscheibe, versteckt unter dem Bodenteppich in Höhe des Beifahrersitzes sowie in der Türnische auf der rechten B-Säule.

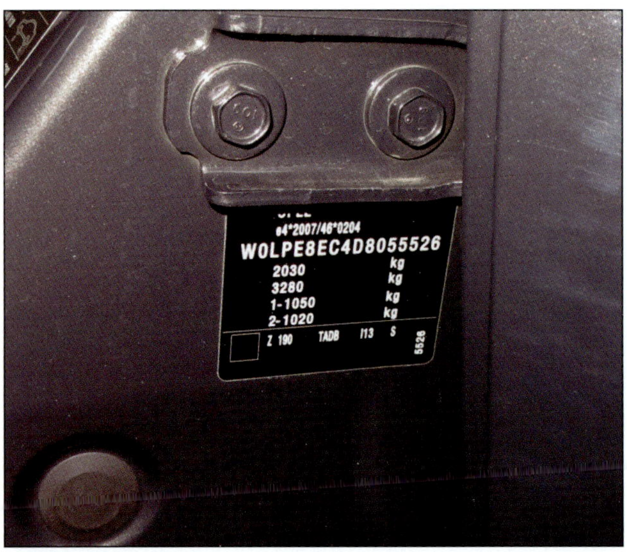

Auf der rechten B-Säule verklebt: Das Typenschild enthält die Fahrgestellnummer und die Achslasten.

Die Motornummer

Die eingestanzte Motornummer sitzt am Verbindungsflansch des Motorgehäuses zum Getriebe. Auf der Zahnriemenabdeckung ist die komplette Motorcodierung ablesbar.

Egal, Sie haben ein Auto gekauft und stellen nun enttäuscht fest, es funktioniert anders als es sollte? Bevor Sie ernsthaft zu reklamieren beginnen, klären Sie zunächst erst einmal ab, wie es um Ihre Rechte steht. Danach stellen Sie gleichfalls noch sicher, dass Sie keinem Irrtum unterliegen und Sie tatsächlich einen Mangel (eine Fehlfunktion) beanstanden.

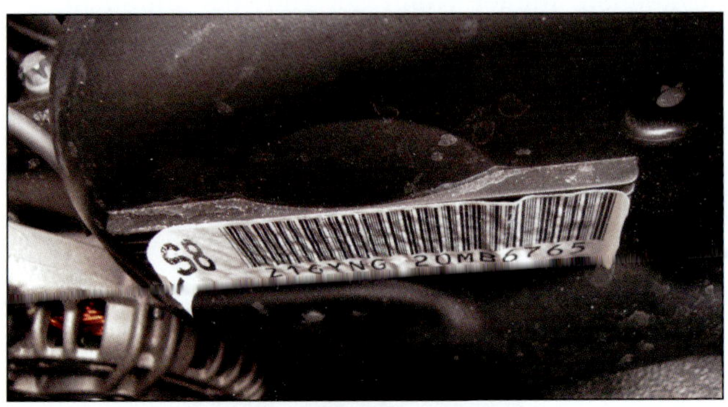

Auf der Zahnriemenabdeckung sichtbar: Die Codierung des Motortyps.

Rechte und Pflichten – so sieht's der Gesetzgeber

Was ist ein Mangel?

Dazu die vereinfachte Darstellung des § 434 BGB: »Eine Sache ist frei von Mängeln, wenn sie sich für die Verwendung eignet, für die sie gemäß Kaufvertrag gedacht war, oder wenn sie sich für die gewöhnliche Verwendung eignet bzw. die Beschaffenheit aufweist, die man üblicherweise erwarten kann. Das beinhaltet auch Eigenschaften, von denen der Käufer aufgrund von Aussagen, die in der Werbung oder von Mitarbeitern des Verkäufers gemacht wurden, ausgehen kann.«
Liegt also tatsächlich ein Mangel vor, beispielsweise eine deutlich geringere als im Prospekt angegebene Höchstgeschwindigkeit, suchen Sie ein klärendes Gespräch mit Ihrem Kundendiensttechniker zu terminieren und fordern Ihr Recht unmissverständlich ein.
Damit Ihr Anliegen nicht einfach verpufft, gehen wir folgend auf einige Begriffe und Zusammenhänge näher ein.

Garantie, Gewährleistung (Sachmangelhaftung)

Garantie und Gewährleistung (letzteres ist die so genannte Sachmangelhaftung) sind zwei völlig verschiedene und vor allem unabhängige Sachverhalte. Dennoch, umgangssprachlich werden beide Begriffe häufig miteinander verwechselt oder vertauscht. Das sollte Ihnen in einem Reklamationsgespräch besser nicht passieren – trennen Sie Garantie und Gewährleistung strikt voneinander.

Garantie

Die Garantie ist grundsätzlich eine freiwillige und zusätzliche Leistung des Verkäufers oder Herstellers. Sie kann nach Belieben ausgestaltet oder befristet sein. Die Garantie folgt, im Rahmen des Kaufvertrags bzw. in Verbindung mit dem Kaufvertrag, aus einer eigenständigen Vereinbarung. Garantie kann demzufolge an bestimmte Voraussetzungen geknüpft sein, bestimmte Kosten ausschließen und auch die Leistungen einschränken. So kann ein Verkäufer seine Garantie beispielsweise davon abhängig machen, dass Ihr Auto regelmäßig in der dem Händler angegliederten Werkstatt gewartet wird. Falls nicht, bekommen Sie im Garantiefall lediglich die Materialkosten, nicht jedoch die Arbeitszeit erstattet.
Daher unser Tipp: Vertrauen Sie nicht dem Garantieversprechen, sondern schauen Sie vor dem Kauf besser die Garantiebedingungen genauestens an. Auf Verlangen haben Sie übrigens Anspruch auf die Garantiebestimmungen in schriftlicher Form.

Gewährleistung

Die Gewährleistung (Sachmangelhaftung) basiert auf den gesetzlichen Regelungen im Kaufvertrag. Sie wirkt, sobald ein rechtsgültiger Kaufvertrag abgeschlossen wurde. Ausnahme: Eine Gewährleistung wurde rechtswirksam ausgeschlossen. Ein vollständiger Ausschluss der Gewährleistung, im Rahmen eines Kaufvertrags zwischen einem Unternehmer (z. B. Kfz-Händler) als Verkäufer und einer Privatperson als Käufer, ist nicht möglich.
Sehr wohl jedoch ist die Gewährleistung, zum Beispiel bei Abschluss eines Kaufvertrags zwischen Privatpersonen, vollständig auszuschließen. Der Passus muss jedoch zwischen den Parteien ausdrücklich und individuell im Kaufvertrag geregelt sein.
Das Gewährleistungsrecht-Änderungsgesetz vom 01.01.2007 brachte unter »zum Beispiel« folgende Neuerungen:

- Bei neuen Sachen beträgt die Frist grundsätzlich zwei Jahre ab Übergabedatum.
- Bei gebrauchten Sachen kann eine Frist von einem Jahr vereinbart werden (nicht in Allgemeinen Geschäftsbedingungen!), wobei nur Kraftfahrzeuge, die älter als ein Jahr (ab Erstzulassung) sind, als gebrauchte Sachen gelten.
- Innerhalb der ersten sechs Monate hat der Händler bei einer Reklamation zu beweisen, dass die Sache zum Zeitpunkt der Übergabe dem Vertrag entsprach (also keinen Mangel hatte). Nach sechs Monaten hat der Kunde die Beweispflicht (bisher hatte ausschließlich der Kunde die Beweispflicht).

Besagte Regelungen stärken allesamt die Endkundenrechte. Kfz-Händler haben die neuen Texte verständlicherweise skeptisch aufgenommen. Demzufolge suchen sie nach legalen Möglichkeiten, die gesetzlichen Bestimmungen einzuschränken oder auszuhebeln.
Der »vermeintliche Handel« mit Bastler- und Schrottautos hat darum in den letzten Jahren massiv zugenommen. Geschäfte mit diesen Vehikeln schließen nämlich sämtliche Gewährleistungsansprüche aus – auch dann, wenn die Autos teilweise mit frischen Prüfplaketten bestückt sind.
Vor Gericht sind derlei Verträge längst nicht mehr wasserdicht: Die Rechtsprechung entscheidet mittlerweile immer häufiger zu Gunsten des Verbrauchers. Ebenso bei Verkäufen, die offiziell nur »im Auftrag« stattfinden.
Die Praxis zeigt: Hat ein Händler erst einmal im eigenen Interesse die aktuelle Hauptuntersuchung sowie weitere Instandsetzungsarbeiten erledigt, hat er vor Gericht nur wenig Chancen, seinen Verkauf als »im Auftrag« zu deklarieren. Der Zusatz grenzt die gesetzlichen Regelungen nicht ein.
Je klarer die Vereinbarung und genauer die Fahrzeugbeschreibung, desto geringer ist das Haftungsrisiko. Wir raten Ihnen bei jedem Gebrauchtwagenkauf einen »Musterkaufvertrag für Gebrauchtwagen« (im Handel oder bei Automobilclubs erhältlich) sowie einen »Gebrauchtwagen-Zustandsprüfbericht« zu verwenden. Damit vermeiden Sie schon im Vorfeld kostspielige Prozesse und unangenehme Streitigkeiten.

Fazit

Eine freiwillige Garantie besteht also zusätzlich zur gesetzlichen Gewährleistung (Sachmangelhaftung). Sie ist im Umfang der Leistungen, im Vergleich zur Gewährleistung, meistens jedoch eingeschränkt. Allerdings greift die Garantie oft auch noch bei Mängeln, die erst nach dem Kauf auftreten – was in der Form nicht auf die gesetzliche Gewährleistung zutrifft.

Reizthema Farbabweichung

Farbabweichungen können durchaus Sachmängel sein. Laut Oberlandesgericht Köln »gehört die Farbe eines Neufahrzeugs zu den Beschaffenheitsmerkmalen und stellt ein äußerliches Merkmal des Fahrzeugs dar, welches für den Käufer im Rahmen der Kaufentscheidung maßgeblich ist«. Ergeben sich also Abweichungen im Farbton, kann der Käufer grundsätzlich Gewährleistungsansprüche geltend machen. Durch das OLG Köln bestätigtes Urteil des LG Aachen vom 26.04.2005 (Az. 12 O 493/04).

Recht auf Nachbesserung

Seit dem 01.01.2002 gewährt die Rechtslage sowohl dem Käufer als auch dem Verkäufer einen Mangelbeseitigungsanspruch. Anstatt von Nachbesserung spricht der Gesetzgeber jetzt von Nacherfüllung. Grundsätzlich hat der Händler das Recht bis zu dreimal nachzuerfüllen. Der Verkäufer hat die zum Zwecke der Nacherfüllung erforderlichen Aufwendungen, etwa die Transport-, Wege-, Arbeits- und Materialkosten, zu tragen.
Zu beachten ist in diesem Zusammenhang, dass der Verkäufer sein Mangelnachbesserungsrecht behält, auch wenn Reparaturen bereits in einer fremden Werkstatt erfolglos waren. Der Verkäufer muss sich diese Nachbesserungsversuche nicht zurechnen lassen, er kann auf Nacherfüllung im eigenen Firmensitz bestehen.
OLG Köln vom 14.02.2006 (Az. 20U 188/05).

Wandlung und Preisnachlass

Ist ein erheblicher Mangel nach drei Nacherfüllungsversuchen immer noch nicht beseitigt, oder fehlen zugesicherte Eigenschaften, hat der Käufer das Recht auf Wandlung oder Preisnachlass. Dies ist unserer Meinung dann auch der Zeitpunkt, an dem Sie als Käufer einen Rechtsanwalt zu Rate ziehen sollten. Sie werden sich auf jeden Fall jedoch eine Nutzungspauschale, die abhängig von der genutzten Laufleistung des Fahrzeugs ist, anrechnen lassen müssen. Eine Wandlung ist grundsätzlich nur dann möglich, wenn das Fahrzeug noch im Originalzustand ist.

Der Kulanzantrag

Nach Ablauf der Gewährleistungszeit, gegebenenfalls auch der Garantiezeit, bleibt Ihnen immer noch die Möglichkeit einer Kulanzregelung beim Händler. Kulanz umschreibt im Allgemeinen ein Entgegenkommen zwischen den Vertragspartnern nach Vertragsabschluss. Sie regelt den Ablauf der freiwilligen Reparatur- und Serviceleistungen nach Ablauf der gesetzlichen oder individualvertraglichen Gewährleistungsverpflichtungen. Die Kulanzregelung wird in der Regel als Maßnahme zur Kundenbindung von den Herstellern dargestellt.

In der Werkstatt

Aufgrund der vielen Ausstattungsvarianten und der verfügbaren Sonderausstattungen, die moderne Autos selbstverständlich bieten, ist eine genaue Bestimmung des Fahrzeugtyps allein anhand der Fahrgestellnummer nicht grundsätzlich möglich. Sollten Sie also Ihre Werkstatt wechseln, vergessen Sie nicht, dort alle Unterlagen (Serviceheft, Radiocode, ABE, Zubehörunterlagen) zur Einsicht vorzulegen. Berücksichtigen Sie durchaus auch vorhandenes Zubehör wie verschließbare Sonderfelgen. Bei Arbeiten an der Wegfahrsperre oder dem Schließsystem werden in der Regel alle Fahrzeugschlüssel benötigt. Falls Sie Wertgegenstände im Auto transportieren, räumen Sie Ihren Wagen aus und entfernen die Privatsachen. So ersparen Sie sich zumindest unliebsame Diskussionen…

Das hinterlegen Sie am Werkstatttresen

- Fahrzeugschein
- Serviceheft
- Adapter oder Schlüssel für Felgenschlösser
- Radiocode
- alle Schlüssel (bei Arbeiten am Schließsystem)

Erteilen Sie der Werkstatt einen schriftlichen Auftrag

Wenn Ihnen einfach mal die Zeit fürs Do it yourself, die nötige Erfahrung oder teures Spezialwerkzeug fehlen, kommen Sie an der Werkstatt nicht vorbei. In jenen Fällen haben Sie allerdings selbst großen Einfluss darauf, ob die dort verkaufte Hilfe Ihren Vorstellungen entspricht und Sie zufrieden vom Hof fahren. Beachten Sie darum schon bei Ihrem nächsten Werkstattbesuch die Spielregeln und Tipps in der folgenden Übersicht.

Wohin mit Ihrem Auto – Vertrags- oder freie Werkstatt?

- Erteilen Sie Reparaturaufträge stets schriftlich. Der Auftrag muss auszuführende Arbeiten möglichst genau umreißen. Lassen Sie sich immer von der Werkstatt eine Auftragsbestätigung aushändigen.
- Stellen Sie also eine Liste der Symptome und Mängel zusammen, die Sie bemerkt haben. Besprechen Sie die Liste Punkt für Punkt mit dem Werkstattmeister oder seinem Vertreter. Wenn Ihnen dabei etwas unklar bleibt, fragen Sie nach oder demonstrieren Sie die Mängel direkt am Fahrzeug.
- Formulieren Sie präzise Reparaturaufträge: Pauschalaufträge wie »TÜV-fertig machen« oder »für den Urlaub herrichten« programmieren geradezu späteren Ärger. Etwa dann, wenn Sie für Arbeiten zur Kasse gebeten werden sollen, die Ihrer Meinung nach unnötig waren.
- Bevor Sie einen Reparaturauftrag erteilen, lassen Sie sich die voraussichtlichen Lohn- und Materialkosten splitten. Legen Sie für eventuell erforderliche Zusatzarbeiten eine Preisgrenze fest. Ist der Arbeitsumfang vorab nur vage zu bestimmen, nennen Sie der Werkstatt Ihr eigenes Reparaturkostenlimit.
- Fragen Sie auf jeden Fall auch nach den voraussichtlichen Diagnosekosten. Wenn Ihr Auto beispielsweise zu viel Kraftstoff verbraucht oder schlecht anspringt, wenn der Motor stottert oder Sie merkwürdige Geräusche an den Rädern hören, ist die Diagnose häufig teurer als die eigentliche Reparatur. Begrenzen Sie daher auch die Fehlersuche mit einem konkreten Preislimit.
- Damit Sie bei Rückfragen erreichbar sind, machen Sie der Werkstatt Ihre Telefonnummer bekannt. Ein Rückruf muss immer dann stattfinden, wenn die Reparatur umfangreicher oder teurer als vereinbart wird. Lassen Sie auch zusätzliche Absprachen schriftlich auf dem Werkstattauftrag festhalten.
- Bitten Sie die Werkstatt bei umfangreichen Reparaturen um einen schriftlichen Kostenvoranschlag. Solide

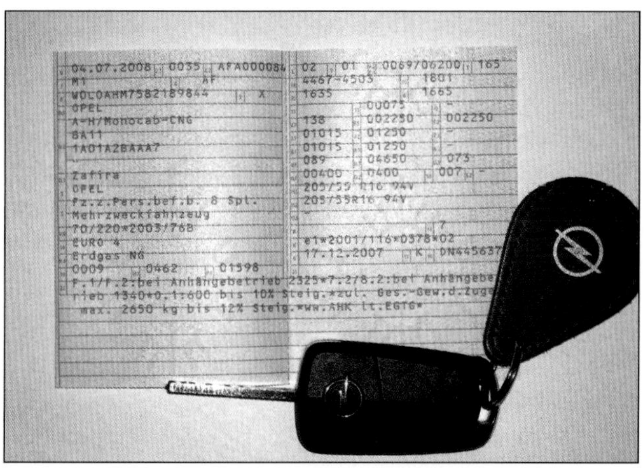

Enthält alle relevanten Daten: Der Kfz-Schein.

Werkstätten berechnen Ihnen in der Regel den Kostenvoranschlag nur dann, wenn die anschließende Reparatur nicht stattfindet. Bei unvorhersehbaren Arbeiten darf die Rechnung den Kostenvoranschlag um maximal 15 - 20 Prozent überschreiten.

- Welche Werkstatt Sie mit Ihrem Astra aufsuchen, steht Ihnen grundsätzlich frei. Neben der Vertragswerkstatt können freie Werkstätten auch eine gute Adresse sein. Sie führen Reparaturen vielfach mit vergleichbarer Kompetenz wie Vertragswerkstätten aus. Ölwechsel, neue Bremsbeläge, Bremsscheiben, Reifen und Stoßdämpfer sind dort häufig sogar günstiger. Achten Sie jedoch grundsätzlich darauf, dass die von Ihnen beauftragte Werkstatt ein Meisterbetrieb ist und der Kfz-Innung angehört.
- Innerhalb der Garantiezeit ist Ihr Astra jedoch grundsätzlich ein Fall für die Vertragswerkstatt. Das gilt für Inspektionen wie für die meisten Aggregatereparaturen. Einfache Blech- oder Lackschäden können Sie – trotz Garantie – durchaus in Eigenregie beheben oder von einer freien Werkstatt erledigen lassen. Bei späteren Reparaturproblemen könnte es dann mit der Werksgarantie allerdings kritisch werden für Sie.

Bis zu 30 Prozent günstiger – spezielle Teile- und Serviceangebote

- Sobald Ihr Astra in die Jahre kommt, lohnt es sich, nach speziellen Teile- und Serviceangeboten zu fragen. Nicht nur Opel-Vertragswerkstätten bieten oft Servicepakete inklusive preisgünstiger Originalteile an – Sie können hier locker bis zu 30 Prozent sparen. Fragen Sie Ihren Opel-Händler einfach mal nach seinen aktuellen Serviceangeboten.
- Wird ein Aggregateaustausch unumgänglich, muss ein Neuteil nicht immer Ihre erste Wahl sein: Erkundigen Sie sich nach aufbereiteten und geprüften Austauschteilen. Damit sparen Sie Bares – natürlich bei vergleichbarer Qualität. Prädestinierte Austauschteile sind Motor, Kraftstoffeinspritzanlage, Getriebe, Kupplung, Lichtmaschine, Anlasser und die Wasserpumpe.
- Ein Ölwechsel in der Werkstatt oder an der Tankstelle geht mitunter ins Geld: Professionelle Schmiermaxen spendieren Ihrem Auto gerne den teuersten Saft. Fragen Sie nach preisgünstigeren Ölsorten mit vergleichbaren Spezifikationen – in der Regel schmieren die Ihren Astra nicht schlechter.

Gemeinsam mit dem Werkstattmeister checken – die Reparaturrechnung

- Checken Sie die Werkstattrechnung nach der Reparatur zusammen mit dem Meister oder Kundendienstberater. Lassen Sie sich unverständliche Abkürzungen und Fachbegriffe vor Ort erklären.
- Auf der Rechnung sollten Posten wie Arbeitslohn, Material und Mehrwertsteuer separat aufgeschlüsselt sein. Fehlerhafte Rechnungen können Sie binnen sechs Wochen nach Erhalt reklamieren.

Rechtzeitig monieren – mangelhafte Reparaturen

- Mangelhafte Reparaturen sollten Sie umgehend monieren. Meisterbetriebe müssen für die Arbeit sechs Monate geradestehen (Gewährleistung). Für Folgeschäden, hervorgerufen von unsachgemäßen Reparaturen, haften autorisierte Werkstätten natürlich auch.
- Wenn Ihnen bei der Fahrzeugübernahme bereits die ersten Mängel auffallen, kann die Werkstatt Ihnen trotzdem den vollen Reparaturumfang berechnen. Vermerken Sie in solchen Fällen auf der Rechnung, dass Ihre Zahlung ausschließlich unter Vorbehalt und nach Aufforderung erfolgte.
- Tragen Sie dem Werkstattmeister Ihre Reklamationen in einem sachlichen Ton vor. Lassen sich Unstimmigkeiten vor Ort nicht ausräumen, helfen Schiedsstellen der Kfz-Innung kostenlos weiter – vorausgesetzt, Ihre Werkstatt ist tatsächlich ordentliches Innungsmitglied. Entsprechende Adressen von Kfz-Schiedsstellen nennen Ihnen zum Beispiel die Zentrale für Verbraucherberatung, Ihr Automobilclub oder der ZDK e.V.

Investition in die Zukunft

Ohne das richtige Werkzeug geht nichts. Wenn Sie vorhaben, sich inten-siv um Ihr Auto zukümmern, müssen Sie sich zunächst Gedanken um das nötige Handwerkszeug machen. Was Sie unbedingt brauchen und wie Sie alles in der heimischen Garage unterbringen können, zeigen wir Ihnen in diesem Kapitel.

Egal, ob Sie nun häufig oder eher selten, aus purer Lust am Basteln oder um Geld zu sparen am Auto schrauben: Sie müssen dafür zuerst die richtigen Voraussetzungenschaffen. Leider ist das mit Kosten verbunden – mitunter sogar mit erheblichen.
Doch wenn Sie bedenken, was eine Arbeitsstunde in der Werkstatt kostet und dass hochwertiges Werkzeug fast ein Leben lang hält, rechnet sich die Investition früher oder später.

Was brauche ich sofort?

Beginnen Sie mit einem Ordnungssystem, bestehend aus einer stabilen Werkbank mit Unterschränken und einem abschließbaren Schrankaufsatz. Ohne ein Ordnungssystem und eine stabile Werkbank sollten Sie nicht beginnen, denn Ordnung und Sauberkeit sind beim Schrauben oberstes Gebot. Das Schöne daran: Das Ganze passt problemlos in eine normale Einzelgarage und bietet Ihnen auf Jahre die nötige Sicherheit.
Für hochwertige Ordnungssysteme, beispielsweise unsere Einrichtung, müssen Sie rund 4200 Euro rechnen. Ohne Inhalt versteht sich, aber der wird ja ohnehin im Laufe der Jahre praxisbezogen ergänzt.
Lassen Sie sich doch einfach von Ihren Lieben zum Geburtstag oder zu Weihnachten, anstelle von Unterwäsche oder Socken, hochwertige Werkzeug schenken. Die Schränke füllen sich dann schneller als Sie denken …

Woran erkenne ich gutes Werkzeug?

Gutes Werkzeug ist in der Regel nicht billig: Ein Ring-/Maulschlüssel kostet im Fachhandel je nach Größe zwischen fünf und 15 Euro, so dass ein Satz mit den zehn gebräuchlichsten Größen schon auf rund 80 Euro kommt. Noch gravierender sind die Qualitäts- und Preisunterschiede bei Steckschlüsselsätzen – oft auch Umschaltknarren mit Nüssen genannt. Ein solider Kasten mit 19 Teilen und Verlängerungen kostet an die 200 Euro, hält dafür aber auch höchste Belastungen aus.
Übrigens, nicht nur der Preis, auch das Gewicht des gekauften Handwerkszeugs ist zunächst ein gutes Indiz für Qualität: Je schwerer das Werkzeug ist, umso stabiler ist es im Umgang mit Schrauben & Co. »Wiegen« Sie zum Vergleich einfach ein paar Schlüssel in der Hand und achten dabei natürlich auch auf Maßhaltigkeit und die Oberfläche: Qualitätswerkzeug liegt auch gut in der Hand..

GEFAHRENHINWEIS

Schraubergrundsatz-Safety first

Dass Essen, Trinken, offenes Licht, Feuer oder brennende Zigaretten am Arbeitsplatz nichts verloren haben, setzen wir als selbstverständlich voraus. Lagern Sie auch keine undefinierbaren Flüssigkeiten in Trinkfla-schen. Selbst destilliertes Wasser ist kein verdauliches Lebensmittel.
Einerlei ob Sie nun Do-it-Yourselfer oder Profi sind – schrauben ist nicht ungefährlich: Die Verletzungsbandbreite reicht vom kleinen Kratzer bis hin zu veritablen oder gar tödlichen Verletzungen. Beachten Sie daher folgende Spielregeln:

- Rüsten Sie ihren Arbeitsplatz mit einem Verbandkasten und Feuerlöscher aus – immer und überall.
- Arbeiten Sie niemals mutterseelenallein.
- Wenden Sie rund ums Auto keine Gewalt an, besser Sie denken über elegantere Problemlösungen nach.
- Sichern Sie angehobene Lasten IMMER doppelt.
- Tragen Sie möglichst immer Schutzkleidung – besonders vor den Augen.
- Benutzen Sie hochwertiges Werkzeug.
- Belüften Sie geschlossene Räume großzügig.

Was tun, wenn die Garage fehlt?

Der ideale Ort zum Schrauben ist natürlich eine in sich abgeschlossene Garage – je größer umso besser. Aber auch wenn Sie lediglich einen Stellplatz haben oder gar im Freien arbeiten, müssen Sie Ihr Werkzeug nicht im Schuhkarton ordnen. Die Lösung ist ein stabiler Werkzeugwagen, er ist nach getaner Arbeit leicht beiseite zu räumen – zum Beispiel auch in den Keller. Allzu schwer beladen sollte er dann freilich nicht sein. Beim Kauf eines Werkzugwagens achten Sie bitte unbedingt auf stabile, Kugel gelagerte Laufräder und stabil geführte Werkzeugladen. Hier trennt sich die Spreu vom Weizen. Ein Werkzeugwagen in Profi-Qualität kostet – ohne Inhalt – rund 1000 Euro.

Was kostet mich meine Schrauberlust?

Pauschal gesagt: Zunächst einmal viel Geld. Bitte versuchen Sie bei der Ausstattung nicht wie ein Sparweltmeister zu knausern. Gute Arbeitser-gebnisse sind auch von gutem Werkzeug abhängig – und dass gutes Werkzeug auch Ihre Hände vor Verletzungen schützt, ist unter Profis ein offenes Geheimnis.

Natürlich müssen Sie nicht auf Anhieb gleich den Gegenwert eines guten Gebrauchtwagens gegen Schraubenschlüssel und Arbeitsmöbel wechseln, soviel kostet nämlich die Ausrüstung unserer Heimwerkstatt. Wir haben hier einen kompletten Werkzeugsatz in Profi-Qualität eingeräumt und die Ausstattung zudem mit praktischem Zusatz-Equipment ergänzt.

Lohnt sich der Aufwand für einen Do-it-Yourselfer?

Eine Frage, auf die es keine eindeutige Antwort gibt: Denn wie viel Euro Sie persönlich investieren, hängt natürlich von Ihrem Geldbeutel und Ihrer Schrauberleidenschaft ab. Doch egal wie Sie entscheiden, einen Grundsatz sollten Sie beherzigen: Weniger ist mehr – mehr Qualität. Die hat bei Werkzeug immer noch ihren Preis. Über die Jahre rechnet sich gute Qualität, nehmen Sie von vermeintlichen Wühltischschnäppchen also besser gleich Abstand.

Die Grundausstattung – das reicht für den Anfang

Der Werkzeugwagen: Was in einem guten Wagen alles Platz hat, verdeutlichen die Bilder. Die gezeigte Luxusversion ist abschließbar und hat ölfeste Gummiräder.

Schraubendreher: Entscheidend sind der Griff und die Qualität der Spitze. Je drei Größen von Schlitz- und Kreuzschlitzschraubendrehern genü-gen für den Anfang.

Ring-Maulschlüssel: Ein kompletter Satz dieser Kombinationsschlüssel von acht bis 22 Millimeter reicht in den meisten Fällen. Zusätzlich gibt es natürlich noch Spezialschlüssel.

Steckschlüsselkasten: Ein empfehlenswerter Kompromiss für das Grobe und Feine hat das Verbindungsmaß 3/8 Zoll. Sparen Sie auf keinen Fall an der Umschaltknarre! Über die Zeit kommt Sie das teurer zu stehen.

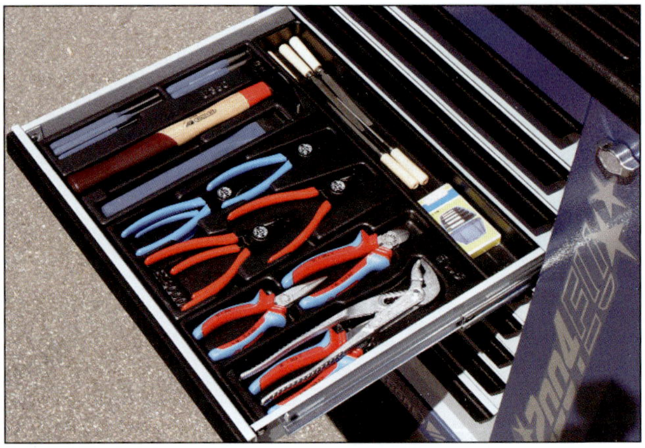

Zangen: Wichtig sind eine verstellbare Wasserpumpen-, eine Flach- oder Spitz- sowie eine Kombizange und ein stabiler Seitenschneider.

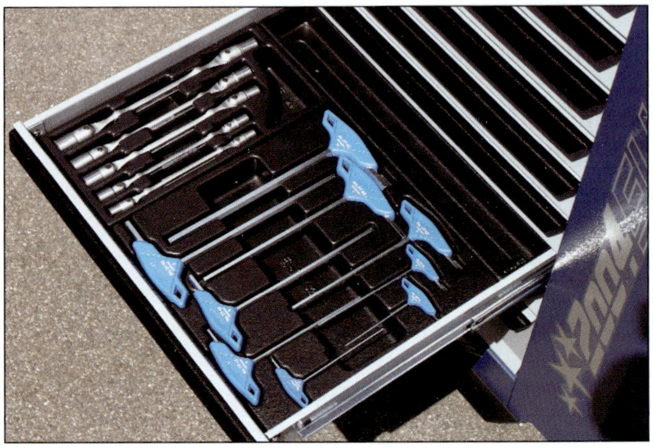

T-Griffe: Werden meist im Karosseriebereich eingesetzt. Das übertragbare Drehmoment ist nicht sehr hoch, dafür sind auch tief sitzende Schrauben gut erreichbar.

Torx-Ansammlung: Immer mehr Schraubverbindungen haben Torx- oder Vielzahnköpfe. In diesem Fach ist alles versammelt, was Arbeiten mit Torxschrauben erleichtert.

Sonderfach: Selten benötigte Werkzeuge, etwa Bremsleitungsschlüs-sel, Messschieber oder verschiedene Spezialbits, sind in einem Sonderfach gut aufgehoben.

Gekröpfte Ringschlüssel: Diverse Schrauben sind am Auto häufig nur mit einem gekröpften Ringschlüssel erreichbar. Es gibt verschiedene Ausführungen von Ringschlüsseln, so auch für Spezialfälle.

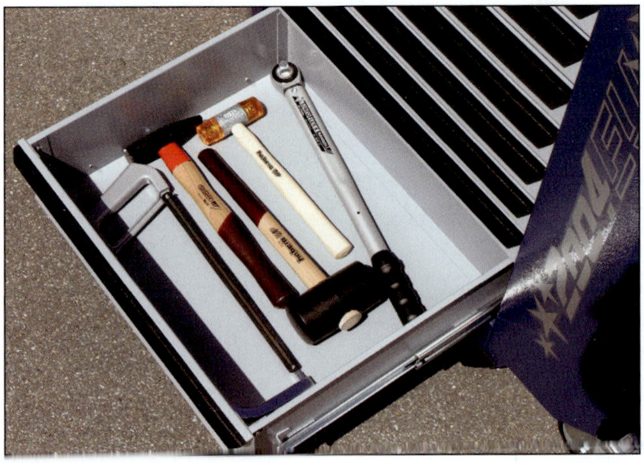

Hammer, Säge, Drehmomentschüssel: Schwere Werkzeuge positionie-ren Sie besser im untersten Schubfach. Der Wagen rollt dann besser und häufig ist dieses Fach auch größer als die anderen.

Nützliche Sonderwerkzeuge – damit macht schrauben Spaß

Wenn Sie keine Platzprobleme haben, bringen Sie Ihr gesamtes Werk-zeug doch in einer Werkbank-/Werkzeugschrank-Kombination unter. Lassen Sie jedoch noch etwas Platz übrig, denn außer gutem Werkzeug finden sich in einer zünftigen Schraubergarage immer auch einige nützliche Sonderwerkzeuge. Was jedoch meistens fehlt: eine Hebebühne. Doch dafür müsste das Dach einer Standardgarage gut zwei Meter höher sein.

1 Sicherer Stand: Stabile Auffahrrampen sind für die meisten Arbeiten unter dem Auto völlig ausreichend. Zwar können Sie für spezielle Arbeiten nicht die Räder abnehmen, dafür steht das Auto aber sicher.

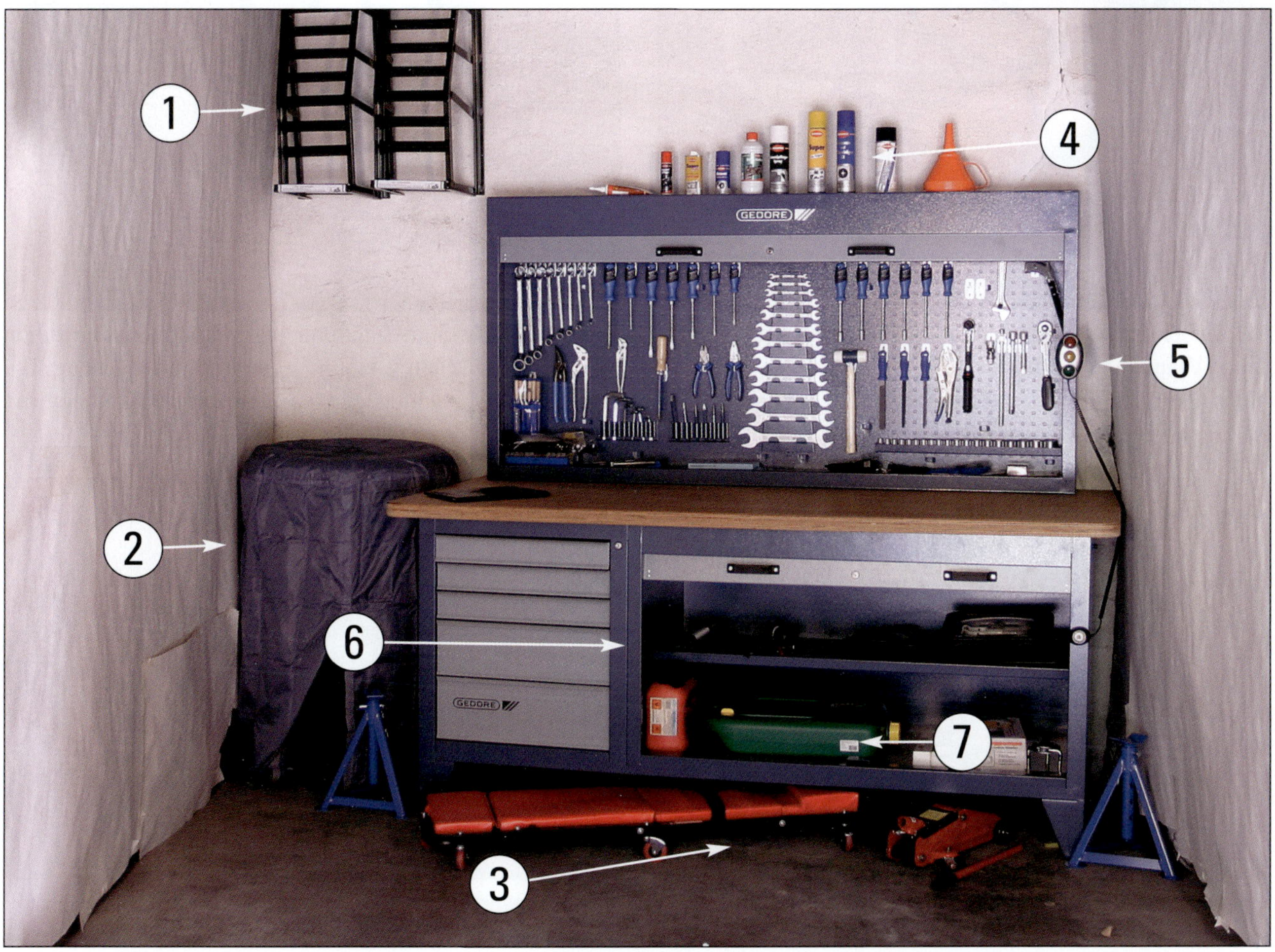

Schraubers Traum: Ein cleveres Werkstatt-System schafft auf begrenztem Raum ein wahres Schrauberparadies. Die gezeigte Ausrüstung passt in eine Normgarage.

2 ***Beste Bedingungen:*** Ungenutzte Räder parken perfekt auf einem Reifenbaum. Zwischen den Rädern bleibt sogar etwas Luft – das Gewicht trägt die Felge.

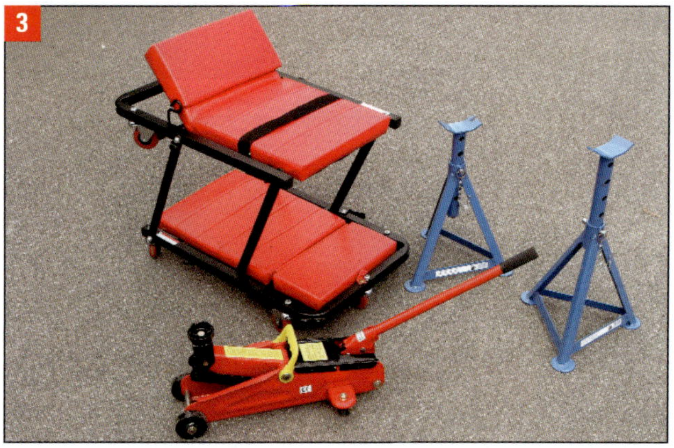

3 ***Helfer für den Autobauch:*** Unterstellböcke und ein hydraulischer Wagenheber sind für Arbeiten unter dem Auto ein Muss. Ein Rollbrett, das auf Verlangen zum Hocker mutiert, ist dagegen Luxus.

4 ***Werkstattapotheke:*** Ganz ohne Chemie geht in der Werkstatt nichts von der Stelle. Unverzichtbar sind Teilereiniger, Sprühfett und Rostlöser. Häufig nachgefragt ist auch Kupferpaste.

5 ***Ampellösung:*** Damit unser »heilix Blechle« nicht mit der kostbaren Werkbank aneinander gerät, signalisiert ein Abstandswarner die gebührende Distanz.

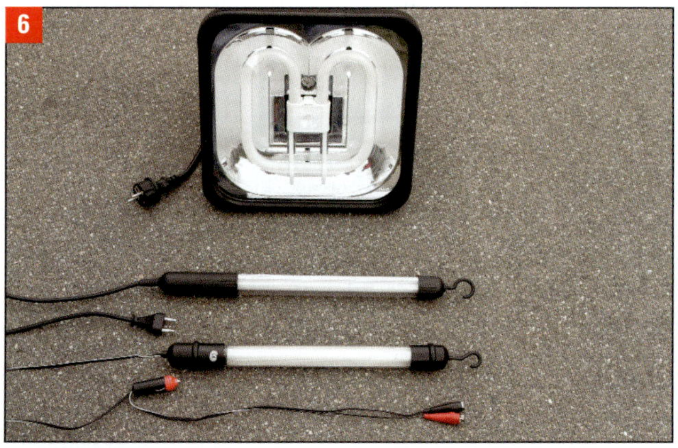

6 ***Es werde Licht:*** Gute Sicht und gutes Werkzeug sind schon mal die halbe Miete – hieran zu sparen, wäre unklug. Die abgebildeten Leuchten gibt es auch als Akkulampen mit Leuchtdioden als Lichtquelle.

7 ***Ölige Helfer:*** Für den sauberen Ölwechsel empfehlen wir eine ölfeste Wanne mitsamt Trichterset. Sie bevorzugen die Absaugmethode? Dann kommen Sie ohne Altölpumpe und diverse Adapter nicht wirklich weit …

Richtig schrauben

So manchem Schrauber haben unlösbare oder abgerissene Schrauben die gute Laune schon gründlich vermasselt. Damit Sie nicht zu den Frustrierten gehören, reden wir über die gebräuchlichsten Tipps und Kniffe der Profis.

Nach »bombenfest« kommt schnell »ganz los« – achten Sie aufs Drehmoment

Damit Schrauben und Muttern richtig fest sitzen, benötigen Sie ein be-stimmtes Anziehdrehmoment. Die Betonung liegt auf »bestimmtes« An-ziehdrehmoment. Werden nämlich Schrauben/Muttern zu leicht angezo-gen, lockern Sie sich ungewollt. Zu fest angezogene Schrauben übrigens auch: Entweder zerbröseln die Gewindeflanken unter dem An-zugsmoment oder die Schraube reißt gleich ab.
Die Erfahrung müssen Sie nicht unbedingt selbst machen: Wir nennen Ihnen darum die gebräuchlichsten Anzugsmomente für normale Schraubverbindungen.

- Schraube/Mutter M6 – 6 bis 10 Nm
- Schraube/Mutter M8 – 15 bis 20 Nm
- Schraube/Mutter M10 – 30 bis 40 Nm
- Schraube/Mutter M12 – 55 bis 70 Nm
- Schraube/Mutter M14 – 85 bis 100 Nm
- Schraube/Mutter M16 – 120 bis 140 Nm

Profis zeichnen übrigens gerne Schrauben/Muttern, die mit Drehmoment angezogen sind, mit einer Farbmarkierung. Sollte sich dann wider Erwarten eine Schraubverbindung lockern, verraten das die zueinander verdrehten Farbmarkierungen.

Wichtig in Leichtmetallen – die Schraubenlänge muss stimmen

In Aluminium oder Messing gedrehte Stahlschrauben müssen mindestens mit der Länge des doppelten Schraubendurchmessers im Gewinde sitzen. Beispiel: Eine M6 Schraube soll demnach mindestens zwölf Millimeter tief ins Gewinde reichen. Auf der absolut sicheren Seite sind Sie jedoch, wenn mindestens die zweieinhalbfache Länge der Schraube im Gewinde sitzt.

Sie haben gerade mal keine passend lange Schraube zur Hand und sind versucht eine kürzere zu verschrauben? Vergessen Sie's sofort und kürzen mit der Metallsäge oder dem Winkelschleifer lieber eine längere Schraube passend ein. Nur dann sind Sie sicher, dass die Verbindung auch dauerhaft fest bleibt.
Gleich noch ein Tipp für den Umgang mit gebrauchten Schrauben: Che-cken Sie das Gewinde auf Beschädigungen. Sobald Sie fündig werden, gehört die Schraube in die Mülltonne. Nicht so, wenn aus einer alten Verbindung noch Schmutz oder Reste von Schraubenkleber den Gewindegängen anhaften. Reinigen Sie die alte einfach mit einer Messingdrahtbürste. Jawohl Messing, denn eine Stahldrahtbürste verletzte die Gewindeflanken.

Erhöhen die Pressung – Unterleg-, Well-, Zahnscheiben und Federringe

Eines vorweg: Eine Schraubverbindung ohne Unterlage ist Pfusch! Eine Schraubverbindung mit der falschen Unterlage gleichfalls!
Unterleg- oder Wellscheiben gehören zwischen Stahlmuttern und Aluminium, Federringe (Sprengringe) und Zahnscheiben passen dagegen zu Stahlverschraubungen.
Bei modernen Autos kommen zudem immer häufiger selbstsichernde Muttern (Stoppmuttern) zum Zuge. Diese Muttern sichert entweder ein am oberen Rand

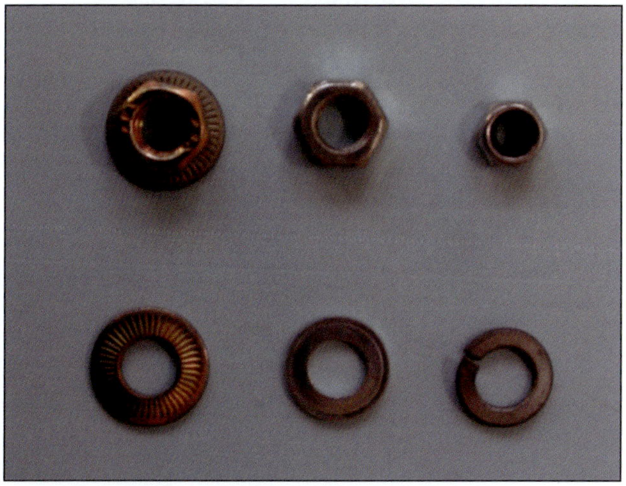

Kleine Auswahl: Für jede Befestigung gibt es spezielle Muttern und Unterlegscheiben.

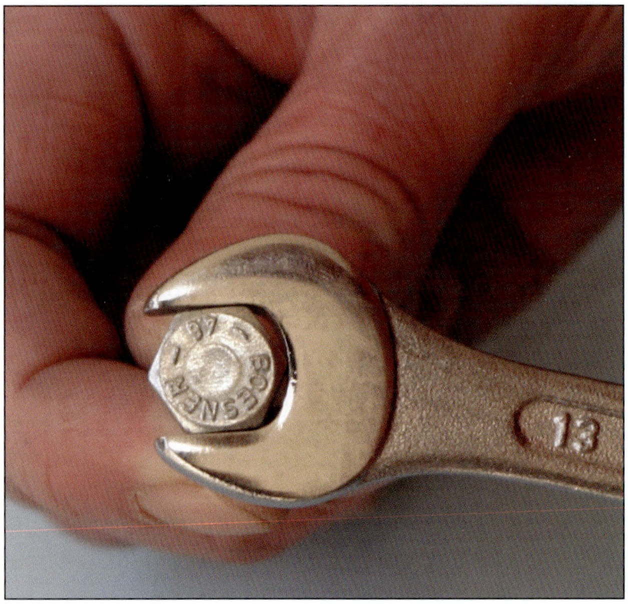

Das passt: Der richtige Schlüssel zur passenden Schraube/Mutter.

eingelegter Kunststoffring oder ein gesprengter Gewindegang. Sowohl der Kunststoffring als auch der behandelte Gewindegang sichern die Mutter auf dem Schraubgewinde. Stoppmuttern unterliegen einem normalen Verschleiß. Verwenden Sie die Muttern zweimal, danach sind sie ein Fall für die Schrottkiste. Ab und an halten auch Stahlmuttern mit fein verzahntem Bund Schraub-verbindungen beieinander. Diese Muttern sind eher selten anzutreffen, am ehesten jedoch dort, wo Schraubverbindungen ohne Unterlage zwischen Stahl und Aluminium zu realisieren sind.

Kapitulieren meistens – verrostete Schraubverbindungen

Bevor Sie eine fest gerostete Mutter bzw. Schraube lösen, befreien Sie die überstehenden Gewindegänge mit einer Messingdrahtbürste von Schmutz und Roststückständen. Andernfalls könnte sich die Mutter auf dem Gewindestück dermaßen verspannen, dass Ihnen der Gewindebolzen oder die Schraube abschert.

- Zunächst säubern Sie das überstehende Gewinde mit einer Draht-bürste und sprühen es anschließend mit Rostlöserein.
- Bei Schnellrostlösern drehen Sie die Mutter sofort los, …
- … andere Rostlöser (Öl, Petroleum, Diesel, »Cola«, etc.) lassen Sie erst einige Zeit einwirken.

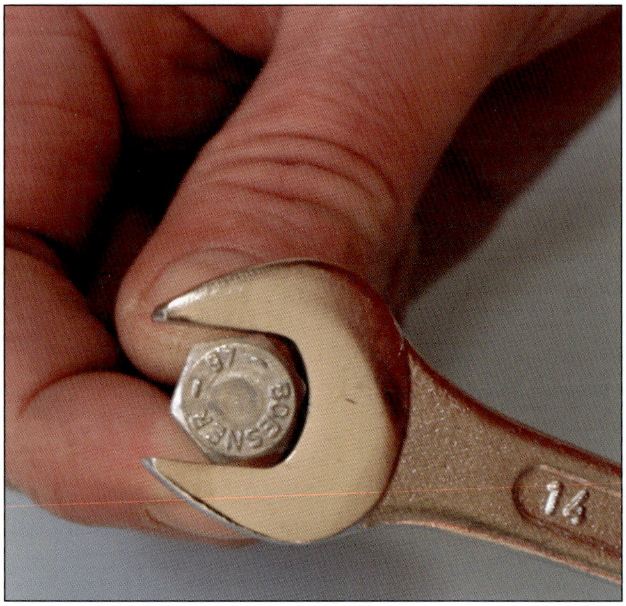

Das funktioniert nicht: Ein zu großer Schlüssel rutscht über den Schraubenkopf.

Zeitaufwändig – beschädigte Muttern lösen

- Wenn Sie mit dem Gabelschlüssel eine Sechskantmutter rund ge-dreht haben oder die Anlageflächen bereits vom Rost zerfressen sind, sprengen Sie die Mutter entweder mit einem Muttersprenger oder ei-nem scharfen Meißel auf.
- Bei kleineren Muttern hilft in dem Fall ab und an noch eine stabile Gripzange. Sie greift mit etwas Glück den angefressenen Sechskant, sodass Sie die Verbindung lösen können.
- Hilft das nicht weiter, verfahren Sie wie mit widerspenstigen größeren Muttern.
- Gut zugängliche Muttern können Sie auch – entlang des Gewindes – mit einer Metallsäge aufsägen oder mit einem Winkelschleifer flexen.

Selten anzutreffen – Inbus- und Vielzahnschrauben

- Bevor Sie einen Schlüssel in Inbus- oder Vielzahnschrauben anset-zen, reinigen Sie gründlich den Schraubenkopf.
- Besonders hartnäckige Schraubverbindungen brechen Sie mit einem leichten Hammerschlag auf den Schraubenkopf meist schon los.
- Sollten Sie den Schraubenkopf nicht direkt mit dem Hammer treffen können, hilft eine Verlängerung.

- Im Gegensatz zu gebräuchlichen Winkelschlüsseln, bei denen die Kraft immer schräg ansetzt, sind gerade Steckeinsätze meistens die bessere Wahl.

Sitzen ab und an bombenfest - Schlitz- und Kreuzschlitzschrauben

- Schon nach relativ kurzer Zeit können festsitzende Schlitz- oder Kreuzschlitzschrauben einen normalen Schraubendreherschlichtweg überfordern. Bei Kreuzschlitzschrauben kommt erschwerend hinzu, dass der Schraubendreher häufig keinen sicheren Halt im Schraubenkopf findet. Folge: Schon nach wenigen Versuchen ist die Schraube vermurkst.
- Versuchen Sie festgebackene Schrauben darum zunächst mit einem knackigen Hammerschlag auf den Schraubenkopf zu lösen. Oftmals brechen die Gewindegänge etwas los.
- Wenn Sie den Schraubenkopf nicht direkt mit dem Hammer erreichen, setzen Sie als Verlängerung einen passenden Schraubendreher mit stabilem Griff an und traktieren die Verbindung.
- Bleiben Sie erfolglos, versuchen Sie Ihr Glück mit einem Schlag-schrauber und dem passenden Einsatz. Schlagschrauber setzen an der Schraube jeden Hammerschlag in eine Drehbewegung um.

Kann Probleme verursachen - festsitzender Stehbolzen

- Stehbolzen (Gewindestangen) bieten einem Schraubenschlüssel meist keine Anlagefläche. Sollten Sie keinen Stehbolzenausdreher haben, schaffen Sie auf dem Stehbolzen eine Schraubmöglichkeit.
- Schweißen Sie beispielsweise eine Mutter auf dem überstehenden Bolzengewinde fest oder kontern Sie zwei Muttern.
- Zum Lösen gekonterter Muttern setzen Sie den Schraubenschlüssel immer an der unteren Mutter an. Zum Festziehen nutzen Sie grund-sätzlich die obere Mutter.

Den Bohrer exakt zentrieren - bevor Sie abgescherte Schrauben ausbohren

Ist die Schraube erst einmal abgeschert, bleiben nicht mehr viele Möglichkeiten. Eine davon ist das Ausbohren, doch die Gefahr das Gewinde zu beschädigen, ist groß. Lassen Sie sich also Zeit bei dieser Operation. Nur so retten Sie das Außengewinde.

- Geben Sie zunächst einen Körnerschlag exakt in die Mitte des Schraubenstumpfs.
- Bohren Sie den Stumpf an: Bis Schraubengröße M8 schafft das ein so genannter Kernlochbohrer. Als Kernloch wird der Durchmesser einer Schraube ohne Gewindeflanken bezeichnet. Bis zur Schraubengröße M6 gilt die Faustregel: Gewindedurchmesser multipliziert mit 0,8. Beispiel: Verschraubung M6 x 0,8 =Kernlochdurchmesser 4,8. Bei Schrauben, die größer sind als M8, sollten Sie mit einem dünneren Bohrer vorbohren.
- Die in den Gewindegängen verbliebenen Metallreste können Sie an-schließend mit einer Reißnadel oder einem Stabmagneten entfernen.
- Falls nicht, schneiden Sie das Gewinde vorsichtig nach. Der Gewindeschneider entfernt dabei die Reste des alten Bolzens.

Gewinde schneiden - mit speziellen Gewindebohrern leicht machbar

Leichtmetall hat eine geringere Festigkeit als Stahl. Demzufolge reißen Gewinde in Leichtmetall besonders leicht aus. Solange dann um das alte Gewinde herum noch genügend Materialsubstanz vorhanden ist, können Sie ein größeres Gewinde einschneiden.

Neue Gewinde schneiden Sie in drei Stufen. Die entsprechenden Gewindeschneider heißen daher Vorschneider (ein Ring am Schaft), Mittelschneider (zwei Ringe am Schaft) und Fertigschneider (ohne bzw. drei Ringe am Schaft).

- Drehen Sie die Gewindeschneider unter ständigem Ölen nacheinan-der in das vorgebohrte Kernloch ein und aus.
- Um die Schneider nicht abzureißen, nehmen Sie immer nur kleine Vorwärtsdrehungen (max. 1/8 des Umfangs) vor. Drehen Sie danach den Schneider immer so weit zurück, bis die Schneidspäne abbrechen und der Schneider nicht mehr klemmt.

Meist ein Fall für Profis - Gewindereparatur mit neuen Gewindeeinsätzen

Es gibt viele Gründe, warum ein Gewinde nicht mehr in der Lage ist, das vorgesehene Anzugsdrehmoment zu halten.

- Grund 1: Häufiges Lösen und Anziehen führt zum Verschleiß der Ge-windeflanken und, je nach Häufigkeit der Benutzung, zur Zerstörung.

- Grund 2: Die zum Teil recht weichen Aluminiumgusslegierungen sind in dieser Beziehung besonders problematisch und anfällig.
- Grund 3: Schrauben oder Muttern werden mit zu großen Anziehdreh-momenten angezogen.
- Grund 4: Rost zwischen Schraube und Bauteilwerkstoff blockiert die Schraube. Der Versuch, die Schraube zu lösen, zerstört das Muttergewinde.

Zerstörte Gewinde können allerdings mit relativ geringem Aufwand zu durchaus vertretbaren Kosten zuverlässig instand gesetzt werden. Das defekte Innengewinde wird in dem Fall einfach ausgebohrt und ein aus gewickeltem Draht bestehender Gewindeeinsatz (zum Beispiel HeliCoil) danach eingedreht.
Entsprechende Gewindereparatursätze vertreibt der Fachhandel. Größen zwischen M2 bis M36 sind meistens vorrätig. Doch für Do-it-Yourselfer lohnt die Anschaffung meistens nicht: Gewindereparatursets sind relativ teuer. Betrauen Sie damit besser eine Fachwerkstatt.

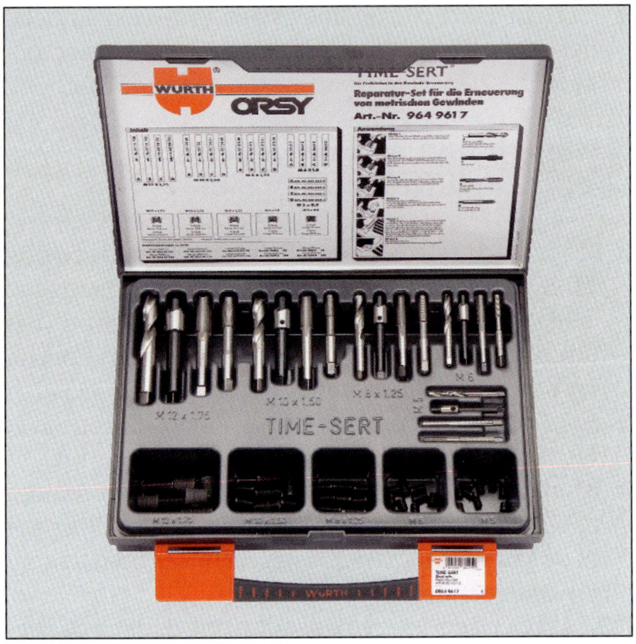

Voll belastbar. Mit hochwertigen Gewindereparatursets erzielen Sie hervorragende Ergebnisse.

Up to date – die Astra-J-Derivate

Eigenständiges Design, FlexRide-Fahrwerk, beruhigendes Sicherheitspotenzial, gutes Ausstattungsniveau und moderne Motoren – die charakteristischen Merkmale der Astra-J-Generation. Allerbeste Voraussetzungen also, um auf hohem Niveau die Erfolgsstory der Altvorderen fortzuschreiben. Unter den Motorhauben der gründlich aufgefrischten Astra-Familie arbeiten moderne Vierzylinder-Ottomotoren mit 64 kW (87 PS) bis 125 kW (170 PS). Mit 280 PS und 400 Newtonmeter Drehmoment ist das Sondermodell Astra OPC der stärkste im Bunde. Das Leistungsband der aktuellen Common-Rail-Dieselfraktion beginnt bei 70 kW (95 PS) aus 1,3-Liter-Hubraum. Stramme 143 kW (195 PS) setzt die stärkste zwei Liter Bi-Turbo-Variante in Vortrieb um. Die Selbstzünder arbeiten allesamt mit Dieselpartikelfilter (DPF) und Abgasrückführung.

Rund ein Drittel aller hierzulande verkauften Opel-Modelle sind Astra. Das aktuelle Modell transplantiert die Erfahrung von 75 Jahren und zehn Generationen Kompaktautos in die Gegenwart.

Die Kompaktklasse ist mittlerweile das größte und am härtesten umkämpfte Automobilsegment auf dem Kontinent. Aktuellen Erkenntnissen zufolge macht sie rund ein Viertel des Gesamtmarkts aller Neufahrzeuge aus. Aktuell nimmt der Astra-J in der europäischen Verkaufsstatistik Platz drei und in Deutschland Platz zwei ein.

Rund 60 Prozent der 2013 in Europa verkauften Autos waren Kompaktmodelle mit Fließheck, weitere 17 Prozent der Käufer stiegen in kompakte Kombis ein.

»Doch das Kaufverhalten ist«, so die Opel Marketing-experten, »im Wandel«: Sie sehen für viertürige Limousinen künftig 15 Prozent Kaufentscheide, ihren GTC beziffern sie mit elf Prozent, dem Fünftürer prognostizieren sie 44 Prozent und den Sports Tourer sehen die Auguren in naher Zukunft bei 30 Prozent.

Aktuell ist der Sports Tourer, zu Zeiten des Astra-H hieß der Kombi noch Caravan, bereits für etwa ein Drittel aller Astra-Käufer die erste Wahl. Mehr als 50 Prozent der Astra-Verkäufe entfallen demnach auf das fünftürige Fließheckmodell, und das GTC-Coupé macht rund 13 Prozent der Neuzulassungen aus.

Seit der Markteinführung des Astra-J-Modells im Herbst 2009 vermehrten sich die Kompakt-Blitzmodelle europaweit um mehr als 700.000 Einheiten. Die Limousine mit neu entwickelten Motoren und Assistenzsystemen bildete zunächst die Speerspitze für die nach und nach folgenden anderen Astra-Derivate.

Teilweise nur gegen Aufpreis etabliert die jüngste Astra-Generation zahlreiche Komfort- und Sicherheitsmerkmale aus höheren Fahrzeugklassen ins Kompaktsegment. Hierzu gehören beispielsweise das mechatronische FlexRide-Fahrwerk, oder AFL+, das weiterentwickelte Sicherheitslichtsystem der zweiten Generation. Haltungsbewusste Käufer ordern die von den Experten der Aktion »Gesunder Rücken e.V.« ausgezeichneten Ergonomiesitze. Je nach Ausstattung checkt zudem eine bordinterne Frontkamera mit Verkehrsschild- und Spurassistent den vorausfahrenden Verkehr.

Große Modellvielfalt – Angebot für jeden Geschmack und Anspruch

Innerhalb der Astra-J-Modellfamilie stellen Kunden aus einer großen Vielfalt von Modellen, Varianten und optional erhältlichen Ausstattungsmerkmalen ihren individuellen Astra auf die Räder. In jüngster Vergangenheit fand besonders der Sports Tourer im Segment kompakter Kombis immer mehr Käufer: Er spricht reisende Geschäftsleute ebenso an wie junge Familien mit Anhang. Das GTC-Coupé animiert insbesondere jene Interessenten, die einen sportlichen Dreitürer mit Fließheck präferieren. Der stärkste aller jemals entwickelten Astra, der OPC mit 206 kW/280 PS und 400 Newtonmeter Drehmoment, lockt vordergründig Käufer an, die zu überschaubaren Preisen die Fahrcharakteristik eines Hochleistungs-Sportcoupés erleben möchten.

Immer auf der Höhe – das Astra-Fahrwerk

Der Astra-J belegt auf Handlingkursen, in Pylonengassen, bei Bremsentests, gleichwie im Crashtest vordere Ränge. Auch die europäische Automobilpresse attestiert dem kompakten Opel eine Topform unter seinesgleichen: selbstverständlich mit guter Verarbeitungsqualität zu durchaus fairen Einstandspreisen.

Die möglichen Ausstattungspakete der angebotenen Modellvarianten sind mit »Selection«, »Edition«, »Sport«, »Innovation« sowie »Biturbo« an einer Hand aufgezählt. Dazu kommen zwölf moderne Motoren, sieben Benziner, fünf Diesel, die der Fiskus allesamt nach Euro 5 einstuft. Für die Mehrzahl der Astra-Interessenten sind die jeweiligen Grundausstattungen der fünf Ausstattungspakete bereits wie maßgeschneidert. Ausgemachte Feinschmecker freilich würzen ihren Astra in der Rubrik »Sonderausstattungen« mehr oder weniger mundgerecht nach.

Zur Auswahl – manuelle Fünf-/Sechsgangetriebe, Sechsstufen-Wandlerautomatik mit manueller Gangwechselmöglichkeit

Opel verkuppelt die Astra Motoren mit drei verschiedenen Schaltgetrieben. Ein vollsynchronisiertes

Potenz Protz: Der Astra OPC hat 206 kW/280 PS und 400 Nm Drehmoment. Er sprintet in sechs Sekunden aus dem Stand auf 100 km/h und erreicht 250 km/h Höchstgeschwindigkeit.

5-Gang-Getriebe mit Seilzugschaltung nutzen die Saugmotoren mit 1,4 bis 1,6 Liter Hubraum, gleichermaßen beide 1,3-Liter-Diesel mit 70 kW (95PS).
Die Turbomotoren, der 1,4-Liter-LPG ecoFLEX sowie der 2-Liter BiTurbo CDTI spreizen ihr Drehmoment in einem Sechsganggetriebe: gleichfalls vollsynchronisiert und mit Seilzug-Schaltung.
Optional steigert im 1,6-Liter (85 kW/115 PS), im 1,4-Liter Turbo (103 kW/140 PS), im 1,6-Liter SIDI Turbo ecoFLEX (126 kW/170 PS) und im 2-Liter CDTI (121 kW/165 PS) eine elektronisch gemanagte Sechsstufenautomatik mit manueller Gangwahlmöglichkeit den Fahrkomfort. Um nach Fahrerlust und -laune die Drehzahlreserven bzw. den Kraftfluss zu aktivieren, setzt der Automat auf diverse Fahrprogramme. Zum entspannten Cruisen hält eine Wandlerüberbrückungskupplung die gerade aktivierte Fahrstufe möglichst lange auf Zug – sommer- wie wintertags.

Präzise geführt: die Gangschalthebel in den manuellen Fünf-/Sechsganggetrieben.

Auf Höhe der Zeit – das Astra-Sicherheitspaket

Der Astra-J bedient nicht nur vordergründig die Emotionen seiner Käufer, auch in Notfallsituationen bietet er ihnen ein solides Ambiente. Ab Werk sind Goodies wie ESPPlus, TCPlus, CBC, ABS, Airbags und BAS mit an Bord. Demzufolge belegt der Astra in zahlreichen Crashtests auch Spitzenplätze. So zum Beispiel im Euro NCAP-Crashtest, der wohl umfangreichsten »Aufprallprüfung«.

Den aufwändigen Passagierschutz ermöglichen vielfältig aufeinander abgestimmte Systeme. So fixieren Dreipunktgurte inklusive Gurtkraftbegrenzer und pyrotechnischer Gurtstraffer im Unglücksfall die vorderen Insassen. Auf den übrigen Plätzen sind automatische Dreipunktgurte montiert. Obligatorisch für alle fünf Sitzplätze: verstellbare Kopfstützen – auf den Vorderplätzen sogar als aktive Sicherheitspolster konzipiert.

Und für den Nachwuchs im Fond gibt's Isofix-Adapter, jeweils auf den äußeren Sitzplätzen. Für den Fall, dass Sicherheitsgurte allein nicht ausreichten, polstern im Ernstfall noch Fullsize-Airbags das Umfeld rund um die Crashcrew auf.

So viel zum Inneraum – was bietet die Karosserie? Bei schweren Auffahrunfällen oder bei Frontalcrashs verpufft ein Großteil der Aufprallenergie in separaten Karosserielastpfaden. So fallen z. B.das Kupplungs- und Bremspedal saft- und kraftlos auf das Bodenblech (PRS). Das erhöht die Chancen für den Fahrer Unfälle ohne schwerwiegende Beinfrakturen zu überstehen.

Die Überschussenergie seitlicher Unfallgegner leiten verstärkte A- und B-Säulen, biegesteife Schweller sowie Energie absorbierende Elemente in den Türen, am Unterboden und am Lenkrad gezielt in die Karosseriestruktur ein. Den Kraftstofftank lässt das Ganze ohnehin weitgehend unbeeindruckt, sein Platz ist unterhalb der Fondsitzbank, im weitgehend geschützten Bereich des Bodenblechs.

Und wenn's um die Raumausnutzung geht, rangiert der Astra mit den jeweils Klassenbesten gleichfalls auf Augenhöhe. Obligatorisch in allen Varianten sind fünf Sitzplätze, von denen die hinteren drei bei Bedarf dem Gepäckraum Platz machen. Entsprechend vorzeigbar sind dann auch die Kofferraumvolumina.

Im Fünftürer verschwinden mit umgelegter Rücksitzlehne maximal 1235 Liter bis unters Dach, die Limousine nimmt mit umgelegter Lehne maximal 1010 Liter an Bord, der Sports Tourer schluckt unter gleichen Bedingungen 1550 Liter. Als Zweisitzer parkiert der Kombi auf seiner weitgehend ebenen Ladefläche auch sperriges Freizeitgepäck wie etwa Bords, Mountainbikes oder Ski.

Mit 4419 Millimeter Länge misst der Fünftürer ganze 279 Millimeter weniger als der Sports Tourer. Die Limousine markiert mit 4658 Millimeter das Mittelmaß im Trio. Exakt gleichformatig sind die drei in der Breite, mit angelegten Außenspiegeln messen sie 1814 Millimeter, »ausgeklappt« wachsen sie auf 2013 Millimeter. Die Limousine steht mit 1500 Millimeter Höhe

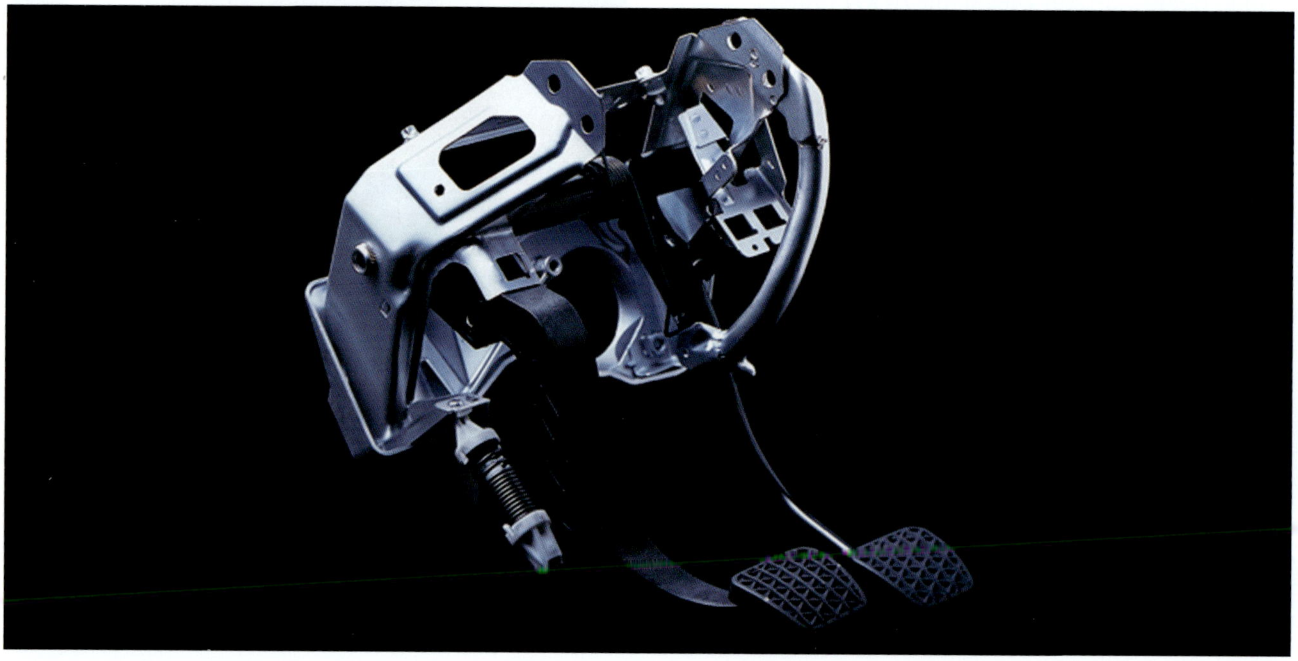

Fallen bei einem Frontalcrash aufs Bodenblech: Kupplungs- und Bremspedal im Astra-J.

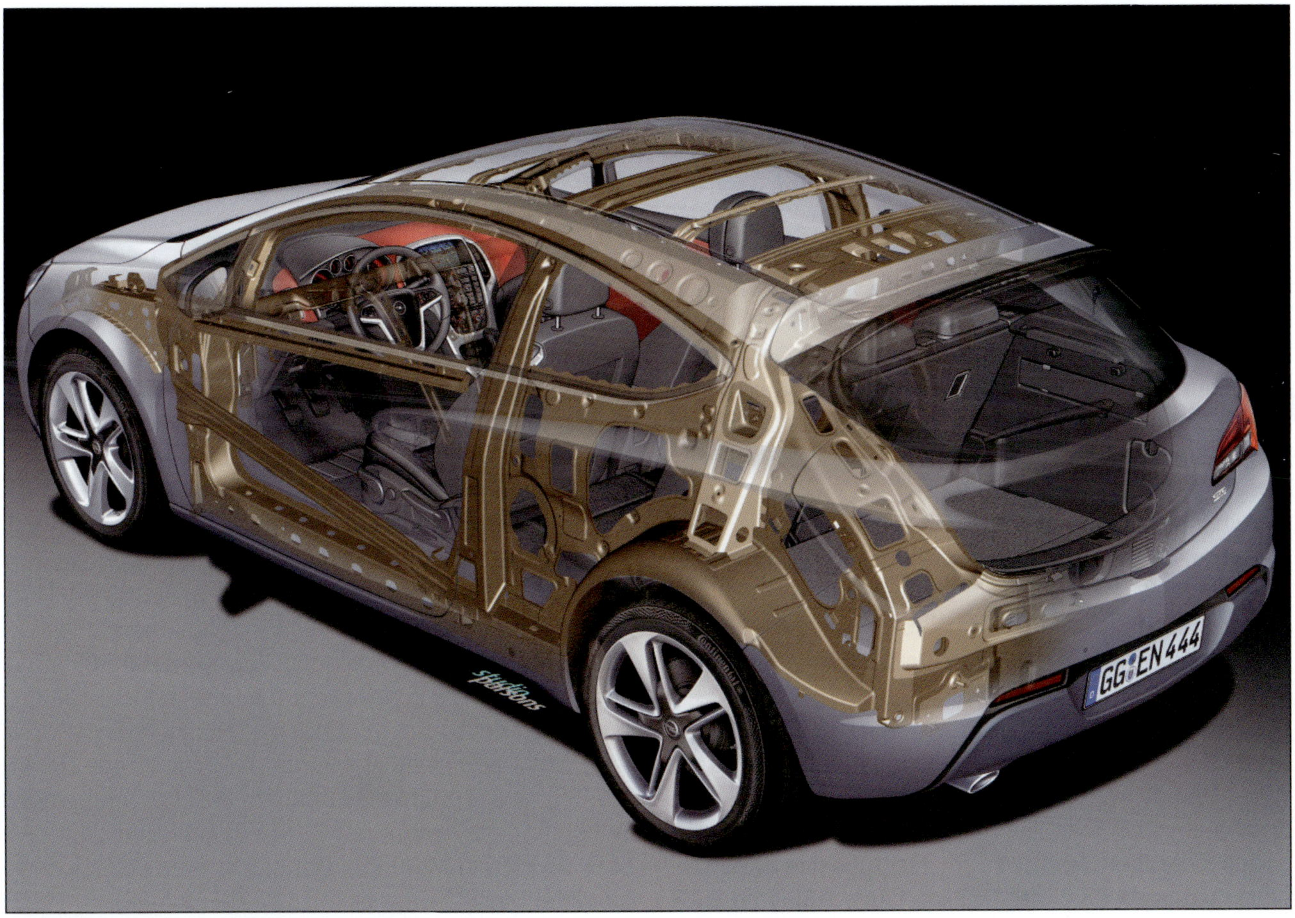

Mit separaten Last- und Verformugspfaden konstruiert: die Rohkarosserie des Astra-J.

um 35 Millimeter tiefer in den Federn als der Sports Tourer und zehn Millimeter tiefer als der Fünftürer.
Doch die Gene ihrer aktiven Fahrsicherheit sind weitgehend gleich: Das IDS-Fahrwerk (interaktives, dynamisches System) der neuen Astra bietet ein Höchstmaß an Agilität und Fahrsicherheit. Die Vorderräder führt eine McPherson-Achse mit hydrogeformtem Fahrschemel. An der Hinterhand kommt jeweils eine kompakte Verbundlenkerachse mit richtungsstabilisierendem Wattgestänge zum Einbau. Die Spurweiten des Trios sind identisch: 1541 Millimeter an der Vorder- und 1551 Millimeter an der Hinterachse. Gleichfalls der Radstand: 2685 Millimeter zwischen Vorder- und Hinterachse.

Ab Erstzulassung wirksam – zwölf Jahre Garantie gegen Durchrostung

Bis auf die obligatorischen Modulgleichteile des Astra-Trios berücksichtigte die Entwicklungcrew bereits im Bildschirmstadium die unterschiedlichen Aufgabenstellungen der Modelle.
Ohne die immense Datenleistung eines Großrechners wäre, in der gebotenen Zeit, das Anliegen wohl gründlich aus dem Ruder gelaufen. Der CAD-Computer machte die Karosserien schon im Prototypenstadium nicht nur so leicht wie möglich, sondern gleichermaßen auch so stabil wie nötig. Hinsichtlich Torsionsverhalten rangiert der Astra-J mit an vorderster Front der Klassenbesten.
Ein Großteil der Karosserie besteht aus hochfesten Stählen. Die Karosseriebleche sind zudem so rostresistent, dass Opel ab dem Tag der ersten Zulassung eine zwölfjährige Garantie gegen Durchrostung gewährt.

Auf einen Blick – das Astra-Ausstattungsangebot

Opel hat mit dem Astra-J einen geschärften Pfeil im Angebotsköcher, der die unterschiedlichsten Aufgabenstellungen einzelner Interessentenschichten trifft. Käufer wählen ihren individuellen Astra aus den Ausstattungsvarianten »Selection«, »Edition«, »Sport«, »Innovation« und »BiTurbo«. Der Kompaktklässler rollt entweder als Stufenheck, Steilheck, Coupé oder Kombi von den Produktionsbändern. Hier die Ausstattungsmöglichkeiten:

- **Astra Selection – die »Einstiegs-Variante«**
- **Astra Edition – die »Mehrwert-Variante«**
- **Astra Sport – die »Dynamische Variante«**
- **Astra Innovation – die »Wohlfühl-Variante«**
- **Astra BiTurbo – die »Power-Variante«**

Ganz im Sinne einer fairen Preisgestaltung bieten sämtliche Astra-Derivate das Wesentliche bereits ab Werk. Und das Wesentliche ist bei allen Basisvarianten durchaus vorzeigbar. Auch dann, wenn es um beruhigende Sicherheitsfeatures geht. Goodies wie IDS-Fahrwerk inklusive ESPPlus, TCPlus, CBC, ABS und BAS sind ebenso mit von der Partie wie Frontairbags, vordere Brust-Becken-Seitenairbags, vordere und hintere Kopfairbags auf den Außenplätzen, aktive Kopfstützen vorne, Seitenaufprallschutz, »versenkbare« Pedalerie (PRS), Dreipunkt-Automatikgurte, Gurtstraffer und -stopper für Fahrer und Beifahrer, Höhen- und längs einstellbare Sicherheitslenksäule, Isofix-Kindersitzbefestigungen und Kindersicherungen in den Fondtüren. Zudem punkten sie unter anderem mit elektrisch einstell- und beheizbaren Außenspiegeln (asphärisch auf der Fahrerseite), Ablagetaschen in allen Türen, Cupholdern, Drehzahlmesser, elektrisch betätigten Fensterhebern (vorne mit Tippfunktion, Klemmschutz), automatischer Lichtabschaltung, Pollenfilter, Dieselpartikelfilter, Batterieentladeschutz, Start/Stoppfunktion, Hochschaltempfehlung, teilverzinkter Karosserie, Servolenkung, Scheibenwischerintervallschaltung, 12-Volt-Steckdose, im Verhältnis 60/40 umlegbaren Rücksitzlehnen, Tagfahrlicht, Fußgängerschutz, Wärmeschutzverglasung oder einer Zentralverriegelung mit Funkfernbedienung.

Astra Selection – die »Einstiegs-Variante«

Bereits Selection-Käufer erfreut ein großzügig dimensionierter Innenraum mit fahrerorientiertem Cockpit. Die Einstiegs-Variante gibt's wahlweise mit fünf Ottomotoren, einem bivalenten Autogasantrieb (LPG/Super) und fünf Dieselmotoren. Der »kleinste« Antrieb leistet mit 1,4 Liter Hubraum 64 kW (87 PS). Zusätzlich 10 kW bei gleichem Hubraum bietet die erste Leistungsstufe (100 PS), gefolgt von der zweiten mit 1,6 Liter Hubraum und 85 kW (115 PS). Zwei aufgeladene 1,4-Liter-Motoren mit 88 kW (120 PS) bzw. 103 kW (140 PS) sind Vorboten der Downsizing-Generation. Der bivalente LPG-/Super-Motor mit 103 kW (140 PS) nutzt an der Tankstelle konsequent die unterschiedliche Besteuerung von Autogas (LPG) und Benzin aus.
Als Diesel mobilisiert der Astra pur mindestens 70 kW (95 PS) aus 1,3-Liter Hubraum. Gefolgt von einem Selbstzünderpärchen mit 1,7-Liter-Hubraum und 81 bzw. 96 kW (110/130 PS). Der stärkste im Selection erhältliche Diesel bringt es auf 121 kW (165 PS).
Das Erlebnis, die »Einstiegs-Variante« mit alternativen Antrieben und diversen Zusatzausstattungen aufzurüsten, ist also durchaus gegeben. Doch pragmatische Rechner sehen im Selection das Wesentliche bereits an Bord.

Astra Edition – die »Mehrwert-Variante«

Der Astra Edition überhöht das Ausstattungsniveau des Selection um durchaus reizvolle Accessoires. So sind zum Beispiel eine Einparkhilfe, elektrische Fensterheber, ein Bordcomputer, Komfortsitze oder eine Klimaanlage im Edition mit von der Partie. Darüber stellen kreative Astra-Käufer aus der umfangreichen Sonderausstattungsliste ihre ganz individuelle Variante auf die Räder. Zudem kommt im Edition der 1,6-Liter SIDI Turbo mit 125 kW (170 PS) unter die Motorhaube. Sollte das nicht reichen, lohnt für zahlungswillige Käufer ein Blick in die nach wie vor noch umfangreiche Sonderausstattungsliste mit über 90 Einzelofferten. Hier bleiben nur wenige Wünsche unerfüllt. Falls doch, geben Sie als versierter Hobbyschrauber Ihrem Astra eben die individuelle Note in der eigenen Garage.

Astra Sport – die »Dynamische Variante«

Opel verzichtet im Astra »Sport« auf beide 1,4-Liter Ottomotoren, gleichfalls auch auf den 1,3-Liter CDTI Diesel: mindestens 81 kW (110 PS) respektive 85 kW (115 PS) treiben den »Sport« also voran. Zusätzlich bzw. abweichend von der Editionsausstattung kommt der Astra »Sport« mit weiterem, praxisorientiertem Mehrwert auf die Autowelt. An der Vorderfront leuchten LED-Tagfahrlichter, die Rückleuchten sind dunkel gefärbt. Sonnenstrahlen absorbiert zu einem Großteil die serienmäßige Wärmeschutzverglasung, die Seitenfenster sind mit umlaufenden Chromrahmen eingefasst. Fahrer wie Beifahrer erleben die Fahrt in Ergonomiesitzen. Außerdem rollt der »Sport« auf Leichtmetallfegen der Größe 7 1/2 J x 18“ oder 7 J X 17“. Der Fahrer dreht an einem sportlichen Ledervolant mit Chromspange und wird von schwarzen Instrumenten mit Chromringen und indirekter Hintergrundbeleuchtung über die Geschwindigkeit und den technischen Zustand des Astra »Sport« informiert.

Wolf im Schafspelz Der 2-Liter BiTurbo-Diesel im Astra mit geteiltem Ladeluftkühler und 143 kW (195 PS).

Astra Innovation – die »Wohlfühl-Variante«

Was dem »Selection«, dem »Edition« und »Sport« recht, ist dem Astra »Innovation« ohnehin billig: Aufgepeppt oder abweichend von der Basisausstattung empfängt der »Innovation« seine Mitfahrer gleichermaßen mit innovativen und sicherheitsrelevanten Zugaben. So zum Beispiel mit Fullsize-Kopfairbags auf beiden vorderen und den hinteren äußeren Sitzen. Das Innenraumklima hält eine Klimaautomatik konstant. Alle Sitzpolster sind mit Textil und Morrocana, einer Ledernachbildung, bezogen. Äußerlich kommt der »Innovation« eher unauffällig daher. Kenner entlarven ihn an Leichtmetallfelgen (7 J x 17“) im Zehnspeichendesign. Der Astra »Innovation« ist mit 215/50er-Reifen besohlt, beide Turbomotoren sowie die beiden großen Diesel rollen auf 225/50er-Reifen durch die Lande.

Astra BiTurbo – die »Power-Variante«

Im Wesentlichen basiert der Astra »BiTurbo« auf dem Ausstattungsumfang des »Innovation«. Hinter dem Ledervolant der Power-Variante kommen vornehmlich jene Käufer auf ihre Kosten, die Luxus und souveräne Dynamik gleichermaßen schätzen. Die überdies dem Vorurteil des langweiligen Dieselmotors allenfalls noch ein müdes Lächeln schenken und stattdessen den spontanen Antritt aus dem Drehzahlkeller und den bärenstarken Drehmomentverlauf in vollen Zügen genießen.

Astra Sonderausstattungen – da bleibt kaum ein Wunsch unerfüllt

Genießen Sie den Anblick des fließenden, dynamischen Designs, das Fahrleistung eine neue Dimension gegeben hat: der neue Opel Astra. Und wenn Sie nach dem gewissen Etwas suchen, um Ihrem Astra mehr Individualität zu verleihen, finden Sie genau hier eine große Auswahl an Opel-Originalzubehör.

Wunschprogramm – die beliebtesten Sonderausstattungen

Obwohl der Astra bereits ab Werk das Wichtigste an Bord hat, greift Opel bei den möglichen Sonderausstattungen relativ umfangreich in die Teilekiste: Ein Dutzend Individualpakete sind machbar. Ausstattungsfetischisten sind da voll in ihrem Element. Wem die gedruckten Seiten allerdings nicht reichen, der linkt sich im Netz unter »Infotainment«, »Komfort«, »Räder & Reifen«, »Sicherheit & Schutz«, »Styling & OPC Line« oder unter »Transport & Trägersysteme« ein. Aus Platzgründen ersparen wir uns an dieser Stelle detailliert darauf einzugehen. Zumal die Plusoptionen innerhalb der aktuellen Preisliste durchaus unterschiedlich kombinierbar und somit objektiv nicht unbedingt vergleichbar sind.

Natürlich haben alle Astra-Goodies ihren Preis. Doch vor dem Hintergrund Preis/Leistung/Qualität attestieren auch voreingenommene Zusatzausstattungsgegner Opel eine durchaus faire Kalkulation: Die theoretischen Verlockungen, aus Großserienware ab Werk einen individuellen Astra zu bemustern, waren selten verführerischer. Da bleibt selbst ambitionierten Do-it-Yourselfern wenig Freiraum, den eigenen Werkzeugkasten sinnvoll in Szene zu setzen.

Daher unser Rat an dieser Stelle: Studieren Sie durchaus kritisch die Werksangebote, verwechseln Sie die Offerten jedoch nicht mit den erstbesten Wühltischschnäppchen. Sollten Sie diesen Rat befolgen, endet Ihr Preisvergleich in den meisten Fällen zum Vorteil der Opel-Offerte oder zugunsten eines Vertragshändler-Sonderangebots.

Zumindest unsere Internet-Recherchen waren eindeutig: Ihr Opel-Händler vor Ort macht häufig das bessere Angebot – und zwar inklusive Montage. So zum Beispiel bei kompletter Winterbereifung, bei Anhängerkupplungen, Kindersitzen oder Dachtransportsystemen mit unterschiedlichen Aufsätzen. Die Zusatzausstattungs-Bestsellerliste bei Neuwagenkäufern führten zur Zeit unserer Recherchen eine Handvoll Optionen an:

- **Ablagemöglichkeiten und Schnittstellenlösungen:** Den Innenraum des Astra prägen ohnehin zahlreiche praktische, sorgfältig konzipierte Ablagemöglichkeiten. Bei der gehobenen Ausstattungslinie des Opel Astra kommt eine verschiebbare Armauflage inklusive Staufach für Smartphone, MP3-Player, CDs, Getränkeflaschen und ein Cupholder.

Stichwort Smartphone: Die Astra-Modellfamilie bietet umfangreiche Schnittstellenlösungen für die Einbindung von Mobiltelefonen via Bluetooth® an, inklusive Sprachsteuerung. Hinzu kommen unterschiedliche Anschlussmöglichkeiten für externe Speichermedien und MP3-Player. Die Option beinhaltet neben einem konventionellen USB-Port zum Beispiel auch eine Bluetooth-Lösung, über die etwa auf dem Handy gespeicherte Musikdateien drahtlos abspielbar sind.

- **Parkassistenzpaket:** Macht das Einparken zum Kinderspiel. Der Parkassistent erkennt passende Parklücken und leistet audio/visuelle Einparkhilfe. Außerdem sind beide Außenspiegel mit einem »toter Winkel-Warner« bestückt und elektrisch einklappbar.
- **FlexOrganizer-Paket:** Bringt flexibel Ordnung in den Astra. An zwei seitlich im Gepäckraum angebrachten Schienen lassen sich mit vier Befestigungshaken und verschiebbaren Adaptern Ladegüter sicher fixieren. Ein Trennnetz mit zwei Stangen fungiert als Raumteiler, ein taschenartiges Seitennetz nimmt Kleinkram auf.
- **FlexFix-Fahrradträgersystem:** Fixiert, je nach Modell, bis zu vier Fahrräder am Astra-Heck. Die verschiebbaren Parkschienen sind im Heckstoßfänger integriert. Am Sports Tourer nimmt FlexFix bis zu vier Räder bis maximal 60 Kilogramm auf die Schienen. Eine Schublade unterhalb des Beifahrersitzes bietet Platz fürs Reifenreparatur-Set.
- **FlexRide-Fahrwerk:** Ein innovatives Sicherheitssystem mit adaptiver Fahrstilerkennung (DMC – Driving Mode Control) und elektronischer Stoßdämp-

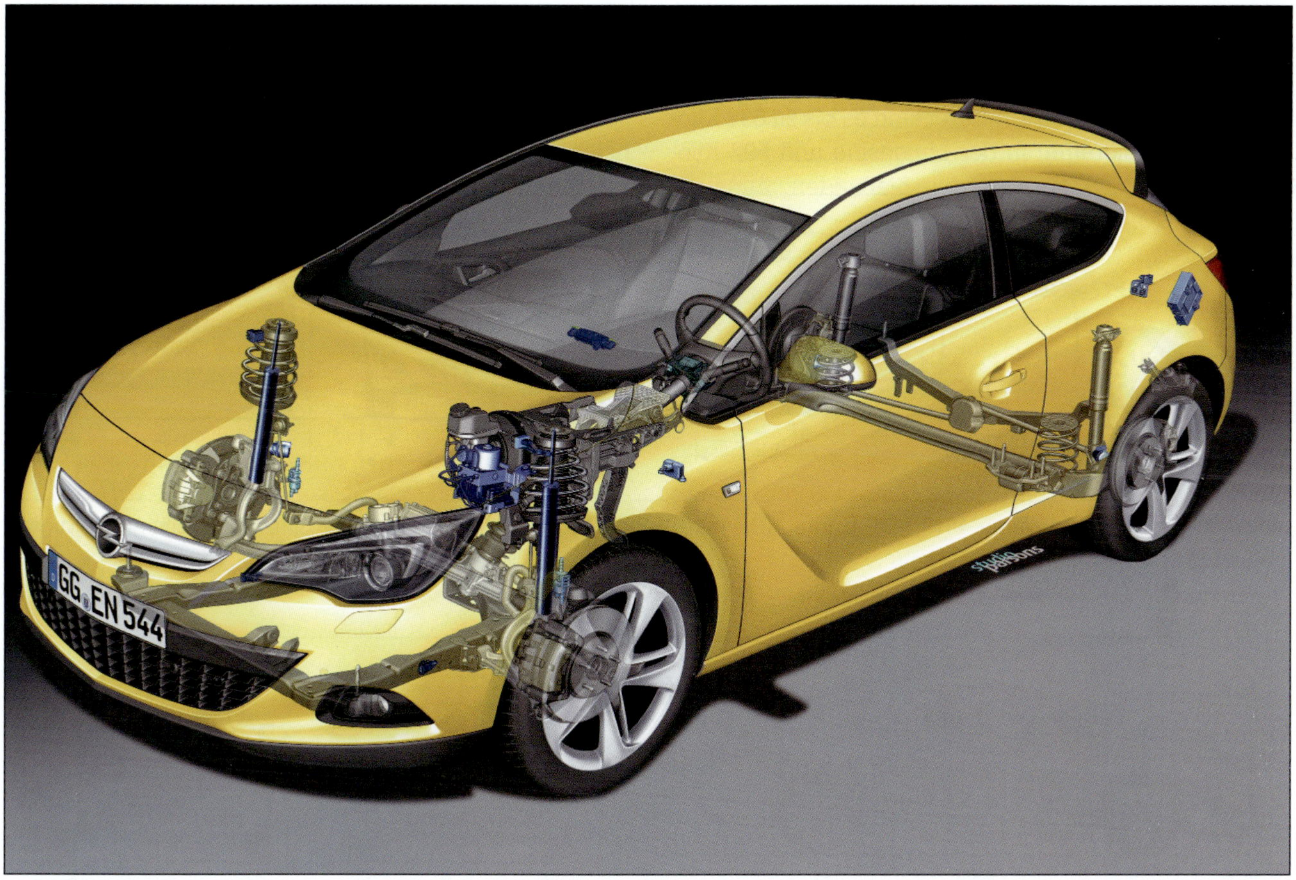

Innovation unter dem Astra: Das FlexRide-Fahrwerk passt sich – innerhalb gespeicherter Kennfelder – automatisch dem Fahrstil des Fahrers an.

ferregelung (CDC – Continuous Damping Control). Das FlexRide System programmiert und regelt der Fahrer in drei Grundeinstellungen (Standard, Sport, Tour). Folgend justiert ein Rechner das Fahrwerk, entsprechend der Vorgabe, innerhalb der gespeicherten Kennfelder automatisch aus.

Die Abmessungen*

Steilheck, Schrägheck, Stufenheck – für Astra-Käufer eine ernsthafte Frage: Opel bringt den Kompaktklässler mittlerweile in allen drei Varianten unters Auto fahrende Volk. In der Breite gibt's mit 1418 Millimeter keine Differenzen, mit »ausgeklappten« Außenspiegeln misst das Trio 2013 Millimeter. Der Radstand ist mit 2685 Millimeter zwischen Vorder- und Hinterachse gleichfalls identisch. Nicht so die Außenlänge: 4419 Millimeter misst der Fünftüter, 4658 Millimeter die Limousine und der Sports Tourer überholt seine Brüder mit 4698 Millimeter ziemlich deutlich. So auch in der Höhe: 1535 Millimeter bis Oberkante Dachreeling, der Fünftürer erreicht 1510 Millimeter und die Limousine endet bei 1500 Millimeter.Der Astra-J, allen voran der Sports Tourer, bietet ein gutes Raumgefühl: Fünf erwachsene Mitteleuropäer fühlen sich rundum gut untergebracht – auch auf Fernreisen. Selbst auf der Rückbank kommen sich bis zu drei Mitfahrer nicht unbedingt in die Quere. Und das sogar mit Reiseutensilien, denn Astra-Passagiere können durchaus auch mit ausgewachsenen Koffern und Krimskrams auf die Reise gehen. In der Limousine verstauen sie nach ISO 3832 bis Oberkante Gepäckraumabdeckung maximal 460 Liter, bei vorgeklappter Rücksitzlehne passen 1010 Liter hinein. Der Fünftürer schluckt mindestens 370 und maximal 1235 Liter. Als Kleintransporter geht dagegen schon der Sports Tourer durch. Er verdaut minmal 500 Liter und mit demontierter Rückbank bis zu 1550 Liter. Alle Astra-Modellvarianten offerieren demnach »Transportkapazitäten«, die noch vor Jahren in der Mittelklasse rekordverdächtig gewesen wären. Das trifft auch hinsichtlich der maximalen Zuladung zu. Im Fünftürer sind es bis zu 532 Kilogramm, 537 Kilgramm in der Limousine und 592 Kilogramm im Sports Tourer. wären. Das trifft auch hinsichtOpel blickt auf eine 75-jährige Tradition im automobilen Kompaktsegment zurück. Zehn Generationen später ist der Startschuss zum ersten Kadett längst verhallt.

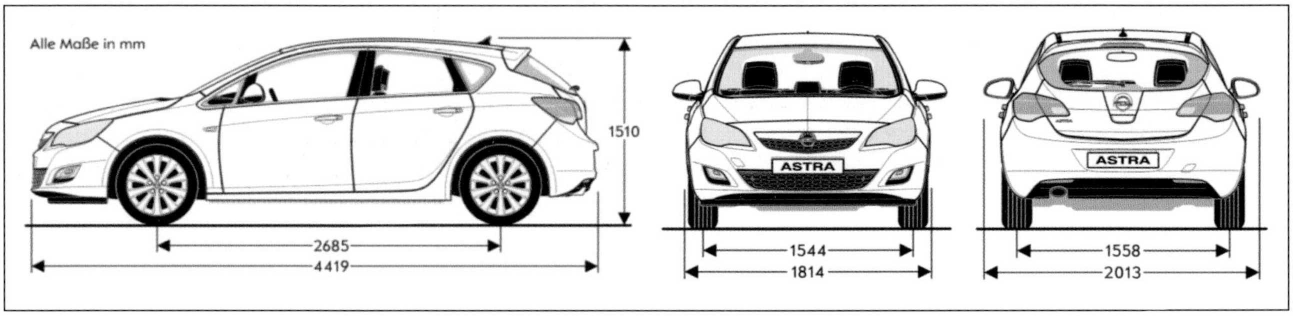

Abmessungen Fünftürer: Länge 4419 mm; Breite 2013 mm; Höhe 1510 mm*; Radstand 2685 mm; Spurweite vorne/hinten 1541/1551 mm; max. Zuladung 532 kg.

*bei Leergewicht mit Normalbereifung; mit IDS-Sportfahrwerk –15 Millimeter.

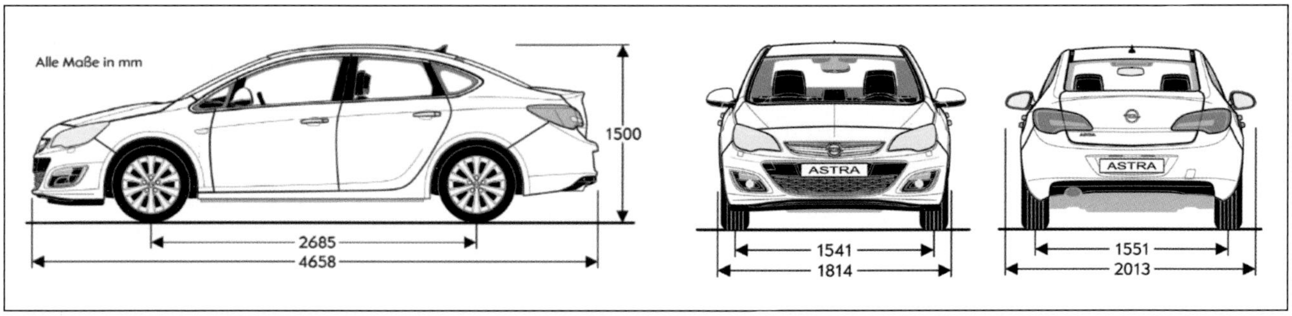

Abmessungen Limousine: Länge 4658 mm; Breite 2013 mm; Höhe 1500 mm*; Radstand 2685 mm; Spurweite vorne/hinten 1541/1551 mm; max. Zuladung 537 kg.

*bei Leergewicht mit Normalbereifung; mit IDS-Sportfahrwerk –15 Millimeter.

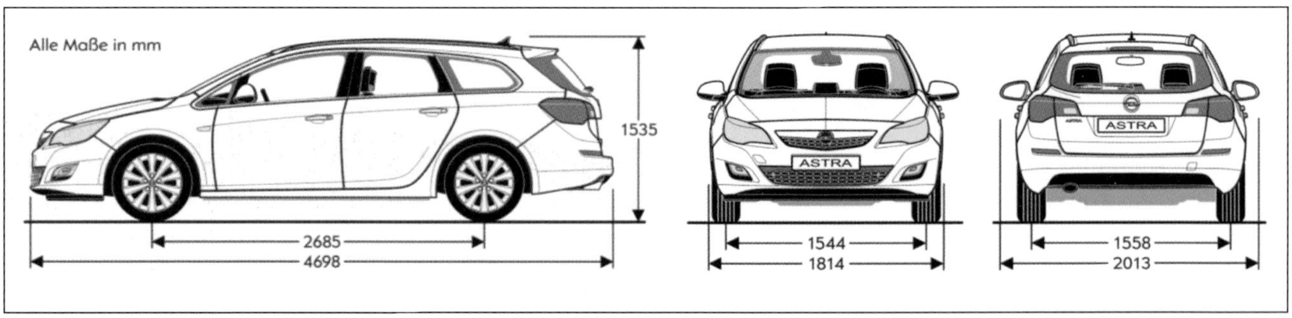

Abmessungen Kombi (Sports Tourer): Länge 4698 mm; Breite 2013 mm; Höhe 1535 mm*; Radstand 2685 mm; Spurweite vorne/hinten 1541/1551 mm; max. Zuladung 592 kg.

*bei Leergewicht mit Normalbereifung; mit IDS-Sportfahrwerk –15 Millimeter.

In aller Kürze: die Opel-Kompaktmodelle von gestern bis heute

Die Erfolgsgeschichte des Altvorderen begann 1936. Sie endete abrupt 1940 nach 107.608 gebauten Kadetten. Damals ahnte niemand, dass ausgerechnet der Kadett jemals maßgeblichen Anteil am Erfolg des heute in Europa erfolgreichsten Autosegments haben würde. Merke: Auch sogenannte Experten sind grundsätzlich nicht unfehlbar …

Hier nun der gestraffte Überblick zu zehn Generationen von Opel-Kompaktklässlern:
Kadett (1936 – 1940): Die erste Kadett-Generation rollte in eine politisch fragwürdig bewegte Zeit hinein. Seinen Erfolg konnte das freilich nicht mindern, der Kadett genoss große Sympathie bei den Menschen. Dazu war er für 2100 Reichsmark käuflich, ein für damalige Verhältnisse ausgesprochen günstiger Preis.
Den Ur-Kadett mobilisierte ein 23 PS-Vierzylindermotor. Er war von Anbeginn als zwei- und viertürige Limousine sowie als Cabriolet lieferbar. Nicht unbedingt revolutionär für damalige Zeiten, doch der kleine Opel trumpfte anno 36 bereits mit einer selbsttragenden Ganzstahlkarosserie auf. Er war somit das erste deutsche Großserienauto mit selbsttragender Karosserie.
Die Produktion fand 1940 ein jähes Ende, wurde jedoch sieben Jahre später wieder aufgenommen. Der Kadett hieß nun Moskwitsch. Er wurde mit russischem Pass noch mehr als 15 Jahre und 247.439-mal gebaut.

Kadett-A (1962–1965): Der zweite Frühling des kompakten Opel begann 1962 in Bochum. General Motors hatte dort für den Kadett ein neues Werk auf einem abgewirtschafteten Zechengelände gebaut. Ehemalige Bergleute wurden zu Fließbandarbeitern umfunktioniert, sie hatten großen Anteil an dem soliden Ruf des wiederum ersten kompakten Opel. Mit 40 oder 48 PS hatte der neu konstruierte Einliter-Motor leichtes Spiel mit dem rund 700 Kilogramm leichten A-Kadett. Er rollte als Limousine, Coupé und Caravan vom Band. Die Käufer lobten seinen üppigen Kofferraum gleichwie sein sicheres Fahrverhalten.
Knapp zwei Millionen Mal gebaut, war der A-Kadett der erste Opel-Millionär.

Kadett-B (1965–1973): Dem Zeitgeist entsprechend eine Nummer größer – und als Rallye-Version bis zu 90 PS stark: die B-Generation avancierte zum Bestseller. Besonders groß auch die Variantenvielfalt des B-Kadett: Er war damals als Limousine mit zwei oder vier Türen, als Coupé und Caravan sowie als luxuriöse Olympia-Version erhältlich.
2,6 Millionen Mal wurde der Kadett B verkauft.

Kadett-C (1973–1979): Die klar gezeichnete 1970er-Jahre-Version bot zwei neue Karosserieformen auf: Neben der zwei- und viertürigen Stufenheck-Limousine, der Caravan- und der Coupé-Version vervollständigten Schrägheck (City)- und Targa (Aero)-Ausführungen das Kadett-Portfolio. Die sportliche Coupé-Variante GT/E mit bis zu 115 PS wurde erstmals von einem 1,9-Liter-Einspritzmotor angetrieben.
Insgesamt rollten über 1,7 Millionen Kadett-C vom Band.

Kadett-D (1979–1984): Die zweite Kadett-Revolution fand nicht mehr im Karosseriebau sondern unter der Motorhaube und an den Rädern statt: Sie läutete bei Opel das Zeitalter von Frontantrieb und Quermotoren ein. Das neue 1,3-Liter-Aggregat besaß einen Leichtmetall-Zylinderkopf mit oben liegender Nockenwelle. Hinzu kam ein 54 PS starker 1,6-Liter-Diesel, der erste Opel-Selbstzünder in der Kompaktbaureihe. Während Coupé und Cabrio einstweilen pausierten, betrat zum ersten Mal der Kadett Caravan die Bühne.
Auch der Kadett D wurde zum Millionär – rund 2,1 Millionen Einheiten verließen das Bochumer Werk.

Kadett-E (1984–1991): Mit einem cW-Wert von 0,30 war der sportliche GSi zu seiner Zeit die windschlüpfigste Limousine der Welt. Darüber hinaus überzeugte der Kadett E durch seine Vielseitigkeit – als Fließ- und Stufenheck, Caravan und die Hochdachvariante »Combo«. Dazu kamen ein vom italienischen Autodesigner Bertone entworfenes Cabrio sowie eine ebenfalls in seiner italienischen Manufaktur hergestellte Kadett-Rennversion mit 270 PS. Sie rannte in der Deutschen Tourenwagen Meisterschaft (DTM) um Platz und Sieg. Als Basis diente dem Renn-Kadett der 150 PS starke Vierzylinder-GSi-Motor. Einen Meilenstein für Opel markierte der elektrisch angetriebene Prototyp »Impuls« auf Basis des Kadett-E.

Zahlreiche Preise, darunter die Auszeichnung »Auto des Jahres 1984« sowie knapp 3,8 Millionen verkaufte Exemplare zeigen, wie beliebt die letzte Kadett-Generation bis zum geplanten Ableben bei den Käufern war.

Astra-F (1991–1997): Alter Bekannter, neuer Name – der Kadett fährt seit 1991 als Astra durch die europäischen Lande. Mit dem Astra debütierten ein neuer 1,7-Liter-Turbodiesel mit 82 PS, Fahrer- und Beifahrerairbags sowie serienmäßig ABS. Eine Kleinserie von 500 Astra Caravan CNG (Compressed Natural Gas) mit Erdgas-Antrieb war ihrer Zeit durchaus voraus. Die kleine Gasflotte setzte allerdings ein starkes Statement in Sachen Umwelt. Unter dem Namen »Impuls 3« nahmen zehn elektrisch betriebene Astra an einem Test auf der Ostseeinsel Rügen teil. Die Stromer legten zwischen 1993 und 1997 mehr als 350.000 Kilometer zurück.
Der Verkaufserfolg des Astra-F ist heute noch beispielhaft: Mit 4,13 Millionen Einheiten ist er das bislang meistgekaufte Opel-Modell. Ein Teil von ihnen lief im 1992 eröffneten, neuen Werk Eisenach vom Band.

Astra-G (1998–2004): Die Astra Modellfamilie wuchs mit dem G-Modell – erstmals seit 1979 hat die Palette wieder ein Coupé zu bieten. Der erste Astra OPC, mit 160 PS starkem 2,0-Liter-Motor, kam auf den Markt. Die Auswahl an Dieselaggregaten reichte bis zum 2,2-Liter-Motor mit 125 PS. Alle Benziner setzen im Ansaugtrakt auf die Twinport-Technologie und sparen damit Kraftstoff. Der mit CNG betriebene Astra-Kombi ging in die Serienproduktion und der Astra ECO 4 war das erste vollwertige Vierliter-Auto auf dem Markt.
Der Astra-G verkaufte sich mehr als vier Millionen Mal.

Astra-H (2004–2008): Intern galt der Astra-H von Beginn an als Technologieführer in der Kompaktklasse. Ob elektronische Dämpferregelung oder AFL-Scheinwerfer mit dynamischem Kurvenlicht, die H-Variante führte zahlreiche Innovationen in der Kompaktklasse ein. So auch den Astra »TwinTop« mit dreiteiligem Hardtop, eine Mischung aus Cabrio und Coupé. Oder die sportliche GTC-Version, mit der auf Wunsch erhältlichen Panoramafrontscheibe. Der Astra OPC war mit 240 PS starkem Turbo zum Marktstart 2005 gar das weltweit stärkste frontgetriebene Serienmodell. Das honorierten nicht nur sportlich ambitionierte Käufer. Der Opel-Blitz frischte das Markenimage der Rüsselsheimer GM-Tochter europaweit gründlich auf: Rund 2,5 Millionen Astra-H-Modelle wurden gebaut.

Astra-J (ab 2009): Die J-Generation trug viele ehemals höherklassige Komfort- und Sicherheitsmerkmale ins Kompaktsegment. Sie kombiniert zudem die neue Opel-Designphilosophie mit innovativen Technologien. So zum Beispiel das mechatronische FlexRide-Fahrwerk, das weiterentwickelte AFL-Lichtsystem der zweiten Generation (AFL+) oder die Frontkamera mit Verkehrsschild- und Spurassistent.
Im Spätsommer 2012 ist die Astra-J-Familie dann komplett: Mit neuer Limousine, neuen Triebwerken und Assistenzsystemen sowie frischem Design startet sie in vielfältiger Variabilität durch. Mit 280 PS und 400 Newtonmeter Drehmoment ist der Astra OPC der stärkste Astra aller Zeiten. Die neuen BiTurbo-Diesel mit 195 PS und ebenfalls 400 Newtonmeter kamen im Herbst des gleichen Jahres dazu.
Bis zum Redaktionsschluss wurden vom Astra-J bereits weit mehr als 700.000 Einheiten gefertigt. Ende offen: Der J-Ableger steht noch voll im Saft...

Wert erhaltend

Regelmäßige Wagenpflege – die Kür für jeden Do-it-Yourselfer! Spätestens beim Wiederverkauf bringen gepflegte Autos zusätzliche Euro aufs Verkäuferkonto. Unabhängig davon verbessert ein sauberer Wagen natürlich die eigene gleichwie die Stimmung der Mitfahrer. Anlässlich der Handwäsche lernen Sie Ihr Auto zudem bis in den letzten Winkel nahezu spielerisch kennen. Unserer Meinung nach ist das die ideale Voraussetzung, um fortan kleine Reparaturen selbst zu erledigen.

Das eigene Auto ist für viele von uns mehr als nur eine bequeme Alternative zu öffentlichen Verkehrsmitteln, dem Motorrad oder dem Fahrrad. Sie zum Beispiel haben ja nicht irgendeinem Wagen, sondern Ihrem Opel Astra das Jawort gegeben. Merken Sie's? So ganz pragmatisch funktioniert sie nämlich nicht, die Beziehung zwischen Auto und Kopf: Da sind gehörig Emotionen mit im Spiel. Warum denn sonst fahren gerade Sie einen Astra?
Eben! Erhalten und pflegen Sie diesen Spannungsbogen möglichst lange. Spätestens beim Wiederverkauf kommt Ihnen das zu Pass: »Kleider machen Leute«, beim Auto allemal. Handeln Sie daher möglichst immer. vorausschauend.
Auch die Prüfer von TÜV oder DEKRA dekorieren ein proper gepflegtes Auto bereitwilliger mit ihrem Prüfsiegel als abgewirtschaftete Schlorren: Betrachten Sie jeden Waschgang als willkommene Gelegenheit Ihren Astra auf Hochglanz zu bringen und seinen Zeitwert zu stabilisieren. Wie Sie das möglichst effektiv angehen, beschreiben wir im folgenden Kapitel.

Alternativangebot – Waschplatz oder Selbstwaschanlage

Wenn Ihnen – warum auch immer – Waschanlagen nicht sympathisch oder zu oberflächlich sind, fragen Sie Ihren Tankwart nach einer Alternative. Oder suchen Sie nach einem professionell betriebenen Selbstwaschplatz in Ihrer Umgebung. Serviceorientierte Anlagenbetreiber bieten vom Hochdruckreiniger bis hin zum Staubsauger alle Hilfsmittel, die Ihnen die Autopflege erleichtern. Kontrollieren Sie auf Selbstwaschplätzen vor Arbeitsbeginn jedoch die Waschbürsten. Möglicherweise hat Ihr Vorgänger nach einer Schlammfahrt damit gerade den Unterboden oder die Radkästen gereinigt.
Noch ein Tipp: Waschen Sie Ihren Wagen möglichst niemals im prallen Sonnenlicht. Grund: In der Sonne wirken kleine Wassertropfen wie Brenngläser, darunter gehen Staubteilchen und Kalk eine innige Verbindung mit der Lackoberfläche ein.

Schadet häufiges Waschen dem Lack?

Moderne Acryllacke sind außerordentlich resistent gegen Umwelteinflüsse. Sie können auch relativ neue Lacke bedenkenlos zeitnah, zum Beispiel nach Unfallreparaturen, waschen. Was lackierte Oberflächen allerdings nicht gut vertragen: Industriestaub, Vogelkot oder aggressive Baumharze. Sobald Sie auch nur einen Störenfried davon auf Ihrem Auto entdecken, greifen Sie baldmöglichst zu Schwamm und Wasser, oder fahren Sie schnellstens eine Waschanlage an.

⚠ Putzen gefährdet die Umwelt

GEFAHRENHINWEIS

Dieser Hinweis gilt nicht Ihnen allein, sondern unser ALLER Umwelt. Beachten Sie ihn bitte besonders diszipliniert.

Wagenwäsche vor der eigenen Hautür ist längst nicht mehr überall erlaubt. Aus gutem Grund: Mit dem Abwasser können gefährliche Substanzen in das Grundwasser gelangen, so zum Beispiel Ölrückstände oder Reinigungschemikalien. Auch der gedankenlose Verbrauch wertvollen Trinkwassers ist nicht unbedingt mehr zeitgemäß. Waschanlagen gehen effizienter mit Wasser um. Sie bereiten ihr Waschwasser mehrmals wieder auf und sammeln während des Prozesses Schmutzpartikel sowie chemische Rückstände in speziellen Wasserabscheidern.

Sollten Sie freilich eine grundsätzliche Aversion gegen Waschanlagen haben, raten wir Ihnen, öffentlich ausgewiesene oder gewerblich betriebene Waschplätze aufzusuchen. Dort treffen Sie außerdem Gleichgesinnte – Autofreaks also, die ihren Wagen nicht nur als Fortbewegungsmittel nutzen, sondern emotionale Erlebnisse damit verbinden: Öffentliche Waschplätze sind erfahrungsgemäß der ideale Ort für hochoktanige Benzingespräche.

Außenwäsche – so wird's gemacht

- Geizen Sie nicht mit Waschwasser, Ihr Auto wird's Ihnen mit Hochglanz danken: Feine Staub- und Sandkörnchen wirken in trockenen Waschschwämmen nämlich wie Schmirgelpapier und hinterlassen mikroskopisch kleine, spinnwebartige Kratzer. Falls Sie mit einem Wascheimer operieren, spülen Sie den Waschhandschuh oder Schwamm spätestens nach jedem dritten Waschstrich gründlich aus. Kalkulieren Sie mindestens zwei gefüllte Wassereimer für die Grundreinigung.
- Besser Sie nutzen einen Gartenschlauch, im Idealfall mit Sprühdosierdüse.
- Halten Sie die Düse möglichst nah an die Waschfläche, gelöste Schmutzpartikel haben dann erst gar keine Chance, sich erneut festzusetzen.

Hässliche Drecknester: Starke und hartnäckige Karosserieverschmutzungen lösen Sie zunächst mit der Waschbürste oder einem großen Schwamm. Doch bevor Sie loslegen, checken Sie den Bürstenkopf oder Schwamm auf eventuelle Dreckrückstände vom letzten Einsatz. Ansonsten können Sie die Lackoberfläche auch gleich mit Schmirgelpapier malträtieren.

Hartnäckiger Belag: Bremsstaub auf Felgen oder Radzierblenden sieht nicht nur schmuddelig aus, er greift auch die Oberflächen an. Schäumen Sie die verdreckten Partien gut ein und bearbeiten sie mit einem kleinen Haushaltsschwamm, bzw. einer alten Zahn- oder Abspülbürste. Gehen Sie vorsichtig mit chemischen Felgenreinigern um: Auf aggressive Produkte reagieren Leichtmetallfelgen, bis hinein in die Materialstruktur, empfindlich.

Widerspenstige Insektenkadaver: Um, etwa an der Front oder auf der Scheibe, widerspenstige Insektenreste gründlich einzuweichen, nutzen Sie einen handelsüblichen Insektenreiniger, alternativ tut's auch ein mit Essig und Spülmittel benetzter Schwamm. Danach spülen Sie den Wagen gründlich mit einem Wasserschlauch oder Hochdruckreiniger ab (Tipps im Kasten linke Seite beachten).

Kreisende Bewegungen: Kreisen Sie grundsätzlich mit einem triefend nassen Waschschwamm über den Lack. Um der Umwelt nicht zu nahe zu treten, dosieren Sie das Waschmittel nach Herstellerangaben.

- Am Lack schonendsten waschen sie mit einer Schlauchbürste, bei der fließendes Wasser ständig den Schmutz wegschwemmt.
- Felgen und Radkästen reinigen Sie besonders gut mit einer Waschbürste, einem Haushaltsschwamm bzw. einer alten Zahn- oder Spülbürste.
- Die Scheiben- und Lackoberfläche trocknen und polieren Sie schlierenfrei mit einem Fensterleder.

Systematisch vorgehen – dann klappt's mit dem Glanz ...

- Schließen Sie alle Türen und Fenster. Ansonsten sitzen Sie nach der Wäsche auf patschnassen Polstern.
- Säubern Sie zuerst die Radhäuser, Felgen und Türschweller. Vorteil: Sie können die Karosserie danach in einem Rutsch abspülen.
- Reinigen Sie den Unterboden gelegentlich mit einem Hochdruckreiniger oder scharfen Wasserstrahl. Im Winter sollten Sie anlässlich jeder dritten Wagenwäsche auch den Unterboden Ihres Astra abspritzen.
- Die vorderen Felgen verschmutzen wesentlich schneller als die hinteren. Grund: An der Vorderachse entsteht bei jedem Bremsvorgang mehr Bremsenabrieb, der sich auf den Felgen absetzt. Berücksichtigen Sie das in Ihrem Pflegeplan und waschen die Vorderräder einfach häufiger mit Felgenreiniger. Achten Sie beim Kauf unbedingt auf umweltverträgliche Produkte. Studieren Sie, bevor Sie loslegen, die Gebrauchsanweisung und spülen die Räder gründlich mit sauberem Wasser nach.
- Weichen Sie den Dreck mit einem dosierten Wasserstrahl gut ein. In Selbstwaschanlagen mit Hochdruckreiniger wählen Sie das Programm »Spülen«.
- Per Hand waschen Sie immer nur ganze Flächen. Nachdem Sie zuerst die Radhäuser, Felgen und Türschweller vorgewaschen haben, putzen Sie sich vom Dach nach unten vor.
- Verteilen Sie den Reinigungsschaum unter geringem Druck mit kreisenden Bewegungen und lassen ihn kurz einwirken.
- Die Schmutzbrühe spülen Sie mit einem Wasserschlauch ab. In der Selbstwaschanlage wählen Sie das Programm »Spülen«.
- Im letzten Waschgang reinigen Sie die Räder mit einer Waschbürste.
- Nach der Wäsche ledern Sie den Wagen sofort ab. Ansonsten hinterlassen luftgetrocknete Wassertropfen einen grauen Kalkbelag, der dem Lack schadet.

Vorsicht mit Hochdruckreinigern

GEFAHRENHINWEIS

Darauf sollten Sie achten: Halten Sie mit der Sprühlanze des Hochdruckreinigers mindestens 60 Zentimeter Abstand zum Objekt! Falsch bediente Hochdruckreiniger bringen mehr Schaden als Nutzen! Begrenzen Sie den Sprühdruck auf maximal 30 bar!

Der Hochdruckreiniger ist eine praktische Hilfe: Wasser, unter extrem hohen Druck (60–120 bar) auf der Karosserie verteilt, löst fast jede Schmutzkruste. Für den industriellen Einsatz gibt es übrigens auch Hochdruckreiniger, die ihr Wasser nicht nur unter Druck setzen, sondern zusätzlich erhitzen. Gute Geräte heizen das Wasser gar bis zu 60 Grad C. vor. Da hat der »dicke Dreck« im Motorraum natürlich keine Überlebenschance mehr – alles wie weggeblasen. Wir raten allerdings dringend davon ab: Die im Motorraum verbauten Elektronikteile nehmen durch die eindringende Feuchtigkeit erheblichen Schaden.

Folge: Früher oder später wird ein kostspieliger Austausch fällig. Das kann übrigens bei einem zentralen Motorsteuergerät schon mal schnell einen vierstelligen Betrag ausmachen. Gehen Sie darum gegen den Schmutz unter der Motorhaube besser nur mit geeigneten Kaltreinigern und einem normalen Wasserschlauch vor. Übrigens, auch wenn Sie bei der Vorwäsche den Hochdruckreiniger »scharf« vor den Kühlergrill halten, kann Ihnen das der Wärmetauscher dahinter verübeln: Der harte Sprühstrahl trifft die Kühlerlamellen mit voller Wucht und kann sie zerstören. Tatsächlich leisten Hochdruckreiniger allerdings im Kampf mit Bremsstaub und anderen Verschmutzungen viel Gutes. Es kommt eben nur darauf an, dass der Nutzer die technischen Möglichkeiten RICHTIG nutzt.

- Spülen Sie das Trockenleder vor Gebrauch gut in sauberem Wasser, danach wringen Sie es aus. Legen Sie das Leder möglichst großflächig auf die Karosserie und ziehen es langsam zu sich heran.
- Spülen Sie das Leder vor dem Auswringen immer aus: Schmutzrückstände ruinieren gleichermaßen die Lackoberfläche und das Leder. Trocknen Sie schlecht zugängliche Stellen besser mit einem Mikrofasertuch oder einem alten Fensterleder.
- Zum Schluss geht's an die Scheiben: Checken Sie die Frontscheibe auf Steinschläge, Kratzer und Risse.
- Wischerblätter reinigen Sie mit einem Schwamm oder Trockenleder. Prüfen Sie die Gummilippen auf Beschädigungen und Elastizität – verhärtete Gummis erneuern Sie besser. Das ist auf Dauer preisgünstiger als eine zerkratzte Scheibe.
- Nach der Wäsche checken Sie den Lack, die Scheinwerfergläser und den Frontstoßfänger auf hartnäckigen Schmutz: Insektenreste, Vogelkot, Blütenpollenrückstände und Teerspritzer wirken aggressiv. Entfernen Sie die Rückstände mit Spezialreiniger oder Essig.
- Verwenden Sie Teerentferner nicht auf frischen oder frisch ausgebesserten Lacken – darin enthaltene Lösungsmittel greifen die Lackoberfläche an.

Damit alles in Bewegung bleibt – kleiner Schmierdienst

Wer gut schmiert, der gut fährt. Ein Tröpfchen Öl, eine wohldosierte Prise Fett oder ein Spritzer Silikon an der richtige Stelle verabreicht, wirken manchmal Wunder: Leichtgängig bleibt, was sonst quietscht, klemmt, reißt oder rostet. Machen Sie es sich einfach zur Gewohnheit, nach jeder Wagenwäsche einen kleinen Schmierdienst zu erledigen. Beherzigen Sie dazu folgende Faustregel: Überall dort, wo kein Fett eindringen kann, beispielsweise an Scharnieren und Gelenken mit engen Passungen, ist Öl oder Schmierspray die erste Wahl. Gegeneinander reibende Flächen glätten Sie besser mit Fettpaste oder Silikongleitmittel.

Hier »schmieren« Sie sinnvoll:

- Scharniere an Türen, Motorhaube und Heckklappe honorieren ab und an einen Spritzer Öl.
- Die Türfeststeller bleiben mit etwas Mehrzweckfett geräuschlos in Form.
- Schlossfallen an Türen, Motorhaube und Heckklappe behandeln Sie zweckmäßigerweise mit Sprüh-

Hält die Schlossfallen beweglich: Eine regelmäßige Prise Siliconspray.

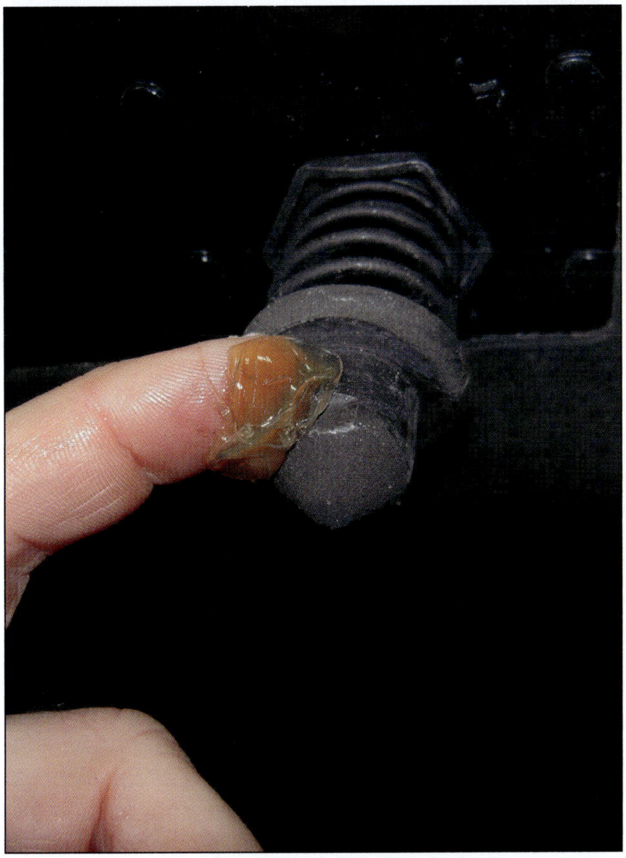

Bleibt mit Fett flexibel: Der Schließdorn am Motorhaubenschloss

Damit der Arretierstift locker einschnappt: Kriechöl macht's möglich.

fett oder Gleitpaste. Dort, wo Seilzüge sichtbar sind, zum Beispiel an der Motorhaubenschlossplatte, tragen Sie etwas Fett auf und ziehen es mit wiederholter Hebelbewegung in die Zugumhüllung.

- Die Schließzylinder inklusive der Schlüsselführungen bereiten Sie, spätestens zu Beginn der kalten Jahreszeit, mit Silikonspray auf den Winter vor: Silikon schmiert, verdrängt Feuchtigkeit und schützt vor Rost.
- Die Arretierbügel der Motorhaube schmieren Sie am unteren Lagerbolzen mit Öl.

Werterhaltend – Lackpflege

Die regelmäßige Lackpflege ist eine lohnende Arbeit. Denn stumpfe, verwitterte Lackoberflächen machen Ihren Astra für Ihre und die Augen anderer unansehnlich: Spätestens beim Wiederverkauf rächt sich ein stumpfer Lack mit ein paar Euro weniger in Ihrer Tasche. Neue Lacke sind zunächst pflegeleicht, regelmäßiges Waschen reicht ihnen völlig aus. Doch spätestens, wenn Wassertropfen nur noch mit unscharfen Rändern auf dem Lack abperlen, wird es Zeit zur Lackpflege. Sonne, Regen, Streusalz, Schmutz, auch gasförmige Umweltgifte greifen die Lackoberfläche ständig an.

Wirkt häufig Wunder – Lackreiniger

Welches Lackpflegemittel für Ihren Astra geeignet ist, hängt vom aktuellen Lackzustand ab. Einem neuen, noch gut erhaltenen Lack genügt eine milde Politur. Sie frischt die von Umwelteinflüssen und mechanischen Einwirkungen leicht angegriffene Lackoberfläche nachhaltig auf. Außerdem beinhalten moderne Polituren mikroskopisch feine Wachskomponenten, die den Lack im gleichen Arbeitsgang konservieren. Für neue Lacke sind scharfe Lackreiniger unbrauchbar – auf alten und verwitterten Lacken jedoch genau das richtige Mittel für glänzende Ergebnisse.

Immer einen Versuch wert – gründliche Lackpflege

Lackreiniger tragen Sie wie Politur auf. Seine Mixtur enthält Schleifmittel, die während des Auftrags Verschmutzungen beseitigen. Bevor Sie Ihrem verwitterten Astra also freiwillig eine Neulackierung spendieren, sollten Sie es zunächst mit einem guten Lackreiniger versuchen: Zur Lackpflege ist es nie zu spät. Konservierende Komponenten enthalten Lackreiniger in der Regel allerdings keine. Darum schützen Sie in einem zweiten Arbeitsgang die mild angeschliffene Lackoberfläche mit Flüssigwachs gegen aggressive Umwelteinflüsse.

»Gift« für den Lack – pralles Sonnenlicht

Neue und aufbereitete Lacke empfehlen wir Ihnen erst nach rund einem Jahr zu konservieren. Verwitterte oder ältere Lackoberflächen versiegeln Sie dagegen ruhig zwei- oder dreimal jährlich. Das erhält den Glanz, optimiert den Langzeitschutz und hält den Lackaufbau elastisch. Meiden Sie derweil allerdings pralles Sonnenlicht: Die meisten Polituren und Lackreiniger wirken unter Sonneneinstrahlung aggressiv. Suchen Sie darum lieber ein schattiges Plätzchen. Dort haben die chemischen Politursubstanzen keine Chance, den Lack über Gebühr anzugreifen. Wenn Sie in geschlossenen Räumen arbeiten, sorgen Sie für eine ausreichende Raumdurchlüftung – Pflegemittelausdünstun-

Strategisch vorgehen: Stark verwitterte Lackoberflächen schleifen Sie vor der eigentlichen Politur mit einem Lackreiniger an. Gut ausstaffierte do it Yourselfer erledigen den Job mit einem Exzenterschleifer inklusive angefeuchteter Schaumstoffscheibe. Lassen Sie die Scheibe nur mit gebremster Energie über die Lackoberfläche rotieren – mit voller Power könnte Ihnen sonst der Lack verschmoren. Teilen Sie sich zudem immer nur überschaubare Karosserieflächen ein.

Immer großflächig auspolieren: Am schnellsten klappt's mit einer Poliermaschine. Vor ihrer sauberen und trockenen Lammfellhaube kapituliert der angetrocknete Politurschleier im Nu. Vergessen Sie bitte nicht, die Polierscheibe oder den Wattebausch regelmäßig auszuklopfen. Ansonsten gibt's Schlieren auf der geglätteten Fläche.

Schlierenfreier Hochglanz: Brillanz kommt auf den aufgefrischten Lack, wenn Sie im letzten Arbeitsgang die Lackoberfläche noch einmal mit einem großen Wattebausch oder blitzsauberer Lammfellhaube glätten. Das entfernt auch noch die hartnäckigsten Politurreste und lässt die Lackoberfläche wie neu erstrahlen. Lassen Sie die Scheibe nur mit gemäßigter Drehzahl rotieren. Ansonsten könnte Ihnen der Lack unter der Polierscheibe verschmoren.

Muss Verbindung eingehen: Lackkonservierer auf der Lackoberfläche. Sollte der Konservierer auf der Lackoberfläche abperlen, ist entweder die Oberflächenspannung noch zu groß oder der Politur war bereits ein Konservierer untergemischt. Warten Sie in dem Fall bis zur nächsten Wagenwäsche und konservieren dann erneut.

gen sind in größerer Konzentration nämlich gesundheitsschädlich.
Zu viel Geschäft? Dann lassen Sie doch pflegen: Neuerdings bieten immer mehr Autopflegefachbetriebe Oberflächenversiegelungen auf Basis der Nanotechnologie (siehe Kasten) an. Das kostet Sie zunächst zwar mehr als die Politur mit Wattebausch und eigenem Muskelschmalz, hält dafür aber auch bis zu drei Jahre.

Sie bleiben dennoch bei der alten Methode mit Watte, Politur und Co.? Dann waschen Sie Ihren Astra zunächst besonders gründlich. Geben Sie sich auch mit dem Trocknen besondere Mühe, das erleichtert Ihnen den Umgang mit der Politur. Danach …

- …prüfen Sie zuerst an einer relativ unauffälligen Stelle, ob der Lack auch Ihr Politurmittel verträgt. Vorsicht bei Lackreinigern: Tragen Sie immer nur dünne Schichten kreisförmig auf, zu viel Lackreiniger schleift mehr Decklack ab, als nötig. Reinigen Sie Ihren Astra besser in mehreren Durchgängen.
- Politur oder Lackreiniger tragen Sie mit einem handballengroßen Polierwattebausch oder einem weichen Tuch (keine Kunstfaser) unter sanftem Druck in kreisförmigen Bewegungen auf. Behandeln Sie immer nur überschaubare Flächengrößen.
- Schon nach kurzer Einwirkzeit bildet sich ein trockener weißer Belag, den Sie in kreisenden Bewegungen mit einem sauberen Wattebausch auspolieren.
- Wenden oder erneuern Sie den Wattebausch regelmäßig – seine Oberfläche setzt sich nach geraumer Zeit mit Wachs- und Pflegemittelpartikeln zu.
- Um Poliermittel- und Watteflusenresten den Garaus zu machen, reiben Sie abschießend die polierte

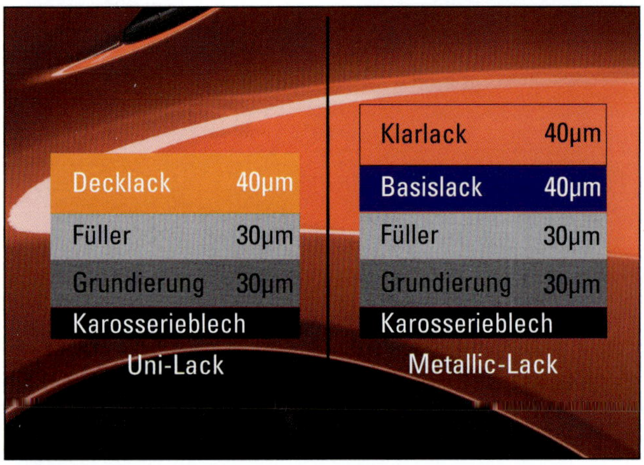

Unterschiedlich stark: Die Lackschichten je nach Lackqualität. Metallic-Lacke sind mit Klarlack etwas stärker.

WISSENSWERTES

Nanotechnologie

Was als Oberflächenschutz an Häuserfassaden oder auch bei Dachziegeln schon funktioniert – die Nanotechnologie, setzt sich auch am Auto immer mehr durch. Schon sind bereits die ersten viel versprechenden Anwendungen in die Praxis umgesetzt. Allen voran bei modernen Autogläsern, die Infrarotstrahlen absorbieren und somit das Temperaturniveau im Innenraum senken, bis hin zu blendfreien Cockpitverglasungen.

Von der Lotusblüte übernommen: mikroskopisch kleine Raustrukturen auf der Oberfläche. Schmutzpartikel finden darauf keinen Halt.

Doch die derzeit wohl bekanntesten Nanoanwendungen, besser bekannt unter dem Namen »Lotusblüteneffekt«, sind selbstreinigende Oberflächenbeschichtungen. Nano-Oberflächen sind übrigens alles andere als Glatt. Sie weisen stattdessen mikroskopisch kleine Raustrukturen auf, an denen der Schmutz keinen Halt findet. Und da liegt das Problem der Autobauer: Bewegliche Objekte, wie etwa Automobile oder Fugzeuge, kollidieren im Betrieb häufig mit Insekten oder sonstigen Fremdpartikeln, deren Überreste die Raustruktur von Nano-Oberflächen verstopfen. Der Schmutz findet somit wieder eine zusammenhängende Oberfläche, auf der er Halt findet.
Dennoch, Nanotechnologie setzt zum Siegeszug an: Immer mehr Autopflegefachbetriebe bieten bereits Nano-Produkte als Langzeitoberflächenschutz an. Im Unterschied zur herkömmlichen Wachsversiegelung versiegeln Nano-Polituren den Lack bis zu drei Jahre – und das zu durchaus vergleichbaren Kosten. Auch die ersten Neuwagen nutzen mittlerweile den Lotusblüteneffekt.

Lackoberfläche mit einem sauberen Baumwolllappen oder Viskosetuch ab.

- Den Konservierer tragen Sie unter sanftem Druck mit handballengroßen Polierwattefetzen oder einem weichen Tuch (kein Kunstfaserlappen) in kreisförmigen Bewegungen auf. Behandeln Sie immer nur überschaubare Flächen, das steigert den Tiefenglanz.
- Die Watte muss mit wenig Widerstand leicht über den Lack gleiten. Deshalb wenden Sie den Wattebausch häufig und tauschen ihn rechtzeitig aus.
- Erkennen Sie auf dem Lack danach noch Streifen oder Wolken, liegt das meist an verschmierten Farbpartikeln – häufig Rückstände einer vorhergehenden Politur. Wiederholen Sie den Vorgang an den schlierigen Stellen.

Wert mindernd – hässliche Lackschäden

Während der Fahrt stressen unterschiedlichste Fremdkörper die Karosserieoberfläche Ihres Astra: Kleine aufwirbelnde Steinchen, selbst Insekten oder winzige Sandkörner schlagen bei hohen Tempi wie Meteoriten auf seinem Lack ein. Vor allem die Frontpartie und Motorhaube sind stark gefährdet, besonders auf winterlichen Straßen prasseln feste Streumittelbestandteile hörbar gegen die Karosserie. Steinschlagschäden sind jedoch kein Drama.

Auch ein leichter Parkrempler mit Kratzern und Schrammen bietet keinen Anlass zur Panik. In den meisten Fällen lassen sie sich relativ einfach mit Lackreiniger oder einer speziellen Schleifpolitur auspolieren.

Praktisch nach Steinschlägen – Lackreparaturset

Die meisten Hersteller bieten gegen kleine Steinschlagschäden praktische Reparatursets an. Sie lassen sich ähnlich leicht handhaben wie Nagellack. Eine gebräuchliche Alternative ist Tupflack, mit dem Sie Steinschlagkrater in mehreren Lackschichten auffüllen können. Bei normalen Lacken und kleinen Beschädigungen helfen übrigens auch Wachsstifte in Wagenfarbe. Das Reparaturwachs hält freilich nur einige Wagenwäschen lang. Sollten Sie die Lackbezeichnung und den Farbcode Ihres Astra vergessen haben, kein Problem: Die Angaben sind auf dem Typenschild im Motorraum oder im Kfz-Schein verewigt.

Umgehend beseitigen – frische Lackblessuren

Ignorieren Sie auch winzige Macken im Lack nicht: Rost leistet in kurzer Zeit ganze Arbeit. Bei ungünstigen Bedingungen (Nässe, Wärme oder unter Salzeinfluss) sogar schon in wenigen Tagen – auch an verzinkten Karosserieblechen. Lassen Sie dem Rost gar über Monate oder Jahre ungehinderten Freiraum, sind große Krater das traurige Resultat. In diesem Fall helfen nur noch aufwändige Restaurationsarbeiten.

Die bringen wir Ihnen in diesem Umfeld freilich ebenso wenig näher, wie die Reparatur von Unfall- oder Blechschäden. Dazu empfehlen wir Ihnen die Vertragswerkstatt oder den Kauf des Bands 175 aus der Reihe »Jetzt helfe ich mir selbst«.

So verschwinden Steinschlagschäden

- Beseitigen Sie abstehende Ränder rund um den Lackkrater vorsichtig mit einer feinen Nadel oder einem Uhrmacherschraubendreher.
- Rostschuppen kratzen Sie mit einem spitzen Messerchen vorsichtig aus. Danach träufeln Sie einen Tropfen Rostumwandler auf die Stelle und lassen ihn gemäß Produktbeschreibung einwirken.
- Jetzt waschen Sie die Schadstelle gründlich mit Lackverdünner aus und trocknen sie mit einem Haarföhn.
- Sprühen Sie etwas Haftgrund in den Sprühdosendeckel, tauchen einen Tupfpinsel oder Ihre saubere Fingerkuppe in die Pfütze und füllen die Schadstelle passend auf. Lassen Sie den Haftgrund gut austrocknen.
- Drücken Sie mit Ihrer Fingerkuppe oder einem kleinen Kunststoffmesser, bündig zur umgebenden Lackfläche, ein wenig Spachtel in den Krater. Lassen Sie die Masse gut austrocknen. Überstehende Spachtelflecken wischen Sie umgehend mit einem in Lackverdünnung getränkten Lappen ab.
- Schleifen Sie die ausgehärtete Spachtelfläche vorsichtig mit feinem Schleifpapier an. Umwickeln Sie dazu ein stumpfes Bleistiftende mit einem passenden Schleifpapierstreifen und drehen den präparierten Bleistift als punktgenauen Schleifer zwischen den Handflächen.
- Danach sprühen Sie Decklack in den sauberen Dosendeckel und lassen ihn etwa eine Minute ablüften. Den verdickten Lack tragen Sie mit Ihrer Fingerkuppe oder einem spitzen Pinsel dünn auf.

- Um das Ergebnis zu verbessern, polieren Sie die Übergänge des vollständig ausgetrockneten Lacks (im Sommer nach etwa zwei, im Winter nach rund fünf Tagen) mit Politur bzw. Lackreiniger aus.

Großflächig auspolieren – kleine Kratzer und Schrammen

- Reinigen Sie die Schadstelle gründlich mit Waschbenzin oder Verdünner und …
- … polieren dann die Fremdfarbe (falls vorhanden) in mehreren Arbeitsgängen mit Polierwatte, Schleifpolitur oder Lackreiniger aus dem Decklack. Legen Sie die Polierfläche möglichst großzügig an.
- Ausgefranste Schrammenränder schleifen Sie zunächst mit einem kleinen Streifen Wasserschleifpapier (mindestens Körnung 800) behutsam glatt. Wässern Sie ständig das Schleifpapier in einem Wassereimer und spülen gleichfalls die Schleifstelle. Vorsicht: Durchschleifen Sie nicht den Decklack.
- Polieren Sie die Schadstelle großflächig mit einer milden Politur nach. Sie verteilen dabei Farbpartikel aus der unmittelbaren Lackumgebung in die Schramme.
- Zuletzt versiegeln Sie die bearbeitete Stelle mit einem Lackkonservierer.
- Wenn Sie auf gleichmäßigen Glanz Wert legen, polieren Sie anschließend den gesamten Lack auf.

Lackneuaufbau – so verschwinden größere Schrammen

Vorsicht: *Während des Lackierens entstehen giftige Dämpfe – lüften Sie Ihren Arbeitsplatz gut durch!*

- Stark verschrammte Stoßfänger, Kotflügel oder Türen bauen Sie zur Reparatur besser aus. Das erleichtert die Arbeit und steigert das Ergebnis.
- Schleifen Sie schadhafte Stellen leicht mit Schleifpapier (Körnung 80 oder 100) an. Rost schleifen Sie natürlich bis aufs blanke Blech herunter und tragen dann Rostumwandler auf. Lassen Sie den Chemococktail vorschriftsmäßig einwirken.
- Im folgenden Schritt entfetten Sie die Stelle mit Lackverdünner. Lassen Sie alles gut ablüften.
- Vermischen Sie nun die Spachtelmasse mit dem Härter. Vorsicht: Zweikomponentenspachtel bleibt, je nach Temperatur, nur einige Minuten verarbeitungsfähig. Deshalb mischen Sie stets nur kleine Mengen an. Bei geringen Unebenheiten ist Spritzspachtel aus der Sprühdose eindeutig die bessere Wahl.
- Tragen Sie die Spachtelmasse gleichmäßig und zügig in mehreren dünnen Schichten auf. Nach etwa einer Stunde ist der Spachtel ausgehärtet.
- Unebenheiten egalisieren Sie mit Trockenschleifpapier (Körnung 180). Den Feinschliff erledigen Sie mit Nassschleifpapier (Körnung 400). Schleifen Sie die Fläche mit viel Wasser und verhaltenem Gegendruck plan.
- Verbliebene Riefen gleichen Sie nun erneut mit Spritzspachtel aus. Sobald sie ausgehärtet sind, schleifen Sie die Stellen mit Nassschleifpapier (Körnung 600) an.
- Spülen Sie den Schleifstaub vor dem Lackieren sorgfältig mit Wasser ab.
- Die gründlich vorbereitete Schadstelle müssen Sie nun mit wasserfestem Abklebeband (Profiqualität) und/oder einer Folie bzw. alten Zeitungen abkleben. Verwenden Sie kein No-Name-Klebeband, es weicht schnell auf, hebt sich vom Untergrund und zerstört die Übergänge.
- Als Grundlage für den Decklack spritzen Sie Haftgrund (Füller) auf die gespachtelte Fläche. Arbeiten Sie sauber – Unebenheiten und Lacknasen verschwinden nicht mit zunehmendem Lackauftrag, sondern vergrößern sich. Den Haftgrund lassen Sie trocknen und schleifen dann die Fläche mit Nassschleifpapier (Körnung 600) plan. Spülen Sie die Schleifrückstände mit Wasser ab.
- Tragen Sie den Decklack gleichmäßig und zügig in mehreren Schichten auf. Der Abstand vom Dosensprühkopf zur Lackierfläche sollte etwa 20 bis 30 Zentimeter betragen. Erwärmen Sie die Sprühdose

> **GEFAHRENHINWEIS**
>
> **Sondermüll – Farbreste, leere Spraydosen, verdreckte Putzlappen, alte Pinsel**
>
> Farb- und Lösungsmittelreste gehören nicht in den Haus- dafür jedoch in den Sondermüll.
>
> Das gilt auch für verschmutzte Lappen, Pinsel und Spraydosen.
>
> In vielen Städten und Gemeinden gibt's heute mobile Annahmestellen. Fragen Sie bei Ihrem Umweltamt nach den Abholterminen oder den Öffnungszeiten der Deponie.

vor dem Lackieren kurz in heißem Wasser oder auf einem Heizkörper. Die Farbpartikel entweichen unter höherem Druck. Auch der Lackverlauf ist dann gleichmäßiger als bei kaltem Lack.

- Bevor Sie die Schadstelle nachsprühen, lösen Sie vorsichtig die Klebebandränder um die Reparaturstelle herum und knicken sie um. Der Übergang zum Originallack wird dann unscharf und lässt sich leichter beipolieren.
- Sobald der Reparaturlack vollständig ausgetrocknet ist (im Sommer nach etwa zwei, im Winter nach fünf Tagen), bearbeiten Sie die ausgebesserte Stelle mit Politur und die Übergänge mit Lackreiniger. Die besten Ergebnisse erzielen Sie mit einer abschließenden Gesamtpolitur.

Die Scheibenwischer

Eine gute Rundumsicht ist die Grundvoraussetzung für Ihre und die Sicherheit anderer Verkehrsteilnehmer. Damit Ihnen im Astra der Ausblick auch bei Regen, Matsch und Schnee nicht abhanden kommt, putzen zwei Scheibenwischer mitsamt Scheibenwaschanlage die Frontscheibe. Der großen Heckscheibe reicht ein Wischer.

Die Frontwischer arbeiten grundsätzlich mit zwei Geschwindigkeiten. Bei schwachem Nieselregen oder Nebel erweist sich der Einmaltippkontakt sowie eine zusätzliche Wischintervalleinrichtung als komfortabel. Im Astra taktet sie die Frontwischer etwa alle vier Sekunden über die Scheibe.

Duschen Sie stark verschmutzte Scheiben grundsätzlich zunächst gut ab – danach erst kommt der Wischer zum Einsatz. Stellen Sie die Scheibenwaschdüsen bitte so zur Sichtfläche ein, dass sie das Waschwasser im oberen Drittel des Wischfelds zerstäuben.

Vorbeugend – jährlich einmal neue Wischergummis

Die Lebensdauer von Wischergummis ist begrenzt: Bei jeder Wischbewegung malträtieren öliger Straßenschmutz, ausgehärtete Insektenreste sowie Salzrückstände die Wischerlippen – erst recht, wenn die Wischer unnötig über trockene Scheiben rubbeln. Ozon und UV-Strahlen härten die Wischergummis zusätzlich aus. Profis wechseln die Wischer daher vorbeugend einmal jährlich, vorzugsweise im Herbst gegen neue aus.

Bei korrekt anliegenden Wischerblättern sind lästige Schlieren auf der Scheibe der sichtbarste Beweis für

Leicht befüllbar: Waschwasserbehälter (Pfeil) unter der Astra-Motorhaube.

verschlissene Wischergummis. Der Austausch ist einfach und problemlos selbst zu erledigen, wie übrigens die meisten Servicearbeiten an der Scheibenwaschanlage. Bei Störungen an der Elektrik werfen Sie zunächst einen prüfenden Blick auf die Sicherungen und elektrischen Zuleitungen. In einschlägigen Internetforen monieren Astra-Fahrer mitunter leicht korrodierte Kabelanschlüsse an den Wischermotoren bzw. Kontaktschwächen am Wischerschalter. Sollten Sie die gleichen Erfahrungen machen, informieren Sie sich vor der anstehenden Reparatur bitte im Kapitel »Elektrik« über praktikable Schritte.

Scheibenwaschwasser auffüllen

- Im Sommer ergänzen Sie den Waschwasservorrat mit klarem Wasser und präparieren das Nass mit einem satten Spritzer Reinigungsmittel oder Geschirrspüler. Im Winter mengen Sie der Waschlösung zusätzlich noch Gefrierschutzkonzentrat unter. Der Gebrauch vorgemischter Scheibenreiniger ist natürlich bequemer, wenngleich teurer. Darum haben wir auch keine großen Einwände gegen den Einsatz von Brennspiritus als Frostschutz im Winter. Sie sollten allerdings wissen: Über die Zeit trocknet Spiritus die Wischerlippen aus.
- Damit im Vorratsbehälter sofort eine homogene Mischung entsteht, füllen Sie zunächst das (die) Zusatzmittel ein, danach ergänzen Sie den Pegel mit Leitungswasser.
- Bei Minustemperaturen friert die Scheibenwaschanlage ein. Darum präparieren Sie den Vorratstank in der kalten Jahreszeit immer mit dem nötigen Quantum an Gefrierschutzmittel oder einer vorgemischten Reinigungslösung. Damit im Ernstfall auch die Zuleitungen und Spritzdüsen geschützt sind, lassen Sie die Waschanlage nach dem Füllvorgang so lange pumpen, bis Sie die Mischung auf den Scheiben erkennen und riechen.

Wischerblatt wechseln (vorne)

- Klappen Sie den Scheibenwischerarm von der Scheibe und schwenken das betreffende Wischerblatt um die Drehachse (etwa 180°) nach oben. Die geschlossene Seite der U-förmigen Wischerblattaufnahme zeigt, zwischen Wischergummi und Halterahmen, jetzt nach vorne.
- Fixieren Sie das Blatt und entsichern (drücken) die quadratische Zunge (Pfeil) an der offenen Seite der Wischerblattaufnahme.
- Die gelöste Halterung drücken Sie mitsamt Blatt nach unten aus dem Wischerarm. Damit die Wischlippe den Arm nicht blockiert, verkanten Sie den Gummi gefühlvoll und bugsieren das Blatt am Wischerarm vorbei aus der Halterung.
- Beenden Sie die Montage in umgekehrter Reihenfolge. Achten Sie bitte darauf, dass die Zunge hörbar in der Wischerblattaufnahme einrastet. Ansonsten »fliegt« Ihnen das Blatt beim nächsten Regen von der Scheibe.
- Verfahren Sie mit dem anderen Blatt gleichermaßen.

Etwa 90° um die Drehachse nach oben schwenken: das Wischerblatt zur Demontage.

Wischerblatt wechseln (hinten)

- Klappen Sie den Scheibenwischerarm von der Scheibe ab und schwenken das Wischerblatt ein wenig um seine Drehachse nach oben. In dieser Stellung ziehen Sie das Blatt nun vorsichtig aus dem Wischerarm und tauschen es gegen das Neuteil aus.
- Beenden Sie die Montage in umgekehrter Reihenfolge. Achten Sie bitte darauf, dass die Zunge auf dem Wischerarm hörbar in der Wischerblattaufnahme einrastet. Ansonsten fliegt Ihnen das Blatt beim nächsten Regen von der Scheibe.

Wischerblatt wechseln (hinten)

Frontscheibe

Werkzeug:
Schlitzschraubendreher, Ratsche, 13er-Stecknuss.

- Markieren Sie die Ruhestellung der Wischerblätter mit Klebeband auf der Scheibe. Vorschriftsmäßig eingestellt liegen beide Wischerblätter etwa 3,5 Zentimeter über dem unteren Scheibenrand auf.

- Liften Sie nun die Abdeckkappen der Wischerarmachsen mit einem Schlitzschraubendreher und lösen zunächst die Wischerarmmutter um ca. zwei Umdrehungen.

- Dann stellen Sie den Wischerarm auf und hebeln ihn seitlich leicht hin und her.

Mit Stecknuss oder Ringschlüssel lösen: die Zentralmutter am Wischerarm unter der Motorhaube.

- Sobald der Arm auf dem Konus der Wischerachse gelöst ist, drehen Sie die Mutter ganz von der Achse und ziehen den Wischerarm mitsamt Unterlegscheibe von der Wischerachse ab.
- Bei der Montage achten Sie darauf, dass der jeweilige Wischerarm mit Ihrer Scheibenmarkierung korrespondiert. Ziehen Sie die Arme mit rund 30 Nm fest und checken den korrekten Wischerlauf: Eventuell müssen Sie die Ruhestellung korrigieren.

Heckscheibe

Werkzeug:
Schlitzschraubendreher, Ratsche, 10er-Stecknuss.

- Markieren Sie die Ruhestellung des Wischerblatts mit Klebeband auf der Scheibe, klappen die Wischerarmabdeckkappe(Pfeil) ab und lösen die Wischerarmmutter zunächst um ca. zwei Umdrehungen.

- Dann stellen Sie den Wischerarm auf und hebeln ihn gefühlvoll seitlich etwas hin und her.

- Sobald der Arm auf dem Konus der Wischerachse gelöst ist, drehen Sie die Mutter ganz von der Achse und ziehen den Wischerarm mitsamt Unterlegscheibe von der Wischerachse ab.

- Bei der Montage achten Sie darauf, dass der Wischerarm mit Ihrer Scheibenmarkierung korrespondiert. Ziehen Sie den Arm gefühlvoll (15 Nm) fest und checken den Wischerlauf: Eventuell müssen Sie die Ruhestellung korrigieren.

Waschwasserdüsen prüfen und einstellen

Ihr Astra flutet die Frontscheibe mit zwei Waschwasserdüsen. Um deren Reinigungswirkung voll auszuschöpfen, stellen Sie die Düsen punktgenau auf das obere Scheibendrittel ein. Berücksichtigen Sie zur Grundeinstellung im Stand auch den späteren Fahrtwind und lassen demzufolge den Wasserstrahl etwas höher auftreffen.
Reicht die Wassermenge nicht aus um die Scheibe zu wässern? Sind die Düsen gar verstopft? Dann versenken Sie beide Düsen in eine scharfe Essiglösung und lassen sie in der Mikrowelle einmal gut aufkochen. Wenn die Düsen von Kalkablagerungen noch nicht vollends zugesetzt sind, hilft das meistens. Ansonsten ist ein Neuteil angesagt. Je nach Wasserqualität sind Kalkablagerungen aus dem Trinkwasser übrigens die häufigste Ursache für unzureichende Waschleistung. Begegnen Sie dem Ärgernis mit guten Waschwasserzusätzen oder einem ordentlichen Schuss Essig ins Waschwasser.
Zudem beklagen Astra-Fahrer ab und an gequollene oder gar geknickte Waschwasserschläuche. Bevor Sie also die Düsen verdächtigen, checken Sie auch die Zuleitungen unterhalb der Motorhaube – das ist mitunter preisgünstiger und zielgerichteter. Die Waschwasserpumpen sind erfahrungsgemäß ziemlich immun gegen kalkhaltiges Wasser.

Scheibenwaschdüse demontieren

- Öffnen Sie die Motorhaube und demontieren den Wasserabweiser vom Luftkasten.
- Dazu lösen Sie vier Schrauben (Pfeile) und ziehen die Verkleidung vorsichtig von der Karosserie ab.
- Anschließend lösen Sie den Waschwasserschlauch, falls vorhanden auch den Anschlussstecker von der jeweiligen Waschdüse.
- Pressen Sie die Klemmzunge an der Düse zusammen und drücken gleichzeitig die Düse von unten aus dem Wasserabweiser.
- Zur Montage rasten Sie die Düse von oben wieder in den Wasserabweiser ein. Achten Sie unbedingt darauf, dass die Klemmzungen hörbar einrasten. Falls nicht, können Sie die Einstellung des Waschstrahls gleich vergessen: Die Düse wandert in der Kunststoffverkleidung.

Heckdüse

- Knippen Sie mit Ihren Fingern die Heckdüse aus der Heckklappe.
- Danach ziehen Sie das Schlauchende vom Düsenanschluss ab und beenden die Montage in umgekehrter Reihenfolge.

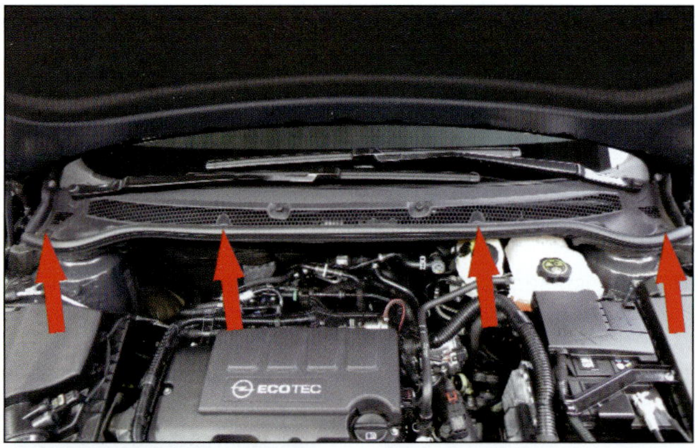

Von vier Schrauben gehalten: der Wasserabweiser unterhalb der Motorhaube.

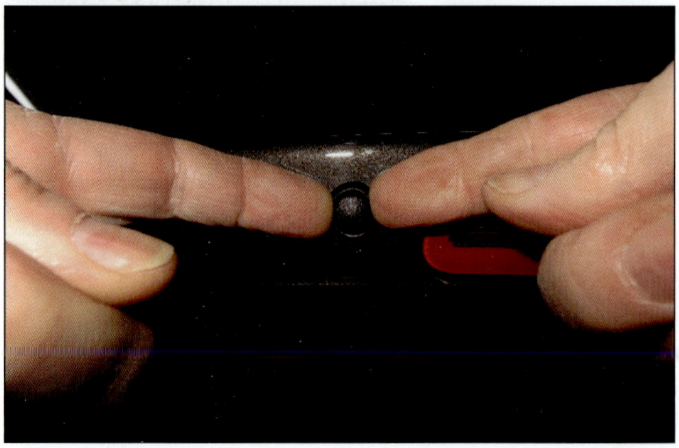

In der Heckklappe fixiert: die hintere Scheibenwaschdüse.

PRAXISTIPP

Schadensbegrenzung vom Profi

Kleider machen Leute – auch bei älteren Autos. Wir denken hier nicht unbedingt nur an das obligatorische Make-up, wir schlagen Ihnen von Fall zu Fall eher eine professionelle Aufbereitung Ihres Astra vor. Innenraum und Karosserie erhalten dann eine Komplettsanierung, die kleinere Mängel und Schönheitsfehler perfekt beseitigt oder zumindest bestmöglich retuschiert.
Fragen Sie ihren Auto-Kosmetiker daher vorab nach seinen Möglichkeiten und stimmen ausführlich das erwünschte Ergebnis mit ihm ab. Hier liegt Ihre Chance, nämlich mit möglichst geringem Aufwand

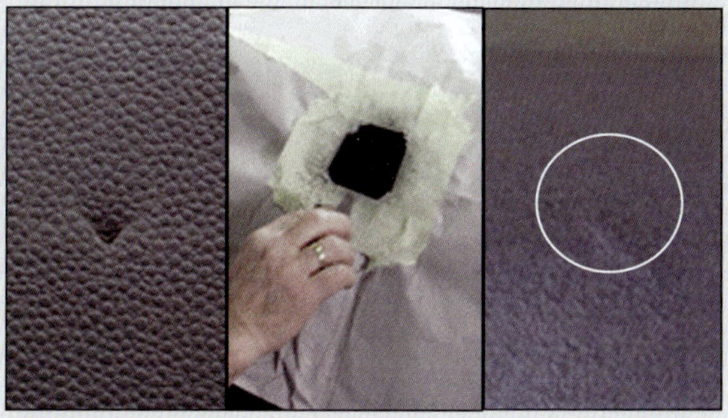

Schnell und gut kaschiert: Ein Loch im Armaturenträger vor und nach der Reparatur.

beispielsweise den Wiederverkaufswert Ihres Astra zu pushen.
Wenn Ihr Astra über die Jahre vordergründig als urbanes Fortbewegungsmittel diente, hat er wahrscheinlich auch die typischen Spuren davongetragen: Kleine Kratzer oder Beulen außen, die Löcher des Handyhalters im Armaturenträger.
Oder sind Sie gar noch Raucher? Dann verunstalten vielleicht kleine Brandwunden seine Polster oder Verkleidungen? Keine Angst: professionelle Gebrauchtwagenaufbereiter stellen Ihre Hinterlassenschaften nicht unbedingt vor unlösbare Probleme. Vielfältige Make-up-Methoden beseitigen optische Schönheitsfehler mit relativ geringem Aufwand. Einen Neuwagen freilich macht auch kein Profi aus einem heruntergekommenen „Schlorren". Dennoch, professionell aufbereitete Fahrzeuge erzielen durch die Bank einen deutlich höheren Verkaufspreis als ungeschönte Mitbewerber. In der Praxis steigt der Wert des Alten bis zu 1000 Euro. Bleibt bei einem Aufwand von rund 400 bis 500 Euro ein schöner Überschuss.

PRAXISTIPP

Frontscheiben reparieren

Ein ganz neuralgischer Punkt ist mittlerweile die Verglasung: Kratzer und Steinschläge sind im Sommer schon lästig, im Winter jedoch werden sie zur echten Gefahr. Abgesehen von Sicht behindernden Reflektionen sammelt sich in den Kratern Schmutz, den der Wischer mit jedem Zug über die Scheibe verteilt. Zudem büßen Verbundglasfrontscheiben im Winter eine Großteil ihrer Elastizität ein: Kühlt der zwischen den Glasschichten vermittelnde Kunstharzfilm etwa von +20 Grad C auf -5 Grad C ab, verhärtet die Schei-

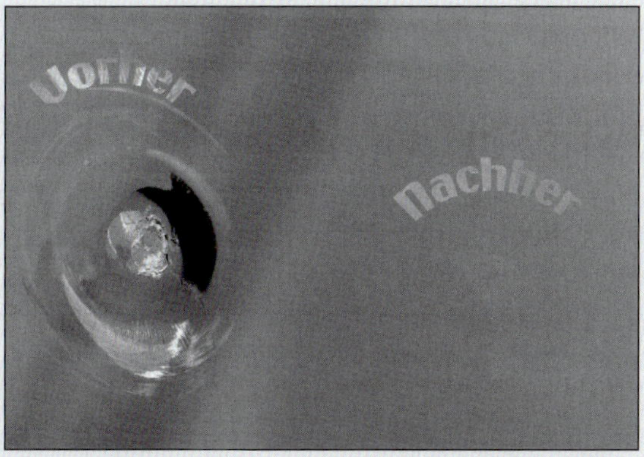

Fast wie neu: Ein professionell ausgebesserter Steinschlag.

be um satte 57 Prozent. Sie wird einfach spröder. In dem Fall haben natürlich Spannungen oder punktuelle Belastungen fatalere Folgen als Sommertags – aus einem kleinen Steinschlagkrater wird schnell ein kapitaler Riss quer über die Scheibe. Doch wenn Sie angesichts des zunächst harmlosen Steinschlags sofort handeln, ist die Scheibe noch erfolgreich zu retten.
Scheibenprofis, beispielsweise die von Carglass (www.carglass.de), unterfüttern den Krater mit einem speziellen Reparaturharz. Vorraussetzung: Die Schadstelle ist noch nicht allzu sehr ausgefranst oder bereits angerissen. Auch darf der Schaden nicht im direkten Sichtfeld des Fahrers liegen – so schreibt es zumindest der Gesetzgeber vor.
Mit etwas Glück bekommen Sie Scheibenreparaturen sogar zum Nulltarif: Die meisten Kfz-Versicherungen verzichten bei dieser Reparaturmethode sogar auf den Einbehalt der Selbstbeteiligung. Vorausgesetzt, der Schaden wird auch tatsächlich professionell behoben.

Macht Ihren Alten begehrenswerter – Make up

Wenn Sie Ihren Astra nicht selbst bis zum Shredder fahren möchten, steht irgendwann ein Neukauf an. In dem Fall sind Sie gut beraten, seinen Werteverfall über die Zeit möglichst gering zu halten. Kurz vor dem Verkauf brezeln Sie Ihren Alten mit überschaubarem Aufwand noch einmal richtig auf: Die Chancen, den Kaufpreis zu heben, steigen so erheblich.

Zunächst sollten Sie dem Käufer die Angst vor einem technisch maroden Auto nehmen.

Prüforganisationen wie TÜV oder DEKRA, natürlich auch freie Kfz-Sachverständige, begutachten die möglichen Macken Ihres Astra fachkundig gegen Cash. Sie listen dazu detailliert ihre Erkenntnisse in einem Prüfprotokoll auf. Dazu gehören Bremsen, Lenkung, Fahrwerk, Antrieb, Auspuffanlage, Elektrik und Beleuchtung, die Karosserie mitsamt der Lackierung sowie der Innenraum. Ein spezielles Gebrauchtwagenzertifikat schafft zusätzliches Vertrauen und dient als neutrale Verhandlungsbasis zwischen Ihnen und dem möglichen Käufer.

Filter fürs Wischwasser

Damit die Scheibenwachdüsen möglichst lange sauber bleiben, montieren Sie einen handelsüblichen Kraftstofffilter (z. B. von einem Mofa) in die Waschwasserleitung. Platzieren Sie den Filter möglichst nahe vor die Düsen. Das feinporige Filterelement bindet Schmutz- und Kalkrückstände – die Düsen bleiben ein Autoleben lang funktionsfähig.

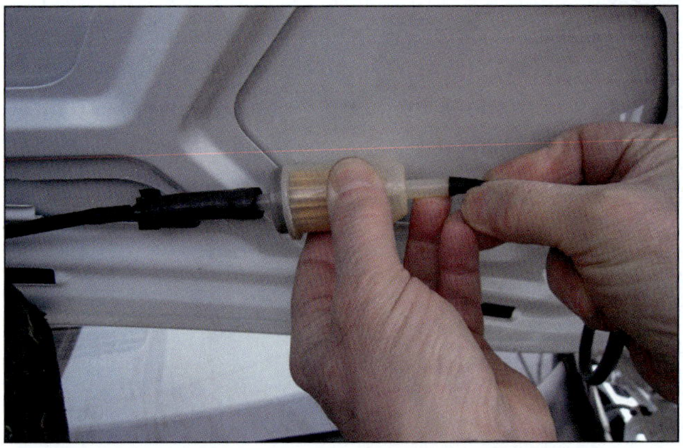

Hält die Düsen frei: ein Zweirad-Kraftstofffilter in der Waschwasserleitung.

Waschwasserdüsen einstellen

Benetzen Ihre Scheibenwaschdüsen das Wischfeld zunächst nur mit einem mickrigen Rinnsal? In dem Fall wirkt meistens ein einfaches Rückschlagventil aus dem Autozubehörhandel Wunder. Zur Montage schneiden Sie kurzerhand den Waschschlauch – vor der ersten Waschdüse – auseinander und setzen das Ventil dazwischen. Beachten Sie bitte den Pfeil auf dem Ventilgehäuse, er signalisiert die Durchflussrichtung!

Wenn ferne Ziele locken...

... nimmt der Astra locker bis zu fünf Erwachsene samt deren Urlaubsutensilien an Bord. Mit seinen zeitgemäßen Außenabmessungen passt der Opel noch wie maßgeschneidert ins hektische Verkehrsgewusel europäischer Großstädte. Doch damit Ihre Urlaubsträume nicht als Albtraum irgendwo am Straßenrand enden, spendieren Sie dem Astra vor der großen Tour einen technischen Check-up. Auf den folgenden Seiten geben wir Ihnen passende Tipps.

Reifen-Pannenset

Reifenpannensets ersetzen an Neuwagen immer häufiger das Reserverad: Auch Ihr Astra verzichtet ab Werk auf ein vollwertiges Reserverad. Wir möchten hier nicht die Diskussion um das Ersatzrad erneut aufleben lassen. Argumentierten wir jedoch statistisch untermauert, stellten wir das E-Rad zumindest stark infrage. Demnach ist ein kapitaler Plattfuß für die meisten von uns Autofahrern die absolute Ausnahme, mit der wir rund alle 70.000 Kilometer rechnen können. Währenddessen schleppten Sie völlig nutzlos ein rund 6 Kilogramm schweres Ersatzrad über Stock und Stein. Das erhöht zwangsläufig den Kraftstoffverbrauch, minimiert die höchstzulässige Zuladung und senkt das Platzangebot im Gepäckraum.

Dabei helfen bei ganz »normalen Plattfüßen« mittlerweile praktikable Pannensets aus der Bredouille. Die Sets sind einfach zu bedienen und mobilisieren den Havaristen bis zur nächsten Werkstatt. Doch bevor Sie sich geistig vom Ersatzrad verabschieden, inspizieren Sie gründlich die Zubehör-Pannensets: Nicht alle halten DICHT, viele sind ihr Geld nicht wert! Das gilt natürlich nicht für die den Neuwagen beiliegenden Sets.

Dichtet die meisten Plattfüße ab: Das Conti-Reifenpannenset.

12-V-Kühltasche fürs Auto

Getränke und ein Vesperbrot – auf langen Reisen eine willkommene Erfrischung: Sie erwecken die Lebensgeister und geben neue Kraft. Allerdings nur, wenn die Snacks möglichst frisch greifbar sind und die Butter samt Brotaufstrich nicht schon aus der Verpackung kriecht. Auch der Schluck aus der »Pulle« erfrischt nur, wenn er zumindest noch kühler als die Stirn des Durstigen ist.

Wenn Sie also Raststätten meiden möchten, sollten Sie zumindest eine geeignete Kühltasche oder Kühlbox an Bord haben. Kühltaschen reichen auf kleineren Reisen allemal aus, doch wenn die Kühlakkus erst geschmolzen sind, haben Kühltaschen allenfalls noch den Wirkungsgrad eines Einkaufbeutels.

Kühlboxen dagegen bieten auf Zeit »eiskalte« Vorteile. Das Angebot ist groß und die meisten Boxen sind im Auto auch praktisch zu verstauen. Ihnen reicht in der Regel ein 12-Volt-Stromanschluss (Zigarettenanzünder, separate Steckdose), sie arbeiten überwiegend mit Piezo-Elementen. Besonders praktische Geräte aus dem soliden Kfz-Zubehörregal schließen Sie am Zielort übrigens auch ans normale 230-Volt-Stromnetz an. Solche Geräte halten ihren Inhalt rund 30 °C unterhalb der Umgebungstemperatur und im Umkehrschluss auch entsprechend warm: Der Nachwuchs in der Babywiege hat also immer sein vorgewärmtes Fläschchen an Bord. Übrigens, manch ein flinker Pizzabäcker bringt seine Teigwaren damit »al dente« oder knusperfrisch bis vor die Wohnungstür.

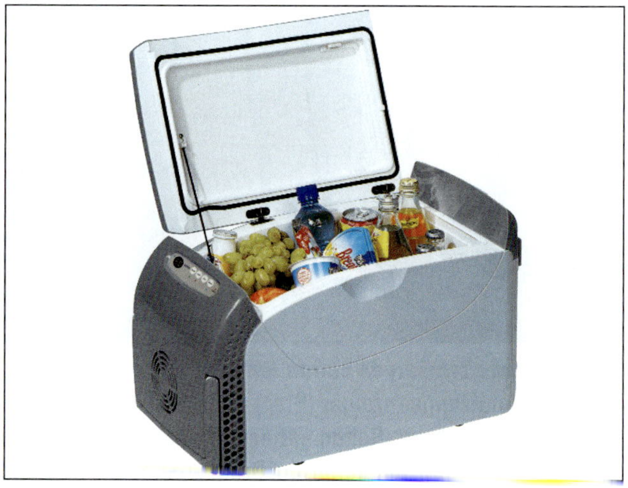

Snacks auf Reisen: Mit einer guten Multifunktionsbox (Kühl- und Wärmfunktion) kein Problem.

CHECKLISTE

Bevor Sie durchstarten

Bereich	worauf Sie achten sollten	was zu tun ist
A Motor	**1** Motorölstand	Motoren, die im Kurzstreckenbetrieb nur selten richtig betriebswarm werden, sammeln Kondensate im Ölsumpf an, die auf langen Strecken wieder vergasen. Folge: Der Ölstand sinkt bei heißem Motor dann schlagartig ab. Checken Sie den Pegel deshalb erneut während des ersten Tankstopps.
	2 Kühlmittelstand	Bei kaltem Motor muss der Kühlflüssigkeitspegel im Ausgleichbehälter zwischen »Min.« und »Max.« stehen. Falls nicht, bitte entsprechend ergänzen.
	3 Zustand der Kühlmittelschläuche	Verlässliche Kühlmittelschläuche sind dicht und elastisch. Die Schlauchschellen sitzen satt und fest. Kneten Sie die Schläuche vor großen Touren kräftig durch. Verhärtete oder brüchige Schläuche tauschen Sie aus. Auch Kalkablagerungen an den Schlauchenden sollten Sie akribisch inspizieren.
	4 Kühlerlüfter checken	Lassen Sie den Motor so lange laufen, bis der Kühlerventilator ein- und selbstständig wieder ausschaltet.
B Räder und Reifen	**1** Luftdruck	Der Reifenluftdruck muss der Beladung und Geschwindigkeit angepasst sein. Schauen Sie in der Tankklappe nach und korrigieren entsprechend. Dreizehntel bar über Normal ist generell vertretbar und senkt zudem den Verbrauch.
	2 Zustand	Das Restprofil muss auch nach der Reise noch ausreichend sein. Messen Sie das vorher an den TWI-Stegen nach. Winterreifen sollten mindestens noch vier Millimeter Restprofiltiefe haben.
C Fahrwerk	**1** Stoßdämpfer	Achten Sie auf Schwitzspuren an den Stoßdämpferrohren und lassen eventuell einen richtigen Stoßdämpfertest durchführen. Mit Wippen an den Karosserieenden entlarven Sie keinen maladen Stoßdämpfer.
	2 Manschetten und Gelenke	Poröse oder undichte Achsmanschetten fördern den Verschleiß an Antriebswellen, Radaufhängungen und Spurstangen. Tauschen Sie die Gummis vorausschauend schon zu Hause aus.
D Sonstiges	**1** Beleuchtung	Schalten Sie alle Lichter durch und checken auch das Ersatzlampenset auf Vollständigkeit.
	2 Scheibenwaschanlage	Prüfen Sie die Waschdüsen und stellen sie gegebenenfalls neu ein. Den Vorratsbehälter füllen Sie mit Reinigungslösung auf. Denken Sie im Winter an den Frostschutzzusatz.

Fit im Winter

Nach all den vielen Sommertipps könnten Sie fast schon auf die Idee kommen, wir wären Wintermuffel. Dem ist natürlich nicht so – Auto fahren macht auch im Winter Spaß! Vorausgesetzt, Sie stellen sich ernsthaft auf »Väterchen-Frost« ein und treiben Ihren Astra nicht gerade auf Turnschuhen über Eis und Schnee …

Von Haus aus hat Ihr Astra übrigens gute Wintereigenschaften: Seine angetriebenen Vorderräder sind gut belastet und das moderne Fahrwerk tut sein Übriges. Wenn dann noch moderne Winterreifen mit von der Partie sind, können Regen, Schnee und Eis Ihnen und Ihrem Opel so leicht nichts mehr anhaben. Es sei denn, Sie vergessen die Grenzen der Fahrphysik und glauben, gute Reifen allein bremsen den Winter schon aus. In dem Fall benötigen Sie recht bald einen stabilen Bergegurt oder das Abschleppseil, das Sie hoffentlich immer an Bord haben.

Wenn Sie allerdings mit klarem Kopf die Herausforderungen der kalten Jahreszeit annehmen und Ihren Wagen mit der gebotenen Rück- und Vorsicht nutzen, kommen Sie immer gut an. Und wenn's denn mal ganz dick von oben kommen sollte, wirkt ein Satz griffiger Schneeketten – auf den Antriebsrädern montiert – meistens weiter. Unser Tipp kommt weniger im Flachland denn im Gebirge zu Ehren, doch als vielleicht Wintersportler wissen Sie ohnehin: Auf winterlichen Passstraßen sind Schneeketten gesetzlich vorgeschrieben – auch bei unseren europäischen Nachbarn. Beim Astra gehören Ketten übrigens auf die angetriebene Vorderachse …

Das sollten Sie wintertags an Bord haben

Manchmal hindert Sie nicht einmal das eigene Auto oder vielleicht sogar Ihr eigenes Unvermögen am Weiterkommen. Nein, es sind die äußeren Umstände, die sich gegen Sie verbündet haben. Und da ist es sinnvoll ein paar Utensilien an Bord zu haben. So zum Beispiel:

- Frostschutzgemisch für die Scheibenwaschanlage (A),
- Reservekanister, damit Ihnen im Stau das Benzin nicht ausgeht (B),
- warme Decke, falls Sie festsitzen und das Benzin zur Neige geht (C),
- kleine Schaufel zum Freischaufeln verschneiter Räder (D),
- Kopflampe, die Ihnen im Dunklen die Hände frei hält (E),
- Abschleppseil, besser noch einen langen Schwerlastspanngurt (F),
- Starthilfekabel zum Überbrücken schlaffer Batterien (G).

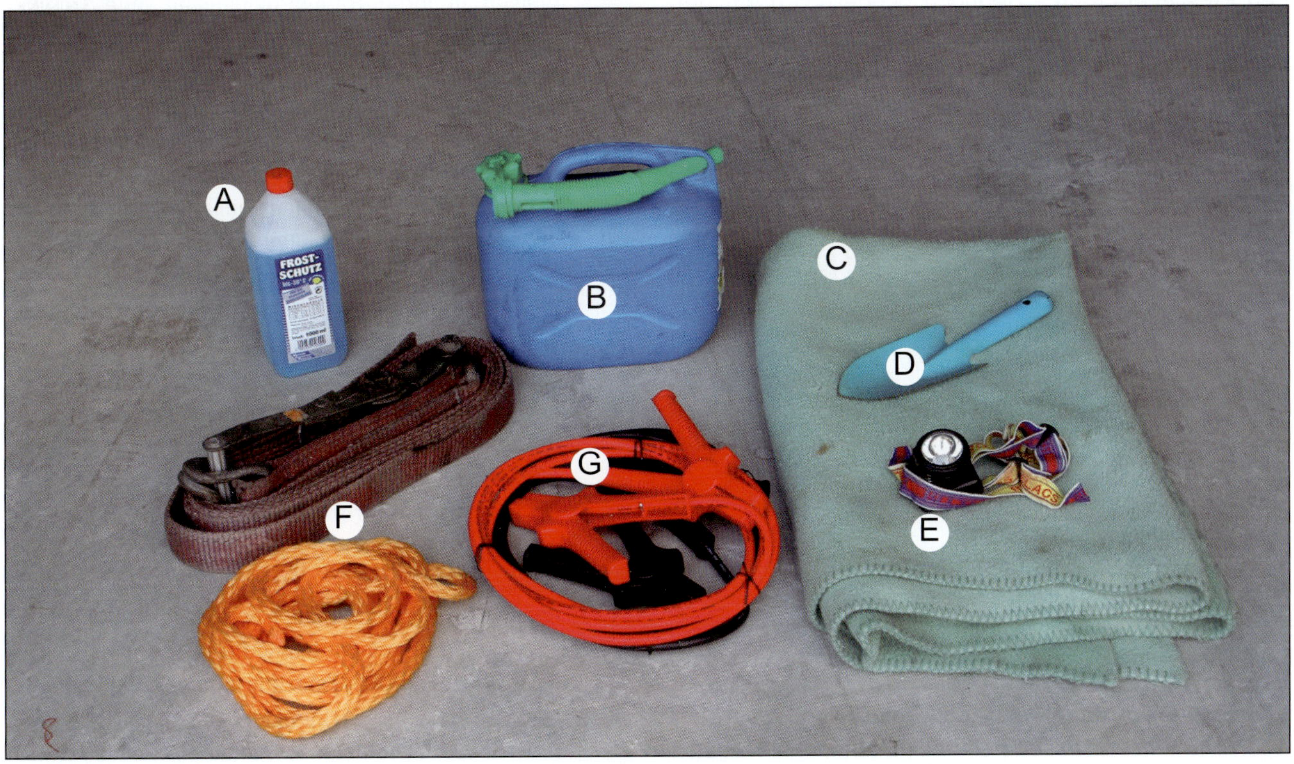

Erste Hilfe im Schnee: (A) Frostschutz für die Scheibenwaschanlage, (B) Reservekanister, (C) Decke, (D) kleine Schaufel, (E) Kopflampe, (F) Abschleppseil oder Spanngurt, (G) Starthilfekabel.

Weniger ist mehr – so unterstützen Sie den Anlasser

Unter winterlichen Bedingungen hat der Anlasser bei jedem Kaltstart Höchstleistungen zu erledigen: Der Starter Ihres Astra lutscht beim Kaltstart kurzfristig bis zu 2000 Watt aus der Batterie. Ein Großteil der immensen Leistung geht auf das Konto interne Reibungsverluste. Warmstarts realisiert der Starter dagegen schon mit rund einem Fünftel der Kaltstartpower.
Darum machen Sie es dem Anlasser und der Batterie bei jedem Start möglichst leicht: Verzichten Sie derweil auf alle unnötigen Verbraucher. Schalten Sie das Fahrlicht, die Innenraumlüftung, das Radio, die beheizbare Heckscheibe, kurzum – schalten Sie ALLE Verbraucher aus, die der Batterie jetzt unnötig Strom abziehen könnten. Der Starter tut sich nämlich mit jedem zusätzlichen Watt leichter und die Batterie ist um jeden abgeschalteten Verbraucher erleichtert …

Winterreifen, ein Sicherheits- und Komfortgewinn – auch im Flachland

Sie wissen es bereits aus Fahrschulzeiten und unzähligen Presseberichten – dennoch wiederholen wir den Rat: Grundvoraussetzung für sicheres Vorankommen auf winterlichen Straßen ist die richtige Bereifung.

Der Lamellentrick: Spikes sind in Deutschland tabu, aber Lamellen in der Lauffläche erreichen einen ähnlich guten Kraftschluss wie die Stahlnägel. Die Lamellen öffnen sich bei rotierenden Reifen und übertragen damit geringfügig mehr Drehmoment auf die Straße.

WISSENSWERTES

Das Schneeflockensymbol

Die große Verunsicherung vieler Autofahrer, welche Reifen im Winter am besten geeignet sind, soll das Schneeflockensymbol minimieren. Die Entstehungsgeschichte dieses Symbols rührt auch aus dem zum Teil betriebenen Missbrauch mit der »M+S-Kennung« (**M**atsch und **S**chnee). Das Kürzel »M+S« ist nämlich, entgegen der öffentlichen Darstellung, keine offiziell geschützte Kennzeichnung für unbeschränkte Wintertauglichkeit. Und das völlig zu Recht, denn längst nicht alle »M+S-Reifen«

Garant für richtige Winterreifen: Die Schneeflocke mit zusätzlicher M+S Kennung auf der Reifenflanke.

weisen in ihren Hauptprofilblöcken jene Lamelleneinschnitte auf, die für gute Traktion auf Schnee und Eis sorgen. So tragen etwa auch waschechte Geländereifen das »M+S-Symbol« auf ihrer Reifenflanke. Und das, obwohl gerade grob profilierte Geländeprofile auf winterlichen Straßen allenfalls die Qualität von Turnschuhen auf den kalten Asphalt bringen. So ist es durchaus zu begrüßen, dass die Schneeflocke auf der Reifenflanke seit 2002 europaweit als freiwilliges Hersteller-Kennzeichen von »richtigen« Winterreifen gilt – übrigens zusätzlich zur »M+S«-Markierung. »Richtige« Winterreifen bieten im Vergleich mit einem Standard-Referenzreifen mindestens sieben Prozent mehr Traktion auf Schnee und verkürzen zudem auch den Bremsweg um mindestens sieben Prozent. »M+S-Reifen« hingegen müssen – per Definition – nur ein besonders grobes Profil, aber keine besonderen Wintereigenschaften haben. Anders als Sommerreifen sind Winterreifen hierzulande mit einem geringeren Geschwindigkeitsindex als den im Fahrzeugschein angegebenen Wert zugelassen. Die Umrüstung auf den »langsameren« Reifen muss dann allerdings ein Aufkleber mit der gebotenen Höchstgeschwindigkeit im Sichtbereich des Fahrers kenntlich machen.

Schon seit 2006 schreibt die Straßenverkehrsordnung in § 2 Abs. 3a zwingend eine »geeignete Winterbereifung« vor. Was jedoch als »geeignete Winterbereifung« zählt, definierten die Gesetzestexter seither noch nicht näher. Dennoch, die bequeme Ausrede auf Winterreifen getrost verzichten zu können, ist gefährlich: Wer mit falschen Reifen ertappt wird, riskiert ein Bußgeld und im Falle eines Unfalls sogar den Versicherungsschutz!
Wir appellieren daher an Ihr Verantwortungsbewusstsein: Spätestens nach dem 15. Oktober bis zum 15. März sind ordentliche Winterreifen, sie sollten besser Schlechtwetterreifen heißen, angesagt. Besagte Pneus steigern die Fahrsicherheit und den Fahrkomfort. Übrigens nicht nur auf Eis und Schnee, sie spuren zudem viel komfortabler auf nassen Straßen und reduzieren das Aquaplaningrisiko ganz erheblich. Welche Schlechtwetterreifen gut zu Ihrem Astra passen, verraten wir Ihnen an anderer Stelle.
Übrigens, auch Ganzjahresreifen sind bei unkritischen Wetterlagen mit überwiegend milden Temperaturen schon besser als reinrassige Sommerreifen. Bei plötzlichen Witterungseinbrüchen mit Eis und Schnee sind Ganzjahresreifen ausgewiesenen Winterreifen jedoch nicht mehr ebenbürtig.

Winterpneus – es müssen keine High-Performance Reifen sein

Wer die Qual hat die Wahl, so auch bei den richtigen Winterreifen für Ihren Astra-J. Eines vorweg: Auch ein mittelmäßiger Winterreifen hat in seiner Jahreszeit immer noch größere Sicherheitsreserven als ein guter Sommerreifen. Damit ist dann auch schon die Frage nach dem meist teuren High-Performance-Winterreifen für Ihren Astra hinreichend beantwortet: Es muss nicht immer »Kaviar« sein. In aller Regel sind Sie mit einem guten Mittelklasseprodukt hinreichend bedient. Ihr Opel-Händler bietet Ihnen übrigens ab Oktober Winterreifen in gängigen Formaten zu durchaus günstigen Konditionen an. In dem Fall verliert selbst der günstigste No-Name-Gummi an Charme. Daher unser Rat: Halten Sie sich einfach an die Empfehlungen Ihres Vertragshändlers oder besser noch, Sie informieren sich in einschlägigen Reifentests der Motorpresse, der Stiftung Warentest oder bei großen Automobilclubs. Hier liegen Sie auf der sicheren Seite und finden zudem den für Sie richtigen Reifen. Der Rat sticht übrigens auch bei Sommerreifen.
Wenn Sie nicht nur das Profil, sondern auch die Größe

Euro-Schnelltest: Winterreifen verlieren Ihre Wirkung unterhalb vier Millimeter Restprofilstärke. Das entspricht in etwa dem goldenen Rand einer Ein-Euro Münze. Bleibt er bedeckt, ist der Reifen noch brauchbar.

variieren möchten, linken Sie sich beispielsweise auf den Webseiten von Continental ein. Dort finden Sie unter dem Link »Reifenkonfigurator« alle für den Astra gängigen Größen aufgelistet. Seien Sie allerdings misstrauisch beim Kauf vermeintlich günstiger Gebrauchtreifen oder mit Runderneuerten aus dubiosen Quellen. Unser Rat: Finger weg – Sicherheit geht vor Sparsamkeit!
An dieser Stelle gleich noch ein Rat: Winterreifen mit weniger als vier Millimeter Profiltiefe sind keine vollwertigen Winterreifen mehr. Nichts spricht allerdings dagegen, sie im Frühjahr bis zur Mindestprofiltiefe aufzubrauchen.

Üben übt – moderne Schneeketten sind einfach zu montieren

Passende Schneeketten für Ihren Astra hat natürlich Ihr Opel-Händler am Lager, falls nicht, beschafft er sie. Zudem geizt auch der Zubehörhandel nicht mit passenden Angeboten. Egal wo Sie die Ketten nun kaufen, das Attribut »MONTAGELEICHT« schmückt heutzutage nahezu alle Verpackungen. Unser Rat: Seien Sie durchaus misstrauisch und lassen sich am eigenen Auto, nicht nur an einem bequemen Demonstrationsmodell, von der Montageleichtigkeit überzeugen. Lassen Sie es mit der Demonstration dann noch nicht gut

Mit Bügel geht's einfacher: Moderne Schneeketten sind so genannte Bügelketten, die sogar im Stand um die Räder zu montieren sind. Mit Montageanleitung und Handschuhen klappt's besser.

sein, sondern legen die Antriebsräder Ihres Astra versuchsweise selbst erneut in Ketten. Üben übt – wir reden aus eigener Erfahrung. Sie wären sonst nämlich nicht der erste Schneekettennovize, der seine Feuertaufe unverrichteter Dinge mit steif gefrorenen Fingern ergebnislos beendet.

Als Mitglied eines Automobilclubs können Sie bei Ihrem Klub übrigens Schneeketten ausleihen. Melden Sie Ihren Bedarf freilich rechtzeitig an, die Clubs verwalten lange Wartelisten …

Doppelnutzen – gutes Licht und gute Sicht

Rund 11 Millionen Autofahrer nehmen jährlich an der traditionellen Beleuchtungsaktion im Oktober teil. Dazu stellen Kfz-Werkstätten an den untersuchten Autos regelmäßig zahlreiche Mängel fest. Im vergangenen Jahr beispielsweise hatten mehr als 37 Prozent der vorgestellten Wagen mangelhaftes Licht und unzulängliche Scheibenwischerblätter. Uns ist das unverständlich. Denn seit vielen Jahren findet alljährlich im

Synonym für gutes Licht: Die Beleuchtungsplakette am rechten, unteren Scheibenrand.

Oktober die unentgeltliche Beleuchtungsaktion der Automobilclubs und Kfz-Werkstätten statt. Außerdem unterstützen alle Bosch Car-Service und AutoCrew-Betriebe die Aktion unentgeltlich.

Alle Werkstätten, die an der Licht- und Sichtaktion teilnehmen, sind übrigens an einem auffälligen Plakat »Licht, Sicht, Sicherheit« zu erkennen. Und das aus gutem Grund: Denn neben einer funktionierenden Beleuchtung sind in der dunklen Jahreszeit und bei schlechtem Wetter im Herbst und Winter auch schlierenfrei wischende Scheibenwischer ein gewichtiger Sicherheitsaspekt.

Geprüft werden daher zum einen die Funktion aller Scheinwerfer und Heckleuchten sowie die korrekte Einstellung der Frontscheinwerfer. Bei gleicher Gelegenheit findet auch eine unentgeltliche Überprüfung der Scheibenwischer statt. Und besonders sicherheitsbewusste Autofahrer bekommen auf Wunsch vor Ort sogar Scheinwerferglühlampen mit höherer Leuchtkraft montiert.

Gummipflege – so bleiben Türdichtgummis geschmeidig

Alle Dichtungsgummis sind bei Minustemperaturen besonderen Anforderungen ausgesetzt: Sie werden spröde und frieren leicht an den Dichtflächen fest. Das ist dann bereits der Anfang vom Ende einer intakten Dichtung. Denn angerissene oder spröde Dichtflächen sehen nicht nur optisch unansehnlich aus, sie erledigen ihren Job auch nicht mehr richtig und lassen Wasser in den Innenraum. Sparen Sie also nicht bei der Gummipflege, der Wechsel defekter Gummidichtungen ist zeitaufwändiger als deren regelmäßige Pflege – teurer ist er allemal. Massieren Sie alle Tür- und sonstigen Dichtgummis mit einer Silikonpaste oder einem besonderen Gummipflegstift ein. Das muss nicht unbedingt nach jeder Wagenwäsche sein, doch vor und nach dem Winter nehmen Sie sich die Zeit.

Hält Türschlösser fit – Enteiser aus der Spraydose

Wenn Sie Ihren Astra regelmäßig per Funkkontakt öffnen oder verschließen, erscheint Ihnen unser Pflegetipp weltfremd. Wir raten Ihnen nämlich rechtzeitig vor dem Winter – und danach – die Innereien aller Schließzylinder mit einem Siliconspray gegen Frost zu schützen. Zudem sollten Sie ein kleines Sprühfläschchen Schlossenteiser in der Tasche haben. Denn der Trick mit dem Feuerzeug funktioniert bei Nichtrauchern nicht unbedingt und kann zudem ein Nachspiel haben. Ist der Schlüssel nämlich zu heiß, könnte der Elektronikchip der Wegfahrsperre darunter leiden: Im Zweifelsfall sitzen Sie dann zwar im Auto, doch Ihr Auto macht keinen Mucks: Das Zündschloss erkennt »seinen« Schlüssel nicht mehr und der Anlasser bleibt beharrlich stumm.

Schnell gemacht: Gummidichtungen sollten mit Vaseline oder einem speziellen Gummipflegestift mindestens einmal vor und nach der kalten Jahreszeit eingerieben werden – dann bleiben die Dichtungen geschmeidig.

Am besten griffbereit in der Tasche: Den Schlossenteiser nicht im Auto vergessen. Denn ist der Türschließzylinder erst eingefroren, bleibt der Enteiser im Innenraum völlig wirkungslos.

Scheibenwaschwasser – im Winter niemals ohne Frostschutz

Sowohl ins Kühl- als auch ins Scheibenwaschwasser gehört ein Frostschutzmittel. Während die Kühlflüssigkeit ständig frostgeschützt im Motor kursiert, reicht dem Scheibenwaschwasser im Winter ein Frostschutzmittel. Beide Frostschutzlösungen haben übrigens NICHTS miteinander zu tun. Vertauschen Sie die Flüssigkeiten also niemals. Die Folgen, zumindest für den Motor, könnten fatal sein!
Scheibenwaschmittel gibt's zu Genüge in jedem Zubehörshop oder an der Tankstelle. Achten Sie jeweils auf die richtige Dosierung. Ergänzen Sie dagegen Kühlerfrostmittel nur in Erstausrüsterqualität. Sollten Sie auf der heimischen Werkbank nämlich das falsche Gebräu mixen, könnte das Ihrem Motor den Garaus bereiten – im Kapitel »Antrieb« gehen wir detaillierter darauf ein.

Mollig warm und klare Scheiben – mit Standheizung keine Hexerei

Trotzt knapper werdender Ressourcen und starker Luftbelastung möchten wir nicht werten: Eine Standheizung ist im Winter fraglos ein Komfortzugewinn, erst recht bei besonders wärmedichten Dieselmotoren und für Laternengaragenparker. Denn sobald die Standheizung auch noch per Vorwahlzeituhr oder über Funkwellen zu aktivieren ist, steigen Sie nie mehr in ein kaltes Auto ein. Natürlich sind dann auch die Scheiben frei, bevor Sie den Motor starten. Sie haben fortan auch keine Kaltstartprobleme mehr zu befürchten, die Motorkühlflüssigkeit ist auch schon vorgewärmt. Ab Werk gibt's besagten Komfort gegen Aufpreis. Die Standheizung steht in der Aufpreisliste, programmierbar über den Bordcomputer und mit Zusatzheizungsfunktion.
Natürlich sind auch solide Zubehörangebote eine komfortable Alternative, erkundigen Sie sich einfach in einem nahe gelegenen Bosch-Automotivestützpunkt oder Sie googeln das Angebot im Internet. Das klingt einfach und einladend, doch die Montage überlassen Sie besser einem Profi. Einen durchschnittlich begabten Do-it-Yourselfer überforderten die erforderlichen Eingriffe unter der Motorhaube und im Innenraum. Übrigens, eine Standheizung leistet auch im Sommer sinnvolle Dienste: Als Standlüfter kühlt sie den parkenden Astra zumindest auf Außentemperaturniveau herunter.

PRAXISTIPP

Durchblick aus der Flasche

Für viele Laternenparker gehören zugefrorene Scheiben im Winter zum alltäglichen Ärgernis. Wer hat schon Lust auf regelmäßigen Früh- oder Abendsport am zugigen Straßenrand? Doch ohne geht's nicht. Wer etwa aus reiner Bequemlichkeit den Verkehr aus kleinen Sehschlitzen beobachtet, riskiert nicht nur einen veritablen Unfall, er riskiert zusätzlich ein saftiges Bußgeld. Der Gesetzgeber verlangt laut §23

Alternative zum Eiskratzer: Flüssiger Scheibenenteiser aus der Sprühflasche.

StVO von jedem Fahrzeugführer »die Sicht weder durch Beladung noch durch den Zustand des Fahrzeugs zu beeinträchtigen«. Im Klartext: Alle Autoscheiben müssen sauber sein.

Was also tun im Sinne der eigenen Bequemlichkeit und der Scheibenlebensdauer? Wer den Eiskratzer verbannen möchte, steigt kurzerhand auf Thermomatten oder flüssigen Scheibenenteiser um. Thermomatten werden um die A-Säulen gezogen und mit den Türen auf der Scheibe fixiert. Scheibenenteiser in Spray- oder Pumpdosen taut die Scheibe wie von Geisterhand ab – der Doseninhalt ist mit Alkohol versetzt. In der Praxis gibt's allerdings große Qualitätsunter-schiede. Achten Sie zunächst auf das Sprühbild auf der Scheibe. Denn wird sie nur punktuell benetzt, verpufft die Wirkung im Nu. Wegen der Verdunstungskälte des Alkohols wird der Eispanzer auf der Scheibe sogar noch »stabiler«. Also doch ein Fall für den Eiskratzer! Sprühdosen die ihren Inhalt allerdings gleichmäßig auf der Scheibe verteilen, sorgen für Durchblick, zumindest dann, wenn Sie anschließend die Scheibe mit guten Wischerblättern weitgehend trocken- wischen.

Relativ einfach nachrüstbar – die Sitzheizung im Astra

Sollten Sie die Sitzheizungsoption beim Neukauf ignoriert haben, können Sie später auch noch selber nachhelfen: Die von soliden Zubehöranbietern angebotenen Heizmatten haben teilweise Erstausrüsterqualität. Mitunter sind sie mit bruchresistenten Karbonheizmatten den Serienprodukten qualitativ sogar voraus. Der Fachhandel bietet für die gängigsten Sitzformate Nachrüstkits an. Geschickte Do-it-Yourselfer bugsieren die Matten locker in Eigenregie unter die Sitzpolster. Der TÜV legt allerdings sein Veto ein. Demnach muss der ordnungsgemäße Einbau in einem Fachbetrieb erfolgen.

Für rund 100 Euro pro Sitz zu haben: ein Sitzheizungsnachrüstkit mit Carbonwärmeleitern.

Macht müde Motoren munter – der Starthilfebooster

Wir haben Ihnen die außergewöhnliche Energieleistung des Anlassers und der Batterie, die beide während jeden Kaltstarts absolvieren, schon näher gebracht. Gleichfalls haben wir Ihnen die Vorzüge einer Standheizung gepriesen.
Verschwiegen haben wir dagegen bislang, dass Standheizungen nicht nur Benzin bzw. Diesel, sondern auch Strom konsumieren. Sollten Sie wintertags allmorgendlich nicht ganz auf Risiko setzen, ergänzen Sie Ihr Bordwerkzeug besser noch mit einem Starthilfebooster.
Gute Booster helfen schlappen Batterien kurzfristig auf die Sprünge, sei es bei grimmiger Kälte oder wegen notorischer Unterladung.

Dem Frost die Zähne ziehen: Mit einem Starthilfebooster haben Sie Ihr eigenes Kurzzeit-Kraftwerk an Bord.

Den Winter entschärfen

CHECKLISTE

Störung	Worauf zu achten ist	Was wann tun?
A Motor	1 Motoröl	Häufige Kaltstarts und hohe Temperaturschwankungen belasten das Motoröl extrem. Verkürzen Sie eventuell die Wechselintervalle. Beachten Sie dazu unsere Hinweise im Kapitel »Antrieb«.
	2 Kühlmittel	Checken Sie auf jeden Fall die Kühlmittelkonzentration. Wird's frostiger als - 4 °C kann ansonsten schon der Motorblock platzen.
	3 Thermostat	Wenn im Winter der Thermostat nicht korrekt arbeitet, bleibt's dem Motor entweder zu kalt oder er wird zu heiß. In beiden Fällen zieht das teure Schäden nach sich. Halten Sie das im Auge und wechseln in beiden Fällen den Temperaturregler aus.
B Räder und Reifen	1 Winterreifen	Winterreifen verdienen ihren Namen nur mit mindestens vier Millimeter Restprofilstärke. Montieren Sie die Reifen möglichst vor dem ersten Schnee. Fast abgefahrene Winterpneus können Sie bis weit ins Frühjahr hinein getrost abfahren. Halten Sie allerdings die maximale Höchstgeschwindigkeit ein.
C Licht und Sicht	1 Beleuchtung	Kontrollieren Sie regelmäßig die Beleuchtungsanlage und reinigen regelmäßig die Scheinwerfergläser.
	2 Verglasung und Scheibenwischer	Die Scheiben sollten frei von Kratzern und Steinschlägen sein. Wechseln Sie im Herbst die Wischerblätter und präparieren den Waschwasserbehälter mit genügend Reiniger- und Frostschutzlösung.
D Karosserie	1 Türen und Hauben	Massieren oder sprühen Sie die Gummidichtungen durchgängig mit Vaseline oder Silikonfett ein. Die Dichtungsoberfläche wird damit Wasser abweisend und friert weniger schnell an die Karosserie an.
	2 Schlösser und Scharniere	Schlösser und Gelenke bleiben mit einer fein dosierten Extraportion Silikon gelenkig und zudem widerstandsfähiger gegen Frost.
	3 Lacke	Gönnen Sie dem Lack regelmäßige Wäschen. So setzt sich erst gar keine Salzkruste fest.
E Elektrik	1 Batterie	Batterien leiden unter Kälte, das gilt übrigens auch für die Schlüsselbatterie. Spätestens wenn der Anlasser nur noch quälend durchzieht, gehört der Speicher ans Ladegerät oder, bei entsprechendem Alter, erneuert.

Kleine Ursache ...

... große Wirkung! In unserem Fall gilt das geflügelte Wort jenen unscheinbaren Autopannen, die vielen von uns schon gehörig Zeit und Nerven gekostet haben. Sie lassen Termine platzen, werfen die Tagesplanung über den Haufen oder reizen uns bis zur Weißglut. Meistens sind's Lappalien: Im folgenden Kapitel kommen sie groß heraus. Natürlich geben wir auch erste Hilfetipps.

Wir müssen zur Arbeit, sind ohnehin schon spät dran und der Anlasser unseres Autos schweigt beharrlich. Ausgerechnet jetzt! Schon mal erlebt – oder?

In rund 90 Prozent aller Fälle streikt zwar nicht der Anlasser, sondern die Batterie. Nur selten trägt sie freilich die Schuld: Meistens sind Sie der Hauptschuldige, jawohl, der Hauptschuldige sind Sie!

Wie das? Womöglich haben Sie am Vorabend Ihr Auto mit leuchtenden Scheinwerfern abgestellt. Sind Sie womöglich nicht auch derjenige, der wintertags die beheizbare Heckscheibe mitsamt Außenspiegeln laufend unter Strom hält? Einfach so, aus Vergesslichkeit. Wärmt Ihnen vielleicht sogar die Sitzheizung den Po ab der ersten Zündschlüsseldrehung? Und plärrt nicht auch das Radio schon, bevor der Motor den ersten Ton von sich gibt? Das Heizgebläse pustet die Scheiben Ihres Wagens wahrscheinlich ohnehin das ganze Jahr an – einerlei, ob sie beschlagen oder klar sind. Erkennen Sie sich in unseren Beispielen wieder?

Einerlei, unnötiger Komfort ist längstens automobiler Alltag – schon bei Kleinwagen. Dass all' die Goodies freilich auch Strom fressen, interessiert uns allenfalls am Rande. Und exakt hier liegt der wunde Punkt: Auch im Auto kommt Strom nicht einfach aus der Batterie, stattdessen legt sich unterhalb der Motorhaube ein Generator kräftig dafür ins Zeug. Erst mit seiner Überproduktion füttert er die Batterie.

Die Speichermöglichkeiten einer Batterie freilich sind eng eingeschränkt – erst recht, wenn sie in die Jahre kommt. Sobald der Generator im Kurzstreckenverkehr die Batterie zwangsläufig nicht mehr ausreichend versorgen kann, streikt eben irgendwann der Anlasser – vornehmlich im Winter.

Leere Batterien sind übrigens schon seit den Kindertagen des Autos der absolute Pannenklassiker. Dabei könnten sie mit etwas mehr Ein-, Weit- und Vorsicht längst von streikenden Türschließern oder Zündschlüsseln abgelöst sein. Denn längst nicht jeder elektrische Bordverbraucher muss ständig an der Batterie lutschen. Und wenn doch, dann ist eben irgendwann ein Zwischenstopp am Batterieladegerät oder eine längere Fahrstrecke ratsam.

Für den beschriebenen Moment helfen Ihnen unsere Ratschläge zwar nicht weiter: Die Batterie ist leer. Sie müssen pünktlich zur Arbeit – die Zeit drängt. Mit einem Fremdstartkabel an Bord und einem anderen hilfsbereiten Autofahrer könnte es jetzt eventuell noch zeitig klappen …

Motor fremdstarten – mit Starthilfekabeln kein Problem

Zur Starthilfe verwenden Sie besser nur spezielle Elektronik-Starthilfekabel mit Überlastschutz. Jene Kabel halten nämlich gefährliche Spannungssspitzen von den Elektronikmodulen Ihres Astra fern.

- Schalten Sie an Ihrem Auto zunächst alle elektrischen Verbraucher aus. Lassen Sie den Helfer so nah an Ihren Wagen heranfahren, dass die Starthilfekabel möglichst bequem zwischen beide Batterien passen.
- Klemmen Sie die Starterkabel an die volle und dann an die leere Batterie an.
- Verbinden Sie zunächst beide Batteriepluspole (rote Klemmanschlüsse) und …
- … danach suchen Sie sich eine stabile Masseverbindung im Motorraum, zum Beispiel den Federbeindom. Dort schließen Sie die schwarze Klemmzange an. Erst zuletzt verkuppeln Sie die freie Klemme mit dem Minuspol der vollen Batterie.
- Jetzt starten Sie den Motor des Spenderfahrzeugs.
- Eile ist nun nicht unbedingt geboten, die leere Batterie bekommt bereits den ersten Anschub.

Gut zugänglich: die Batterie im Motorraum des Astra-J.

- Versuchen Sie den Motor zu starten. Sollte er sich verweigern, legen Sie immer wieder kleine Pausen ein – ansonsten könnten Sie den Anlasser überfordern.

- Wenn der Motor brummt, nabeln Sie den Spenderwagen ab. Um dabei eventuelle Spannungsspitzen abzufangen, schalten Sie an Ihrem Wagen kurz die beheizbare Heckscheibe an.

- Anschließend klemmen Sie das Minuskabel an der leeren und danach an der vollen Batterie ab. Mit dem roten Kabel verfahren Sie gleich. Schalten Sie die beheizbare Heckscheibe jetzt wieder aus.

- Belasten Sie auf den ersten Kilometern die leere Batterie mit möglichst wenigen Verbrauchern. Nach rund 30 Kilometern reicht die Batteriekapazität meist schon aus, um zumindest den nächsten Startvorgang zu realisieren.

Was tun bei einer Reifenpanne?

Statistisch gesehen bekommt Ihr Auto etwa alle 150.000 km einen Plattfuß. Dann heißt es richtig zu reagieren und umsichtig zu handeln. Schätzen Sie das Gefahrenpotenzial für sich und andere Verkehrsteilnehmer realistisch ein.
Entscheiden Sie vor Ort: Können Sie den platten Reifen an Ort und Stelle relativ gefahrlos wechseln? Ist der Platz hinreichend mit Warndreieck und Pannenlicht zu sichern?
Falls nicht, vermeiden Sie unnötige Risiken. Bugsieren Sie den Havaristen besser im gemäßigten Tempo und mit Warnblinklicht an einen gefahrloseren Standplatz. Denken Sie allerdings daran, ein platter Reifen überlebt, selbst im Schritttempo, schadlos nur wenige Hundert Meter. Falls Sie der Reifenwechsel ohnehin überfordern sollte, rufen Sie besser Hilfe per Handy herbei.

Wagen richtig aufbocken

Für den Fall einer Reifenpanne oder eines Reifenwechsels, zum Beispiel von Winter- auf Sommerreifen, hat Ihr Astra, je nach Ausstattung, einen Wagenheber mit an Bord. In dem Fall beachten Sie bitte unseren Hinweis: Als sichere Standhilfe, anlässlich größerer Instandsetzungs- bzw. Wartungsarbeiten, ist der Bordwagenheber denkbar ungeeignet – ja sogar gefährlich!

Möglichst senkrecht unter der Stegaussparung ansetzen: den Wagenheberausleger.

- Ziehen Sie zunächst die Handbremse an und legen den ersten- oder den Rückwärtsgang ein. Auf öffentlichen Straßen müssen Sie laut StVZO auch den Warnblinker einschalten und ein Warndreieck in gebührendem Abstand hinter dem havarierten Auto aufstellen.

- Nur wenn Ihr Astra auf Stahlfelgen rollt, hebeln Sie zunächst die Radzierblende mit einem Schraubendreher aus dem Bordpannenset ab. Den Schraubendreher setzen Sie als Hebel zwischen Felge und Blende an.

- Lösen Sie dann die Radschrauben um eine Umdrehung und heben den Wagen an.

- Den Wagenheber setzen Sie bitte nur in die dafür vorgesehenen Bereichen des Seitenschwellers an. Jonglieren Sie dazu den Ausleger so unter den Seitenschweller, dass die Auslegerklaue den Schwellersteg senkrecht umfasst und die Aussparung im Schweller exakt in den mittleren Profilsteg des Auslegers passt. Auf weichem Untergrund vergrößern Sie die Standfläche des Hebers sicherheitshalber mit einem entsprechend großen Unterlegholz.

- Sobald das zu wechselnde Rad den Bodenkontakt verloren hat, drehen Sie die Radschrauben aus der Radnabe, ziehen das Rad von der Nabe und richten das Reserverad zunächst nur provisorisch vor der Radnabe aus.
- Versuchen Sie möglichst den obersten Radbolzen in der Nabe anzusetzen. Mit den anderen verfahren Sie gleich.
- Sobald die Bolzen per Hand angesetzt sind, ziehen Sie alle Radbolzen handfest vor.
- Lassen Sie jetzt den Wagen ab und ziehen die Bolzen gleichmäßig über Kreuz fest. Mit einem Radkreuz ziehen Sie die Radbolzen übrigens gefühlvoller als mit dem Bordsteckschlüssel an.
- »Knallen« Sie die Bolzen nicht bombenfest an. Fest ist fest – das vorgeschriebene Drehmoment beträgt 140 Nm.
- Wenn Sie nun wieder die Radabdeckung ansetzen, achten Sie darauf, dass die Ventilöffnung dem Ventil genügend Platz lässt.
- Zur eigenen Sicherheit checken Sie das Rad nach ca. 20 Kilometern erneut auf festen Sitz und vergessen auf keinen Fall nach dem vorgeschriebenen Luftdruck zu sehen..

Können platzen – gealterte Kühlschläuche

Platzt während der Fahrt ein Kühlwasserschlauch, oder hat sich gar ein Marder ausgerechnet unter der Motorhaube Ihres Astra in einen Schlauch verbissen, muss guter Rat an Ort und Stelle nicht unbedingt schon teuer sein. Sollten Sie zufällig sogar Reserveschläuche an Bord haben, tauschen Sie den Schlauch sofort aus und der Schaden ist dauerhaft beseitigt. Falls nicht, und das wird die Regel sein, versuchen Sie den alten Schlauch provisorisch mit einem festen Gewebeband zu retten. Öffnen Sie zunächst den Kühlflüssigkeitsausgleichsbehälter, entfetten und trocknen die Schadstelle und lassen den Schlauch auch möglichst auskühlen. Erst dann umwickeln Sie die undichte Passage in mehreren Schichten möglichst fest mit einem Gewebeklebeband. Bevor Sie den Motor starten, vergessen Sie nicht, die Kühlflüssigkeit zu ergänzen.

Damit Sie nicht von vornherein für die Katz' gearbeitet haben, setzen Sie den Verschlussdeckel des Kühlerausgleichbehälters nur locker auf den Verschlussflansch.

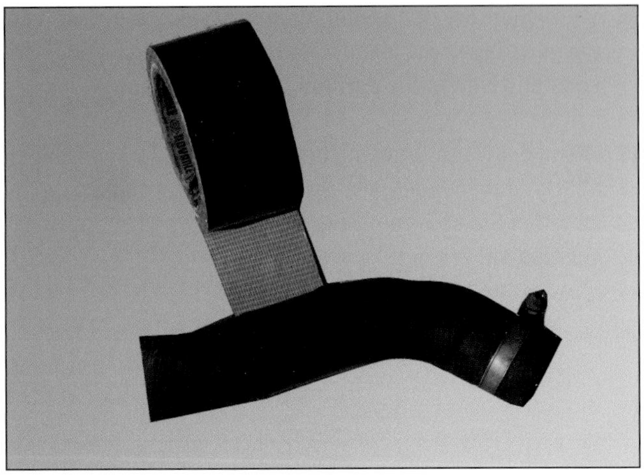

Notreparatur bis zum Austausch: Ein festes Gewebeklebeband dichtet kleinere Undichtigkeiten kurzfristig ab – zumindest auf fettfreiem, trockenen Untergrund.

Das Kühlsystem bleibt so drucklos und Ihre Flickstelle hat, bis zur endgültigen Reparatur, immerhin eine faire Chance. Achten Sie während der Weiterfahrt stets auf die Motortemperaturanzeige und gehen keinerlei Risiken ein: Überhitzten Motoren droht ein kapitaler Hitzetod.
Zur Reparatur verwenden Sie besser nur Originalschläuche: Die passen garantiert und verhärten nicht schon nach kurzer Zeit. Inspizieren Sie gleichfalls die anderen Schläuche und Schlauchschellen – korrodierte Schellen erneuern Sie grundsätzlich. In den meisten Fällen fehlt dem Motor Kühlwasser.

Nicht selten der Fall – an der falschen Zapfsäule getankt

Schmunzeln Sie bitte nicht: Diesel anstatt Benzin, Benzin anstatt Diesel getankt – nichts ist unmöglich ...
Wenn Sie Pannenhelfern der Automobilklubs, Opel-Technikern oder Teilnehmern an Internet-Chats glauben schenken möchten, sind Falschbetankungen verbreiteter als Sie bis gerade noch vermutet hätten. Oder haben Sie etwa auch schon Ihre Erfahrungen mit der falschen Zapfsäule gemacht?
Wenn Sie es seinerzeit dann wenigstens noch rechtzeitig bemerkt haben, war der Ärger zwar groß, der Schaden gottlob jedoch überschaubar. Alle Otto-Astra streiken nämlich spätestens an der Tankstellenausfahrt. Also gerade noch rechtzeitig um Hilfe aus erster Hand in Anspruch nehmen zu können. Doch so weit wird es bei Ihnen hoffentlich niemals kommen: Die etwas voluminösere Dieselzapfpistole passt nicht richtig in den

Tankstutzen des Otto-Astra. Sollten Sie es dennoch geschafft haben, lassen Sie den Tank möglichst weit abpumpen und ergänzen den Rest mit Superbenzin. Mit etwas Glück war's das schon, zumindest dann, wenn Sie auch den Kraftstofffilter gesäubert haben. Ihr Astra läuft dann bis zum nächsten Volltanken zwar mit geringerer Leistung – doch der kapitale Motorschaden ist jedenfalls abgewehrt.
Anders herum ist das Malheur allerdings schneller passiert. Mit wesentlich größeren Folgen für die Technik: Die Otto-Zapfpistole passt locker in den Dieseltank. Das erhöht die Chancen, gedankenlos an der falschen Säule zu tanken. Wenn Sie Ihren Lapsus sofort bemerken, den Tank noch vor Ort abpumpen lassen und den Inhalt umweltgerecht entsorgen, zahlen Sie ein vergleichsweise geringes Lehrgeld.

Anders sieht die Sache freilich aus, wenn Ihr Diesel-Astra den Ottokraftstoff erst einmal so richtig im Kraftstoffsystem verteilen konnte. In dem Fall sind Sie mit Benzin von der Tanksäule gestartet. Die Reise wird zwar nicht allzu lange währen, mit einem Ohr für normale Dieselgeräusche bemerken Sie schnell völlig andere Verbrennungsgeräusche unter der Motorhaube. Sollten Sie die akustische Warnung gleichwohl ignorieren, nimmt das teure Unheil unwillkürlich seinen Lauf: Der Motor stirbt relativ schnell ab und mit ihm auch das Dieselequipment. Anders als Dieselöl schmiert Ottokraftstoff die beweglichen Komponenten der Einspritzanlage nicht. Ottokraftstoff schmiert übrigens nur nicht, er wäscht den Schmierfilm sogar binnen weniger Kilometer von allen Oberflächen gänzlich ab. Folge: Die Kraftstoffeinspritzpumpe und Co. laufen blank und fressen aneinander fest. Der an der Tanksäule provozierte Schaden reißt zwangsläufig ein vierstelliges Loch in Ihr Budget …

Schaltet bei Unregelmäßigkeiten auf Notlaufprogramm – Motorelektronik

Untrügliches Indiz für eine zickende Motorelektronik ist zunächst die Cockpitwarnleuchte »Motorelektronik«. Sollten Sie allerdings den Hinweis übersehen, bemerken Sie das spätestens beim Beschleunigen – der Motor wirkt schlapp.
Sie können dann zwar noch weiterfahren, doch möglichst nur bis zum nächsten Opel-Händler. Denn die Motorwarnleuchte warnt nicht ins Blaue: Der aktuelle Grund bedingt im Zweifelsfall teure Folgeschäden. Nehmen Sie die Warnung ernst und lassen das schnellstens checken. Das geht problemlos, Ihr Astra hat ein elektronisches »Schadensgedächtnis«, das Ihr Händler per Systemtester einfach abruft und ausliest.
In dem Fall ist Hilfestellung im Do-it-yourself-Verfahren nur selten erfolgreich, es sei denn, Sie lokalisieren die Fehlfunktion exakt.

Fehlerspeicher selber auslesen?

Fast alle seit dem Jahr 2000 (Diesel 2004) gebauten Astra haben einen OBD-II-Anschluss. Ein professionelles, teures Messgerät ist zum Auslesen also keineswegs mehr notwendig. Erfahrungsgemäß reichen mittlerweile ein gängiges Smartphone, ein »ELM 327 Adapter« und eine geeignete Software, wie z. B. »Torque Pro«. Damit gewappnet lesen Sie Fehlerspeicher locker selber aus. Mit dem gleichen Equipment löschen Sie den Fehlerspeicher in Ihrem Astra auch in Eigenregie.
Sollte der Fehler allerdings wiederholt auftreten, kommen Sie an einer ordentlichen Systemanalyse nicht vorbei: In dem Fall ist Ihr Opel-Händler erste Wahl!
Die gleichen Erfahrungen können Sie übrigens auch mit Ihrer ABS-Bremse machen. Checken Sie bei Fehlermeldungen allerdings zunächst die Bremsflüssigkeit und den Zustand der Bremssegmente. Ist dort alles im grünen Bereich, fahren Sie die Werkstatt an und lassen den möglichen Fehler auslesen.

Erste Hilfe für kleine Pannen – die Bordapotheke

Mit dem serienmäßigen Bordwerkzeug wechseln Sie Ihrem Astra gerade einmal ein defektes Rad. Punkt!
Natürlich können Sie sich auch abschleppen lassen. Eine Abschleppöse ist mit im »Handgepäck«: Für den Rest sorgen Sie selber vor. Falls nicht, sind Sie im Ernstfall eben aufgeschmissen.
Sollte Sie das beunruhigen, ergänzen Sie Ihr Bordwerkzeug eben nach eigenem Gusto. Wir haben Ihnen ein kleines Survivalset zusammengestellt. Es orientiert sich an langjährigen Pannenklassikern. Große Sprünge sind damit nicht machbar, doch Erste Hilfe allemal möglich.

- Reifendichtmittel: Dichtet kleinere Durchstiche im Reifen von innen ab. Vorsicht, nicht in praller Sonne liegen lassen: Explosionsgefahr!
- Kühlerabdichtmittel: Funktioniert ähnlich wie das Reifendichtmittel und leistet bei Marderbissen oder

kleinen Steinschlagschäden im Kühlernetz mitunter gute Hilfe.

- Hochfestes Klebeband: Damit können Sie lose Karosserieteile befestigen (zum Beispiel nach einem Unfall) oder auch Kühlerschläuche flicken.
- Kabelbinder: Funktionieren bei guter Qualität sogar als Schlauchschellenersatz.
- Scheibenreinigungskonzentrat (auch pur anzuwenden) und Insektenentferner helfen Ihnen besonders in der Nacht oder wenn die Scheibe von Öl oder Kühlwasser verschmiert ist.
- Reservekanister: Streckt den Aktionsradius hierzulande meistens bis zur nächsten Tankstelle. Befüllen Sie den Kanister niemals randvoll.

Erste Hilfe am Straßenrand: (A) Reifendichtmittel, (B) hochfestes Klebeband, (C) Kabelbinder, (D) Kühlerdichtmittel, (E) Scheibenreinigungskonzentrat, (F) Insektenreiniger, (G) Reservekanister.

Gilt auch beim Abschleppen – die StVO

WISSENSWERTES

Einem jeden Abschleppen steht der Nothilfegedanke vor: Ein abzuschleppendes Auto ist NICHT über weite Strecken zu transportieren, sondern nur bis zur nächstgelegenen oder nächstgeeigneten Werkstatt. Der Fahrzeugführer des schleppenden Autos benötigt grundsätzlich die Fahrerlaubnis des schleppenden Autos. Der Fahrzeuglenker des geschleppten Autos benötigt indes keine gültige Fahrerlaubnis. Außerdem muss er keinem gesetzlichen Mindestalter entsprechen. Der Schlepper muss den Geschleppten mit dem Fahrzeug vertraut machen, der Geschleppte muss bremsen und lenken können.

Denken Sie außerdem daran, während des Schleppens gilt der §15a der Straßenverkehrsordnung. Demnach darf ein Auto auf der Autobahn grundsätzlich nur bis zur nächsten Ausfahrt geschleppt werden. Nur logisch, dass Sie natürlich auch kein havariertes Auto auf die Autobahn schleppen dürfen. Während des Schleppvorgangs müssen beide Autos das Warnblinklicht aktiviert haben.

Wagen abschleppen – keine Hexerei

Wenn Ihr Astra unvermittelt zur Immobilie wird, haben Sie zwei Optionen: 1. Sie beauftragen einen Pannendienst, der Ihr Auto huckepack nimmt. 2. Sie suchen einen hilfreichen Automobilisten, mit dem Sie kurzzeitig eine Seilschaft eingehen. Seilschaft heißt: Sie schleppen Ihren Astra in die nächste Werkstatt. Die Senkbohrung für die Abschleppöse finden Sie im vorderen Stoßfänger auf der rechten Seite unterhalb des Scheinwerfers bzw. auf der linken Seite im Heckstoßfänger. Clipsen Sie die entsprechende Verkleidung aus dem Stoßfänger und schrauben die Öse möglichst weit ins Gewinde, ein paar Umdrehungen bieten zu wenig Sicherheit – der Haken könnte ausreißen. Sollte der Haken nur widerwillig zu schrauben sein, knebeln Sie die Öse kurzerhand mit dem Kurbelarm des Wagenhebers oder mit einem stabilen Schraubendreher.
Sobald das Abschleppseil, komfortabler und sicherer ist übrigens eine Teleskopabschleppstange, beide Autos verbindet, beachten Sie bitte ein paar Grundsätzlichkeiten:

- Schleppen Sie einen Astra mit Automatikgetriebe möglichst niemals weiter als 50 Kilometer, der Automat könnte sonst Schaden nehmen.
- Fahren Sie im Doppelpack niemals schneller als 50 km/h, das Sicherheitsrisiko wäre zu hoch. Zumal …
- … die erforderliche Bremskraft mit stehendem Motor um ein Vielfaches größer ist als bei laufendem Motor (Bremsservo arbeitet nicht).

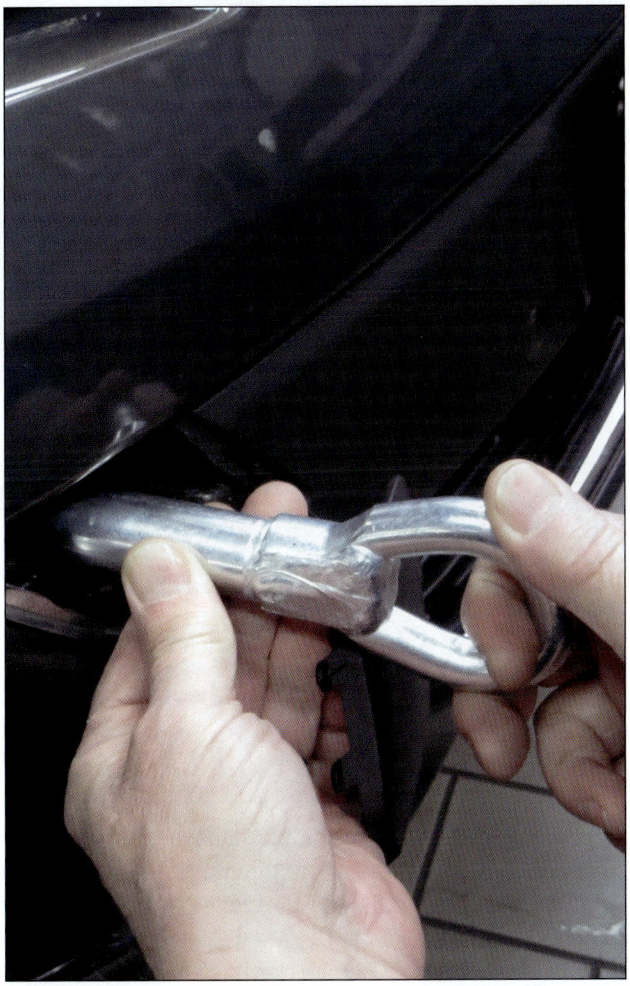

Vor der Seilschaft montieren: Abschleppöse in den vorderen bzw. hinteren Stoßfänger.

Nahezu perfekt und hochwertig …

… die werkseitigen Ausstattungsmöglichkeiten des Opel Astra-J. Opel setzt beim Astra nicht nur äußerlich auf neue Linien, der Innenraum nimmt gleichermaßen die Formensprache des neuen Opel-Designs auf. Mit 2685 Millimeter Radstand und Spurweiten von 1541Millimeter an der Vorder- sowie 1551 Millimeter an der Hinterachse. Kinder im »ISO FIX-, Maxi-Cosi- oder Reboard-Alter« reisen im Astra nicht unbequemer als erwachsene Familienmitglieder. Bereits der Basis-Astra stellt im Innenraum eindeutig Ergonomie, Komfort und Funktionalität in den Vordergrund. Ein besonderes Seherlebnis bekommen Käufer der GTC-Modelle geboten: die von Opel patentierte Panorama-Frontscheibe. Sie reicht von der Motorhaube bis zur Mitte des Fahrzeugdachs.

Den Innenraumvergleich mit seinem Vorgänger dominiert der Astra-J deutlich, zum Beispiel mit dynamischerer Optik und aufgeräumter Bedienungstruktur. Das gähnend langweilige Erscheinungsbild eines 08/15-Wohnzimmers ist seine Sache nicht. Der aktuelle Astra zeigt Charakter und überzeugt mit praxisfreundlichen Detaillösungen in allen Varianten und auf allen Plätzen. Sein Auftritt wirkt stylig, dynamisch und selbstbewusst – überflüssiger Designspeck oder schrilles Make-up sind seine Sache eben nicht. Statt dessen bietet der Astra-J genügend Freiraum auf allen Plätzen und – je nach Motorisierung bzw. Orderpaket – Ausstattungen, die wählerische Käufer durchaus ansprechend finden.

Vorbildlich – FlexFold-Sitzlehnen, FlexFloor-Gepäckraum

Obwohl äußerlich nur moderat »gewachsen« (4419 mm / 4658 mm / 4698 mm; 2013 mm; 1510 mm / 1500 mm / 1535 mm (L/B/H, Fünftürer, Limousine, Sports Tourer), hat der Astra-J im Radstand erkennbar zugelegt. In allen drei Karosserievarianten trennen die Achsen 2685 Millimeter voneinander. Damit ist der Astra-J nicht nur auf dem Papier ein vollwertiger Fünfsitzer, sondern auch in der Praxis. Seine »Paten« schwärmen gar von einem »vorbildlichen Raumangebot in seiner Klasse«.

Die neue J-Variante bietet nicht nur viele Millimeter im Innenraum, sie offeriert zudem ein angenehmes Raumgefühl mit einer Vielzahl ansprechender Detaillösungen. Je nach Ausstattungsniveau deponiert die Astra-Crew ihre Mitbringsel beispielsweise in bis zu 19 flexibel und praxisgerechten Ablagefächern. Einzigartig im Astra-Umfeld: die FlexFold-Rücksitzlehne im neuerdings auf Sports Tourer getauften Caravan. FlexFold schafft zusätzlichen Laderaum auf Knopfdruck. Wunschgemäß klappen nämlich beide, oder jeweils nur eine Seite der geteilten Rücksitzlehne nach vorne und geben die volle Gepäckraumlänge bis zu den Vordersitzrücklehnen frei. Mit komplett demontierten Rücksitzkissen ergibt das sogar einen völlig ebenen Ladeboden mit maximal 1850 Millimeter Gesamtlänge.

Der Astra Fünftürer chauffiert seine Ladung gar in drei Etagen ans Ziel. FlexFloor nennt Opel den Trick mit dem höhenvariablen Gepäckraumboden. Das System sorgt für mehr Ordung hinter den Rücksitzen und fixiert in seinen geteilen Gepäcketagen das Ladegut besser als in einem gesamten Laderaum.

Funktionell modifiziert – das Cockpit

Prägend für das im Astra »schnell Zuhause«-Wohlfühlgefühl sind die aufgeräumt gestaltete Mittelkonsole sowie der Instrumententräger mit weich verlaufenden Linien und hochwertig wirkenden Materialien: In Zusammenarbeit mit ihren Technikkollegen kreierten die »Astra-Linienrichter« völlig fugenfreie Oberflächen. Besonders augenfällig wird das im Bereich des Beifahrerairbags – hässliche Trennfugen suchen Pedanten hier vergeblich. Obwohl der Luftsack im Ernstfall bis auf Fullsize-Format aufbläht, blieb noch genügend Platz für ein großes Handschuhfach.

Am offensichtlichsten wird die neue Designhandschrift am funktionell gegliederten Cockpit inklusive der schwungvollen Mittelkonsole. Wichtige und häufig genutzte Funktionen sind im Astra ganz gezielt dem Chauffeur zugewandt. Gleiches gilt für die Kontrollinstrumente, den Lichtschalter oder Scheibenwischer. Während die in der Mittelkonsole untergebrachten Schalter und Anzeigen, zum Beispiel das Infodisplay, die Audiobedienelemente, das Heizungs- und Klimasystem oder ein Cupholder, gleichermaßen von Fahrer und Beifahrer erreichbar sind.

Ergonomisch günstig verteilte Hebel und Schalter sowie eine längs- und höhenverstellbare Lenksäule passen da lupenrein in's Bild: Der Astra-J Kommandostand erleichtert dem Fahrer die Arbeit – im innerstädtischen Verkehrsgewusel wie über längere Distanzen. Nicht zuletzt auch darum, weil das Dreispeichen-Airbaglenkrad optional als Fernbedienungsklaviatur für die Mehrzahl aller verfügbaren Audioanlagen nutzbar ist.

Schützt die Insassen – sechs Airbags, Pedal Release-System

Auf die Informationen modernster Crash-Sensorik reagieren im Astra bis zu sechs Airgbags. Die Seitenairbags haben jeweils zwei Kammern, um die Gefahr von Becken-, Unterleibs- und Oberkörperverletzungen zu minimieren. Die Kopfairbags reichen beidseitig von der A- bis zur C-Säule. Bei einem Seitenaufprall schützen sie die Insassen auf den vorderen und äußeren hinteren Sitzen. Aktive Kopfstützen mit Ergonomiesitzen, Dreipunkt-Sicherheitsgurte rundum sowie Gurtstraffer und lastabhängige Gurtkraftbegrenzer (vorne) ergänzen die Astra-Sicherheitsausstattung.

Und damit bei einem Frontalcrash oder Auffahrunfall auch die Fahrerfüße eine faire Chance haben, fallen

Kupplungs- und Bremspedal kraft- und momentenfrei auf den Boden.
Erwachsenen bietet der Astra im Fall der Fälle also standesgemäßen Sicherheitskomfort. Und was erwartet den Nachwuchs? Kids im »Isofix-Alter« erleben Fahrten selbstverständlich aus »ihrem Thron«: Papa oder Mama rasten die Sitzschale vorher auf der Rückbank ein. Die Astra-J-Auflage leistet sich diesbezüglich keine Schwächen, sie bedient gleichermaßen Auge und Verstand.

Mit Augenmaß schrauben – moderne Inneräume sind Hightech-Bereiche

Als aufmerksamer Leser und verantwortungsvoller Do-it-Yourselfer sind Sie längst sensibilisiert: Die Innenräume heutiger Autos sind zu Hightech-Sicherheitszonen mutiert. Ob und wo traditionelle Selbstschrauber da noch Hand anlegen können, lösen wir demzufolge auf den folgenden Seiten auf.
Wir empfehlen Ihnen allerdings bewusst nur jene Wartungs- und Reparaturarbeiten anzugehen, die Sie als versierter Schrauber auch problemlos erledigen können. Wo letztlich die Hilfe eines Profis erste Wahl ist, thematisieren wir demzufolge auch: So zum Beispiel sind alle Arbeiten an Komponenten des passiven und aktiven Insassenschutzes für den Heimwerker tabu. Sie sind ein Fall für den Fachmann!
Wir möchten Sie hier nicht demotivieren, selbst Hand anzulegen: Nutzen Sie Ihr Wissen besser aktiv als Hinweis auf mögliche Gefahrenpotenziale, mit denen ein Profi besser zurechtkommt. Das latente Risiko, bei solcherart Reparaturversuchen sich selbst zu verletzen, steht für uns dabei nicht unbedingt im Vordergrund: Sie allein stehen an der Werkbank für sich selber gerade. Wer sonst sollte Ihnen Ihre Verantwortung für Leib und Leben abnehmen?
Viel wichtiger ist uns der Gefahrenhinweis, in einen Unfall mit unfachmännisch manipulierten Sicherheitselementen verwickelt zu werden. In dem Fall gefährden Sie nicht nur sich selber, in dem Fall gefährden Sie auch Ihre Mitmenschen. Kurzum – hinterfragen Sie ständig Ihre Verantwortung für SICH und für ANDERE. Ehrliche Antworten machen Sie übrigens nicht arbeitslos: Der Astra-J bietet Ihnen genügend Freiräume, um Ihrer Schrauberlust sinnvoll zu frönen.

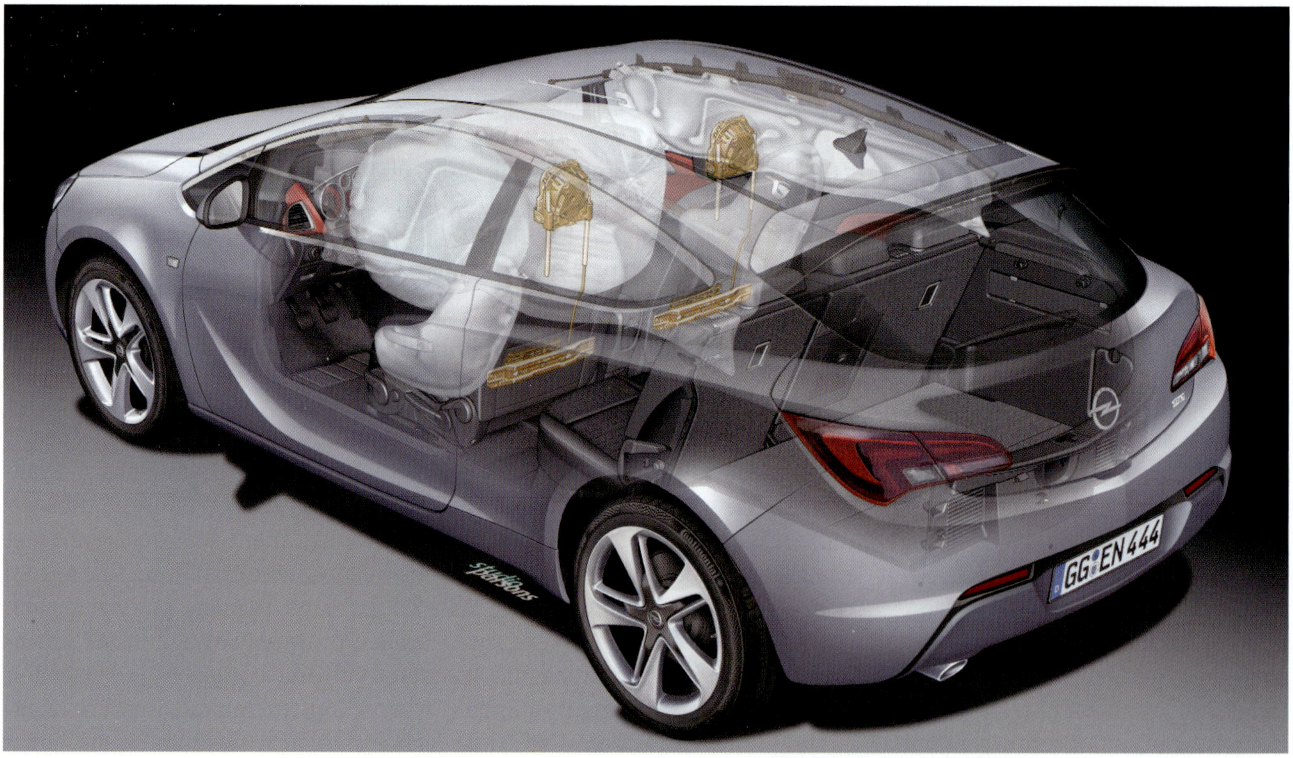

Mindert Unfallblessuren: der Sicherheitsinnenraum des Astra-J. Selbstverständlich sind alle Plätze mit Automatiksicherheitsgurten, vorne mit Gurtstraffer und Gurtkraftbegrenzer, bestückt. Den vorderen Raum entschärfen zusätzlich Airbags im Lenkrad, im Armaturenbrett, Zweikammer-Seitenairbags sowie von der A- bis zur C-Säule reichende Kopfairbags. Und den Fahrerfüßen schafft bei einem Frontalcrash oder Auffahrunfall das Pedal Release-System zusätzlichen Freiraum.

Schützt empfindliche Oberflächen vor Montagekratzern – ein Kunststoffkeil

Wenn Sie Ihre ersten Montageversuche an Kunststoffverblendungen nicht gleich mit verkratzten Oberflächen unvergessen machen möchten, empfehlen wir Ihnen als Trennwerkzeug einen handlichen Montagekeil – entweder aus Hartholz oder Kunststoff. Damit schonen Sie die empfindlichen Kunststoffoberflächen vor Beschädigungen. Einen zusätzlichen Sicherheitspuffer schaffen Klebebänder, beispielsweise Tesa-Krepp. Damit kleben Sie das Umfeld sowie die Kanten der Montagestellen sauber ab. Praktisch zudem, ein weicher Putzlappen zwischen Montagekeil und der unmittelbaren Pressstelle.

Kunststoffclips fixieren im Astra-J die meisten Innenraumverkleidungen. Der eine oder andere Clip wird die Montage erfahrungsgemäß nicht unversehrt überstehen: Montageclips sind ab Werk geplante Verschleißteile. Decken Sie sich also vor der Arbeit mit Ersatzclips ein.

Noch eine Bemerkung zum Umgang mit Kunststoffteilen: Ihre Elastizität nimmt mit der Umgebungstemperatur ab. Einstellige Temperaturbereiche erhöhen die Bruchgefahr erheblich. Wärmen Sie in dem Fall besser den Kunststoff mit einem Haarföhn oder Heißluftgebläse vor.

Gut für Umwelt und Geldbeutel – recyclingfähige Kunststoffkomponenten

Grundsätzlich steht Ihr Astra für ein möglichst langes Autoleben. Dennoch kalkulierten die Opel-Ingenieure am Bildschirm schon sein geordnetes Ableben mit ein: Alle Astra-Varianten zeichnet daher eine zeitgemäße Wiederverwertbarkeit aus. Neue Werkstoffkombinationen steigern demzufolge die Recyclingqualitäten der neuesten Generation. Insgesamt nutzt Opel rund 320 Bauteile und Baugruppen, die aus recyceltem Material bestehen. In einer Vielzahl weiterer Anwendungen kommen nachwachsende Rohstoffe wie zum Beispiel Baumwolle, Jute oder Schilfgras zum Einsatz. Am Ende steht ein stolzes Ergebnis: Der Opel Astra ist zu rund 90 Gewichtsprozenten wieder verwertbar.

Eine einfache Demontage, insbesondere der Kunststoffkomponenten sowie deren möglichst sortenreine Recyclingeigenschaften, tragen ebenso dazu bei, wie die entsprechende Kennzeichnung aller Kunststoffe. Den Astra komplettieren übrigens gut zehn Prozent Recyclingkunststoffe. Neu aufgekocht erleben sie, beispielsweise im Bereich des Armaturenträgers, in den Radläufen oder im Umfeld der Lampengehäuse, ihren zweiten Frühling.

GEFAHRENHINWEIS

⚠ Arbeiten am Lenkrad oder unterhalb des Armaturenbretts

Klemmen Sie vor allen Arbeiten im Einflussbereich der Airbags die Bordbatterie mindestens eine halbe Stunde vorher ab. So lange nämlich benötigen erfahrungsgemäß die Zündkondensatoren, um ihre gespeicherte Hochspannung an die Karosserie abzuleiten. Erst danach sind Arbeiten, beispielsweise die Demontage des Fahrer- oder Beifahrerairbags sowie der vorderen Türverkleidungen, relativ gefahrlos möglich. Übrigens, sobald Sie einen neuen Airbag montieren, entladen Sie auf jeden Fall vorab die Airbagverpackung elektrostatisch. Airbags dürfen zudem nur mit der gepolsterten Seite nach oben und gleichfalls nur in dafür vorgesehenen, verschließbaren Sonderräumen lagern. Optisch beschädigte Airbags haben ohnehin ausgesorgt, entsorgen Sie die Dinger fachgerecht. Bevor Sie den Kondensator eines neu montierten Airbags erstmalig ans Bordnetz anschließen, verschließen Sie alle Autotüren und öffnen die Seitenfenster etwa eine Handbreit.

Ablagen und Verkleidungen – nicht kopflos verändern

Den Astra-Innenraum schmücken größtenteils griffsympathische Kunststoffverblendungen. Das schmeichelt zwar der Optik, doch handfesten Arbeiten hinter den Kulissen stehen die Blenden zunächst einmal im Weg. Solange Sie die Verblendungen an den richtigen Stellen liften, geben sie den Arbeitsplatz frei. Widersetzen sich Blenden allerdings Ihren Bemühungen, wird's problematisch – mitunter gar teuer. Zumindest dann, wenn die Fixierstifte bersten oder eventuell sogar die gesamte Verblendung bricht. Planen Sie Ihr Vorhaben darum schon im Vorfeld möglichst präzise und gehen mit der nötigen Umsicht ans Werk.

Verstehen Sie unseren Hinweis bitte gleichermaßen als Warnung und geldwerten Tipp.

Wenn wir gerade schon Ratschläge erteilen, hier noch ein weiterer: Sollten Sie den Armaturenträger, bzw. sein Umfeld, mit zusätzlichen Accessoires befrachten, bekleben Sie auf keinen Fall Airbagsichtblenden. Etwa mit Halterungen oder sonstigen Utensilien. Im Falle eines Unfalls kommen Ihnen oder Ihrem Beifahrer nicht nur der Airbag, sondern gleichermaßen auch Ihre Zusatzinstallationen entgegen ...

Kindersitzlösungen – das gilt es zu beachten

Auf dem Beifahrersitz des Astra dürfen Maxi-Cosi- oder Reboard-Kindersitze nur mit deaktiviertem Beifahrerairbag installiert sein! Das gilt nicht für ISO FIX-Sitzgelegenheiten: Sie fixiert eine spezielle Halterung unterhalb der Rückbank.

Vor der Montage von Reboard- oder MaxiCosi-Kindersitzen deaktivieren: den Beifahrerairbag sowie die Schulterairbags (Option). Schieben Sie dazu den Sitz ganz zurück.

Von Zeit zu Zeit prüfen – Sicherheitsgurte im Astra

Sicherheitsgurte haben ein Innenleben und bei Gebrauchtwagen selbstverständlich auch eine unbekannte Vergangenheit. Wir raten Ihnen darum, alte Bänder mit anonymer Historie zu erneuern. Machen Sie Ihren Entschluss bitte nicht allein von einer scheinbar properen Optik oder einem leidlich funktionierenden Aufrollmechanismus abhängig: Nach einem veritablen Crash sind gedehnte Gurtbänder so oder so unbrauchbar. Das sehen Sie den Materialfasern nicht unbedingt an.

Auch wenn Ihnen die Historie alter Gurte aus dem Effeff bekannt sein sollte, checken Sie die Bänder dennoch von Zeit zu Zeit. Ihr Astra hat auf allen Plätzen Automatiksicherheitsgurte. Etwaige Fehler im Sicherheitsrückhaltesystem signalisiert Ihnen die Airbagkontrollleuchte im Cockpit. Leuchtet das Lämpchen ständig, bitten Sie Ihren Vertragshändler den Fehler auszulesen. Übrigens: Airbagkomponenten dürfen weder Sie noch Ihr Händler zerlegen oder reparieren.

Die Rollgurte des Astra steuern zwei Sensoren: Der Bewegungssensor wird beim Bremsen, Kurven fahren, an steilen Bergauf-Passagen und bei ungünstiger Fahrzeuglage aktiv. Dahingegen bremst der Gurtsensor den Gurt nur dann ein, wenn er ruckartig abrollt. Beide Systeme ergänzen sich in ihrer Funktion – sie müssen unabhängig voneinander funktionieren.

Da Sicherheitsgurte auch im normalen Alltag Alterungsprozessen unterliegen, checken Sie immer mal wieder deren optischen Zustand: Sollten Sie dabei ...

- wellige Gurtbänder,
- ausgefranste Kanten,
- aufgeriebenes Gewebe oder gar
- angerissene Nähte...

... entdecken, ersparen Sie sich getrost die folgend beschriebene dynamische Prüfung. Hängen Sie in Ihrem Astra möglichst schnell neue Bänder auf.

Ansonsten gehen Sie der Reihe nach vor.

Bremsprüfung

- Legen Sie den Gurt korrekt an (Ihr Beifahrer tut es Ihnen gleich), ...
- ... starten den Motor und fahren im ersten Gang zehn km/h (nicht schneller).
- Bei zehn km/h bremsen Sie abrupt. Beide Gurte müssen sofort blockieren. Andernfalls sind die Bewegungssensoren nicht mehr einwandfrei: Tauschen Sie den/die defekten Gurte aus.
- Checken Sie die Gurte gleichermaßen auf allen Sitzplätzen.

Zusatzprüfung (Kurven fahren)

- Suchen Sie einen genügend großen Platz (Parkplatz), auf dem Sie mit voll eingeschlagenen Vorderrädern fahren können. Denken Sie daran, Ihr Astra hat einen Wendekreis von fast 11 Metern.

- Fahren Sie mit ganz eingeschlagener Lenkung und mit höchstens 16 km/h im Kreis umher.
- Zwischenzeitlich versucht Ihr Beifahrer, alle Automatikgurte langsam aus der Aufrollautomatik herauszuziehen. Gelingt ihm das, verschrotten Sie den betreffenden Gurt!

Gurtsensor prüfen

- Halten Sie auf ebener Fläche und im stehenden Auto den Gurt nahe der oberen Verankerung fest. Ziehen Sie das Gurtband in der Stellung ruckartig aus der Aufrollautomatik. Nach spätestens 10 cm muss die Automatik blockieren. Falls nicht, ist der Gurt Schrott.

Bevor Sie Ihrem Astra neue Gurte spendieren, prüfen Sie alle Befestigungspunkte an den B- und C-Säulen sowie an der Bodengruppe. Treibt dort bereits der Rost sein Unwesen oder sind die Bleche bereits angefressen, seien Sie misstrauisch: Unsicher befestigte Gurte bieten allenfalls das Sicherheitspotenzial eines Hosenträgers.

Augen auf – im eigenen Interesse: Das Gurtband darf keine optischen Beschädigungen haben. Falls doch, entsorgen Sie den Gurt umgehend.

Sitze demontieren

Strenge Sicherheitsvorschriften bei Arbeiten an den Vordersitzen

Fahrer und Beifahrer sitzen im Astra auf »Anti Dive-Sicherheitssitzen«. Die Sitzmöbel sind integraler Bestandteil des Sicherheitssystems (IPS – Intelligent Protection System). Zum serienmäßigen IPS gehören selbstverständlich Dreipunktgurte auf allen Plätzen sowie Airbags und Gurtstraffer mitsamt Gurtkraftbegrenzern auf den vorderen Plätzen. Demzufolge montieren Sie die Vordersitze Ihres Astra möglichst nicht in Eigenregie – Gurtstraffer und Co. könnten Ihr Getue irrtümlich als Crash interpretieren. Folge: Sie zünden unvermittelt und verschießen ihr Pulver für die Katz. Sollten Sie trotzt Warnung an den Sitzen selber tätig werden, lassen Sie sich vorab bei Ihrem Opel-Händler die gültigen Sicherheitsvorschriften erklären.

Zunächst zwei Schrauben lösen: hinten an den Sitzschienen.

Vordersitze demontieren

Werkzeug:
Ratsche, kurze Verlängerung, Torx T40-Nuss.

- Klemmen Sie mindestens 15 Minuten vor Arbeitsbeginn das Batteriemassekabel ab. In der Zeit verliert der Airbag-Zündkondensator seine Spannung.
  Anschließend schieben Sie den Sitz nach vorn, lösen an der Sitzkonsole beide hinteren Schrauben (Pfeile) und trennen unter dem Sitz den Mehrfachstecker.

- Heben Sie den Sitz hinten an und ziehen ihn aus den vorderen Befestigungshaken.

- Beenden Sie die Montage in umgekehrter Reihenfolge und ziehen die neuen Schrauben mit 45 Nm an.

Rücksitze demontieren

Rücksitzkissen demontieren

- Richten Sie die entsprechende Sitzbank im 90°-Winkel auf und ...
- ... lösen beide Halteklammern (Pfeile). Jetzt können Sie das Sitzkissen aus dem Auto nehmen.

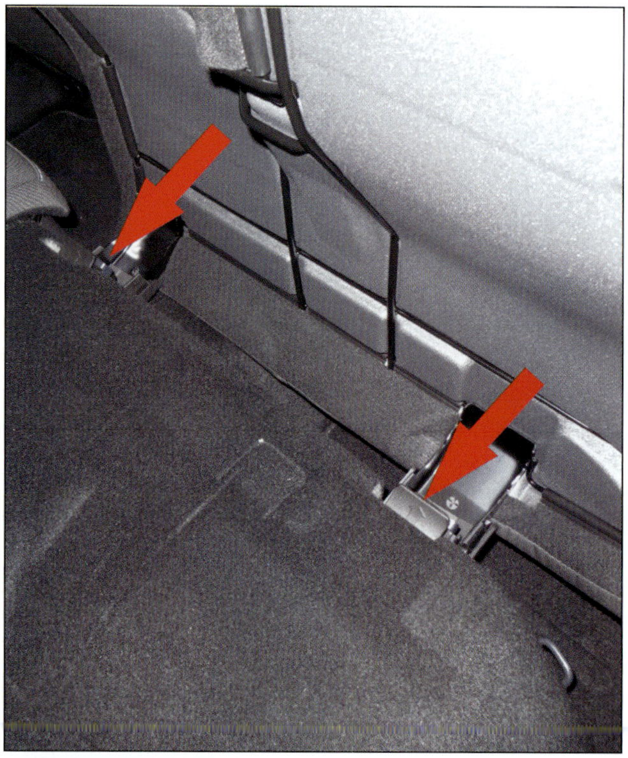

Senkrecht stellen: Klammern lösen vom entsprechenden Sitzkissen.

Rücksitzlehne demontieren

- Demontieren Sie das Sitzkissen.

- Ziehen Sie beidseitig beide Scharnierverkleidungen (Pfeil) von der Rücksitzlehne ab und legen sie beiseite.

- Klappen Sie die schmalere Rückenlehne nach vorn und legen den Sicherheitsgurt zur Seite.

- Jetzt drücken Sie mit einer Hand auf den Drehpunkt der Lehne und ziehen gleichzeitig das Polster aus der Verankerung heraus.

- Erledigt? Demontieren Sie nun die drei Gurtschlösser (zwei Muttern), wiederholen Sie die Arbeit auf der anderen Seite.

Einfach abziehen: die Verkleidung am Drehpunkt der entsprechenden Sitzkissen.

Innenraumleuchten (je nach Ausführung) wechseln

Werkzeug:
Schlitzschraubendreher.

- Schließen Sie die Türen. An den Innenleuchten liegt nun keine Spannung mehr an.
- Hebeln Sie das Lampenglas mit einem flachen Schraubendreher aus dem Lampenrahmen und ziehen die alte Soffitte aus der Fassung.
- Die neue Leuchte drücken Sie einfach wieder in die Lampenfassung.
- Beenden Sie die Arbeit in umgekehrter Reihenfolge.

Mit einem Schlitzschraubendreher abziehen: das Lampenglas der Innenleuchte.

Gepäckraumleuchte wechseln

- Hebeln Sie das Lampengehäuse mit einem flachen Schraubendreher vorsichtig aus der Gepäckraumverkleidung. Danach tauschen Sie die Birne.

Make-up-Spiegelbeleuchtung erneuern

- Hebeln Sie mit einem flachen Schraubendreher die entsprechende Lampenabdeckung aus der Sonnenblende und ziehen die defekte Birne aus der Fassung.
- Setzen Sie die neue Lampe ein und beenden die Arbeit in umgekehrter Reihenfolge.

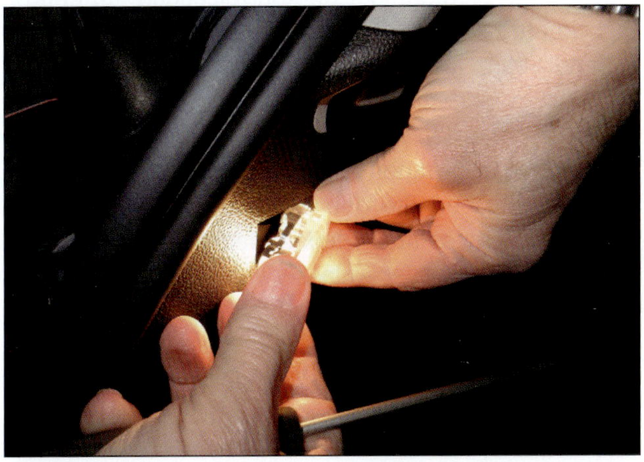

Schnell erledigt: die Gepäckraumleuchte tauschen.

Die Schalter

Im Astra-J sind unterschiedliche Schaltertypen verbaut: Rechts und links der Lenksäule reichen die Betätigungshebel des Lenkstockschalters aus der Lenksäulenverkleidung. Opel tituliert den Schalter »Lenksäulenelektronikmodul«. Das Heizgebläse und die Luftverteilung aktivieren Sie – je nach Ausstattung – mit Dreh- bzw. Druckschaltern von der Mittelkonsole aus.
Die elektrischen Fensterheber setzen Tippschalter von den Türarmlehnen aus in Gang. Druckschalter steuern dagegen die Nebelschlussleuchte, die Zusatzscheinwerfer sowie die beheizbare Heck- und Frontscheibe. Mit etwas Geschick wechseln Sie defekte Kipp- und Druckschalter in eigener Regie, ansonsten beauftragen Sie Ihren Opel-Händler damit. So auch mit dem Tausch der Lenkrad- und Lenkstockschalter, da kommt zwangsläufig der Airbag mit ins Spiel …

Aktiviert die Wegfahrsperre automatisch – das Lenkschloss

Mit dem entriegelten Lenkschloss deaktivieren Sie binnen Sekundenbruchteilen die automatische Wegfahrsperre und geben dem Start-/Stoppschalter grünes Licht. Mit abgezogenem Zündschlüssel deaktivieren Sie den Schalter und nach etwa einer halben Lenkraddrehung zusätzlich noch das Lenkradschloss.
An der Lenkschlossmechanik treten erfahrungsgemäß nur selten Störungen auf. Bei älteren Autos verkleben, bzw. korrodieren schon mal die Kontakte auf der Schlossplatte. Wenn die Kontaktflächen bereits total

zerfressen sind, haben Sie schlechte Karten, das gesamte Lenkschloss steht dann zum Austausch an. Beauftragen Sie Ihren Opel-Händler mit der Arbeit.

Bestandteil der elektronischen Wegfahrsperre – Lenkradschloss und Zündschlüssel

Einmal aktiviert setzt die Wegfahrsperre den Starter so lange außer Dienst, bis ein codierter Schlüssel sie deaktiviert. Die Betonung liegt auf codiert, denn der Schlüssel – ein Unikat – trägt einen Minisender mit eigenem Code im Schlüsselgriff.
Bei Funktionsstörungen der Wegfahrsperre sollte Ihr Anfangsverdacht zunächst also auf den Zündschlüssel fallen. Er nämlich deaktiviert die Wegfahrsperre beim Einschalten der Zündung automatisch. Währenddessen leuchtet die Wegfahrsperren-Kontrollleuchte im Kombiinstrument für etwa drei Sekunden und erlischt anschließend. Sollte das Lämpchen allerdings ca. eine Minute leuchten und danach unregelmäßig blinken, hat die Wegfahrsperre den Schlüsselcode nicht erkannt.
In dem Fall misstrauen Sie ruhig dem codierten Zündschlüssel. Ziehen Sie den Schlüssel kurzerhand aus dem Zündschloss und wiederholen den Startvorgang wie gehabt. Bleibt der Anlasser weiterhin stumm, liegt eine ernsthaftere Störung vor. Lassen Sie die Wegfahrsperre von Ihrem Opel-Händler checken.
Was Sie möglicherweise zur Weißglut treibt, erschwert übrigens unprofessionellen Langfingern gleichermaßen Besitz von Ihrem Astra zu ergreifen. Doch diebstahlgesichert wie Fort Knox ist der Astra nicht: Organisierte Autoschieber überlisten gängige Wegfahrsperren binnen kurzer Zeit mit Hightech-Software und einem handelsüblichen Tabletcomputer.

PRAXISTIPP

Zündschlüssel synchronisieren

Wie vorab beschrieben: Funktionsstörungen der Zentralverriegelung sind überwiegend auf einen unerkannten Zündschlüssel zurückzuführen. Sie können das Problem mit etwas Geschick in den meisten Fällen jedoch selbst beseitigen: Synchronisieren Sie Ihre Schlüssel (Sender) mit dem Empfänger.

- Schließen Sie nach dem Batteriewechsel die Fahrertür mechanisch mit dem Schlüssel auf.
- Aktivieren Sie die Zündung – der/die Schlüssel sind jetzt programmiert. Fertig!

Verhindert den Datenfluss – abgeschirmter Zündschlüssel

In der Praxis freilich kann es auch passieren, dass der elektronische Zündschlüssel seinen eigenen Code verfälscht. So zum Beispiel, wenn Sie den Schlüssel irgendwann als Flaschenöffner zweckentfremdet oder als provisorisches Schlagwerkzeug missbraucht haben. Zudem verwirren die Schlüsselelektronik mitunter auch andere Schlüssel oder Metallteile an Ihrem Schlüsselbund.
Guter Rat ist in dem Fall nicht teuer: Als aufmerksamer Fahrer bemerken Sie das Malheur an der Kontrollleuchte im Armaturenbrett. Ziehen Sie in dem Fall den Schlüssel einfach ab und starten nach rund fünf Sekunden erneut. Bringt nichts?! Dann starten Sie mit dem Ersatzschlüssel und lassen bei Ihrem Opel-Händler den Masterschlüssel neu codieren.

Schlüsselbatterie wechseln

Sollte, trotzt synchronisiertem Zündschlüssel, die Zentralverriegelung nicht funktionieren, ist meistens eine schlappe Batterie (Knopfzelle CR 2032) im Schlüsselgriff das Ärgernis. Wechseln Sie die Batterie einfach aus.

Klappschlüssel

- Stecken Sie einen passenden Schlitzschraubendreher möglichst weit in den Schlitz seitlich des Schlüsselgriffs. Drücken Sie den Schraubendreher so weit nach unten, bis der Batteriedeckel keinen Kontakt mehr zum Schlüssel hat.
- Tauschen Sie die alte Batterie und beenden die Arbeit in umgekehrter Reihenfolge. Achten Sie auf die Polarität, das »PLUS«-Zeichen zeigt nach oben.
- Die alte Batterie entsorgen Sie bitte umweltgerecht. Die Supermärkte oder Elektronikladenketten haben Batterierücknahmeboxen aufgestellt.

Den Schlüssel öffnen: um die Senderbatterie zu wechseln.

Die Zentralverriegelung

Die Zentralverriegelung öffnet und schließt alle Türen sowie die Heckklappe und Tankklappe mit kleinen Stellmotoren – vorausgesetzt, beide Vordertüren sind tatsächlich im Schloss. Ihre Astra-Türen reagieren übrigens auch ferngesteuert auf Knopfdruck: Der Sender sitzt im Zündschlüssel und die insgesamt vier Empfänger sind im Auto verteilt: Zwei in der Mittelkonsole, je einer unter der Rücksitzbank bzw. am hinteren Stoßfänger. Nur der Gepäckraum ist per Knopfdruck auch von innen oder mit dem Zündschlüssel von außen zu öffnen. Nicht so die Motorhaube, deren Schloss reagiert nur mechanisch auf einen Bowdenzug. Und da die Zentralverriegelung gleichfalls auch die Wegfahrsperre sowie die Innenraumbeleuchtung ansteuert, kommt Ihr Astra ohne herkömmliche Türkontaktschalter aus. Er begrüßt oder verabschiedet sie per Zeitrelais mit einem beleuchteten Innenraum …

Türgriff demontieren

Einerlei, ob Sie die vorderen oder die hinteren Türgriffe bei einem Viertürer demontieren – die Arbeitsschritte unterscheiden sich nur unwesentlich voneinander. Wir beschreiben die Arbeit exemplarisch am Beispiel eines vorderen Astra-Türgriffs.

Werkzeug:
Schlitzschraubendreher, Torx T20-Schraubendreher.

- Öffnen Sie die entsprechende Tür und hebeln den Blindstopfen (Pfeil) mit einem Schlitzschraubendreher aus dem Türprofil.
- Jetzt demontieren Sie die Befestigungsschraube der Schließzylinderabdeckung und drücken den Türgriff nach hinten, um ihn aus dem Innengriffgehäuse zu lösen.
- Nun können Sie den Türgriff vorsichtig aus der Türaußenhaut drehen. Achten Sie derweil auf den Anschlussstecker der Zentralverriegelung.
- Beenden Sie die Montage in umgekehrter Reihenfolge und ziehen die Schraube mit 9 Nm fest.

Zunächst den Blindstopfen lösen: von der Halteschraube im Türblatt.

Türverkleidung demontieren

Da die Arbeit bei allen Karosserievarianten nahezu gleich ist, beschreiben wir die Montageschritte am Beispiel des Fünftürers. Bevor Sie die Batterie abklemmen, fahren Sie das Seitenfenster bis zum Anschlag hoch und notieren den Radiodiebstahlcode. Falls Sie das vergessen, bleibt das Radio bzw. der Entertainmentbildschirm nach getaner Arbeit stumm oder dunkel...

WICHTIG: Damit das Sicherheitsrückhaltesystem Ihre Absicht nicht fälschlicherweise als Crash interpretiert, klemmen Sie vorab die Batterie ab und warten mindestens 15 Minuten.

Werkzeug:
Schlitzschraubendreher, Torxschraubendreher, breiter Spachtel.

- Knippen Sie das Fensterheber-Bedienpaneel (Pfeil) los. Sinnvollerweise hebeln Sie das leicht zerbrechliche Stück mit einem passenden Schlitzschraubendreher von vorn beginnend aus den Verankerungen. Trennen Sie die den Anschlussstecker vom Paneel.

- Anschließend hebeln Sie die äußere Haltegriffblende an insgesamt sieben Clipsen ab und legen die Verkleidung beiseite.

- Jetzt können Sie die drei Griffschrauben herausdrehen.

- Anschließend hebeln Sie mit einem Holzspatel oder stabilen Schlitzschraubendreher die Türinnenverkleidung vom Türrahmen ab. Rundum fixieren die Verkleidung sieben Klemmdübel.
  Beginnen Sie an der Unterseite und arbeiten sich Schritt für Schritt nach oben vor. Achten Sie darauf, dass die Dichtfolie möglichst nicht einreißt.

- Anschließend öffnen Sie den Zentralstecker und lösen die Türöffnermechanik von der Verkleidung.

- Um an die Türinnereien zu kommen, ziehen Sie die Türdichtfolie nur punktuell ab. Den Folienklebestreifen trennen Sie einfach mit dem Kunststoffmesser eines Einwegbestecks.

- Fassen Sie möglichst nicht auf die Kontaktränder der Folie bzw. die Klebeflächen, das würde die Klebe- und Dichtwirkung herabsetzen.

- Beenden Sie die Arbeit in umgekehrter Reihenfolge. Achten Sie rundum auf einen satten Sitz der Dichtfolie. Falls Sie der Dichtfläche misstrauen, tragen Sie besser sofort eine neue Acrylraupe auf und betten die Folie satt darin ein..

- Bei Fahrzeugen ohne ESP müssen Sie anschließend unbedingt den Lenkwinkelsensor neu kalibrieren.

Mit einem kleinen Schlitzschraubendreher ausknippen: Fensterheberschalter in der Türverkleidung.

Heckklappenverkleidung demontieren

Die Heckklappenverkleidung ist mit Klammern an der Klappe fixiert.

Werkzeug:
Torxschraubendreher, breiter Spachtel oder Schlitzschraubendreher.

- Öffnen Sie die Heckklappe und demontieren den Griff von der Verkleidung. Dazu knippen Sie mit einem kleinen Schlitzschraubendreher die beiden Blenden (Pfeile) von den Schrauben und lösen diese. Das Griffstück legen Sie danach beiseite.
- Lösen Sie anschließend beide Halteschrauben (Pfeile) und ziehen danach die Verkleidung aus den acht Clips.
- Ziehen Sie jetzt die beiden Haltebänder der Laderaumabdeckung von den seitlichen Kugelköpfen (Pfeil) ab und lösen links und rechts jeweils eine Schraube.
- Anschließend clipsen Sie die Verkleidungen, an jeweils drei Klammern, vom Fensterrahmen ab.
- Der Einbau erfolgt in umgekehrter Reihenfolge. Prüfen Sie die Klammern auf Beschädigungen und erneuern sie gegebenenfalls.

An zwei Schrauben demontieren: den Heckklappengriff.

Jeweils an drei Clips und einer Schraube montiert: die seitlichen Heckklappenverkleidungen.

Sitzen an der Verkleidung: zwei Torxschrauben. Die restlichen acht Clips sind an der Verkleidung rundum verteilt.

Sie möchten noch mehr individuelle Kommunikationsauswahl? Fehlanzeige ab Werk! Doch aus Internetforen leiten wir ab: Die Grenzen sind fließend – lesen Sie sich im Netz ein …
Sollte Ihnen freilich das ganze Angebot nicht zusagen, vertiefen Sie Ihr Wissen zielgerichtet in Handy- bzw. Smartphone-Shops. Oder Sie besuchen einen lokalen Stützpunkt der großen Infotainmenthandelsketten. Deren Experten kennen den Markt und lassen fast keine Frage unbeantwortet …
Für den Fall allerdings, Sie möchten in Ihrem Auto nur mal gelegentlich telefonieren, raten wir Ihnen zu einer technisch und finanziell überschaubaren Lösung: Greifen Sie zu Hardwarekomponenten, die mit ausklappbaren Mikrofonen bestückt an der Fahrersonnenblende zu montieren sind. Die Auswahl ist üppig.
Immer noch zu viel Hightech? Warum kommunizieren Sie nicht einfach alt bewährt mit Head Set – Schnur gebunden oder drahtlos? Bei dieser Lösung ist allerdings der Rufannahmeknopf wichtig: Er aktiviert in der Regel auch die Spracheingabe des Handys.

Multimediaanschluss nachrüsten – relativ schnell möglich

Wenn Sie den Segen von »Multimedia« beim Astra-Kauf unterschätzt haben, bieten Ihnen die großen Infotainment-Ketten, eventuell sogar Ihr Opel-Händler, spezielle Multimediaanschlüsse zum Nachrüsten an. Binnen einer Montagestunde schließen Sie Ihren CD-Player, MP3-Player, Ihr Smartphone oder einen iPod an. Und die Musikboxen, sie verschwinden entweder in einer der diversen Astra-Ablagen oder unsichtbar im Handschuhfach. Natürlich können Sie auch die vorhandenen Lautsprecher in Ihrem Astra dafür nutzen.

Schnell zu installieren: Multimediaanschlüsse mit Aux-In- Buchse zu vertretbaren Kosten.

Elektrische Fensterheber*

Störung	Was kann das sein?	Was kann ich tun?
A Fensterheber arbeitet nur in eine Richtung.	**1** Schalter defekt.	Schalter auswechseln.
B Seitenscheibe blockiert.	**1** Fensterführungen zu eng – Sicherung durchgebrannt.	Seitenscheibe in den Führungen gängig machen, Sicherung erneuern.
	2 Motor läuft nicht an – Sicherung o. k.	Behelfsmäßig Spannung an Motor legen. Falls der Motor funktioniert, ist die Zuleitung defekt. Andernfalls Motor auswechseln.
C Seitenscheibe öffnet oder schließt zu langsam.	**1** Seitenscheibe verklemmt in den Führungen.	Laufspiel prüfen und ggf. korrigieren. Neue Fensterführungen montieren.
	2 Zu starke Reibung in der gesamten Mechanik.	Mechanik ohne Seitenscheibe auf Gängigkeit überprüfen, ggf. erneuern.
	3 Kabelverbindungen defekt oder oxidiert.	Überprüfen, reinigen, ggf. auswechseln.
	4 Schalter defekt oder oxidiert.	Überprüfen, ggf. auswechseln.
D Seitenscheibe öffnet oder schließt im oberen Bereich zu langsam.	Siehe C1.	

*Die Fensterheber arbeiten nur bei eingeschalteter Zündung.

Zentralverriegelung

Störung	Was kann das sein?	Was kann ich tun?
A Verriegelung funktioniert nicht.	**1** Sicherung durchgebrannt.	Erneuern.
	2 Servomotor(en) defekt.	Funktion überprüfen, ggf. auswechseln.
	3 Verkabelung unterbrochen.	Überprüfen, ggf. erneuern (lassen).
B Schlösser werden entriegelt, aber nicht verriegelt.	**1** Siehe A2.	
	2 Mehrfachstecker an Motor oder Türkasten locker oder oxidiert.	Festen Sitz kontrollieren, ggf. reinigen.
	3 Schalter im Servomotor defekt.	Durchgangsprüfung an den entsprechenden Motorklemmen durchführen.
C Schlösser werden verriegelt, aber nicht entriegelt.	**1** Siehe A2.	
	2 Siehe B2 und 3.	
D Eines der Schlösser funktioniert nicht.	**1** Siehe B2.	
	2 Kabel- bzw. Steckverbindung am Servomotor oder Türkasten fehlerhaft.	Überprüfen, ggf. instand setzen.
	3 Mechanische Übertragungsteile klemmen.	Teile auf Funktion überprüfen und festen Sitz kontrollieren. Ggf. Teile etwas einfetten, verschlissene Teile auswechseln.

Intelligent gemacht

Aktuelle Sicherheitsstandards erfüllen die Astra-J-Varianten mit beruhigenden Sicherheitsreserven. Ihre Karosserien schlucken einen Großteil der Verformungsenergie in Computer-strukturierten Lastpfaden. Die Rohbaukomponenten bestehen zu rund 60 Prozent aus hoch- und höherfesten Stählen. Anti Dive-Vordersitze, diverse Airbags sowie Dreipunktgurte mit Gurtstraffern und Gurtkraftbegrenzern erhöhen auf allen Plätzen die Überlebenschancen in Crashsituationen.

Ein mitentscheidender Faktor für den relativ hohen Sicherheitsstandard der Astra-Karosserievarianten gebührt dem modernen Materialmix ihrer Aufbauten. Im Wechselspiel mit großformatigen Trägerstrukturen und gezielt konzipierten Verstärkungen kräftigen hochfeste Stahlbleche die Rohkarosserie des kompakten Blitzmobils. Eine Tatsache, die den Fahrgästen nicht nur im Crashfall zugute kommt, sondern auch in kritischen Fahrsituationen die Fahrstabilität entscheidend sichert.
Anlässlich eines Frontalaufpralls vernichten der Vorbau, mitsamt Fahrschemel und Vorderachse den agressivsten Teil der einwirkenden Verformungskräfte. Im oberen Karosseriebereich verteilen sich die Energien in Richtung der A-Säulen, von dort aus geht's weiter über Türschachtverstärkungen nach hinten. Anlässlich eines Seitenaufpralls trotzen dem Unfallgegner solide Türen mit hochfesten Seitenaufprallträgern und Sicherheitsverhakung, verstärkte B-Säulen und der Instrumententräger zwischen den A-Säulen. Auch die Dachkonstruktion gleichwie die Bodengruppe sind so konzipiert, dass die Fahrgastzelle möglichst lange und weitgehend unversehrt erhalten bleibt.
Ähnliches gilt für den hinteren Deformationsbereich. Dort vernichten längs verlaufende Trägerprofile, die Seitenwände sowie der Gepäckraumboden mitsamt diverser Verstärkungen den Löwenanteil der Verformungskräfte. Die immer noch überschüssige Kraft verteilt sich gezielt im Aufbau. Für den Fall, dass der Astra die Bodenhaftung gänzlich verlieren sollte, halten geschickt profilierte Säulen und Traversen die Dachhaut auf gebührliche Distanz zu den Insassen.

Serienmäßig mit an Bord – sechs Airbags, pyrotechnische Gurtstraffer, Gurtkraftbegrenzer, Anti Dive-Sitze, Pedal Release-System

Darüber hinaus sind zeitgemäße Sicherheitssysteme mit an Bord. Doch die Grundlage all der Goodies ist eine hochfeste Fahrgastzelle, die allen Bordmitgliedern im Fall der Fälle einen möglichst großen Überlebensraum bereit hält. Dazu sind an den relevanten Strukturpunkten des Aufbaus unter anderem hochfeste Stähle integriert. Zusätzlich gewährleisten sechs Airbags bestmöglichen Rundumschutz – auf allen fünf Plätzen. Die Seitenairbags arbeiten mit zwei Luftkammern. Das minimiert gleichermaßen die Gefahr von Becken-, Unterleibs- und Oberkörperverletzungen.

Die Opel Plattform-Strategie

WISSENSWERTES

Automobilinsider bezeichnen als Plattform eine nahezu identische, technische Basis unterschiedlicher Modellvarianten. Die Praxis zeigt jedoch, dass die Plattform nur untergeordneten Einfluss auf die modellspezifische Erscheinung, also die endgültige Karosserieform hat. Dennoch, die pekuniären Vorteile konsequent angewandter Plattformstrategien sind gravierend: Daraus resultierende Synergieeffekte schaffen, sowohl in der Entwicklungs- als auch in der späteren Produktionsphase verwandter Modelle, massive Kostenvorteile. Für plattformverwandte Modelle laufen beispielsweise alle Sicherheits- und Crashtests gemeinsam ab. Die wohl häufigsten Attribute einer gemeinsamen Plattform sind das Fahrwerk und der Antrieb. Zudem schicken global auftretende Hersteller nahezu identische Typen, lediglich mit unterschiedlichen Markenlogos, ins Rennen. »Umgelabelte«, also umbenannte Modelle schöpfen die praktischen Sparpotenziale noch effizienter als lupenreine Plattformklone aus. Opel hat das längst erkannt und nutzt daher im weltweiten GM-Baukasten möglichst viele gleiche Plattformen bzw. möglichst viele »umgelabelte« Modelle.

Über die gesamte Innenraumlänge zwischen A- bis C-Säule reichen die Kopfairbags im Astra. Da haben Fahrer und Copilot die gleichen Voraussetzungen wie die in der Kompaktklasse oftmals noch vernachlässigten Hinterbänkler.
Natürlich geht auch im Astra-J nichts ohne Dreipunktsicherheitsgurte. Auf den Frontsitzen sind Gurtstraffer und Gurtkraftbegrenzer mit im Spiel. Aktive Kopfstützen vorne gibt's in Verbindung mit der Option Ergonomiesitze. Im Fond halten Dreipunktgurte die Mitfahrer auf Distanz zur Frontscheibe.

Auf hohem Niveau – der Astra-Vorderwagen mit computerberechneten Lastpfaden

Ein entscheidender Faktor für den hohen Astra-Sicherheitsstandard ist seine weitgehend torsionssteife Fahrgastzelle. Die Karosseriefrontstruktur des Astra absorbiert auftretende Zerstörungskräfte in Computerberechneten Deformationszonen. Während eines Frontalcrashs schluckt der Vorderwagen als Hauptlastpfad die meiste Energie. Durchaus gewollt verteilen sich die Verformungskräfte im oberen Karosseriebereich in Richtung der A-Säulen. Von dort aus geht's weiter über die Türschachtverstärkungen nach hinten. Den unteren Lastpfad bildet der Fahrschemel, dessen aufwändige Profilstruktur den größten Teil der anfallenden Crashenergie vernichtet.

Zudem sind unter der Motorhaube des Astra-J die meisten Aggregate und mechanischen Baugruppen so angeordnet, dass sie die programmierte Verformung der Karosseriestruktur begünstigen, bei einer Kollision jedoch nicht in den Innenraum eindringen. Der gesamte Antriebsblock schränkt den Überlebensraum der Insassen also nicht nennenswert ein. Er taucht stattdessen unter die Bodengruppe ab.

Stabile B-Säulen und widerstandsfähige Türen halten bei einem Seitenaufprall den Kontrahenten möglichst weit von der Fahrgastzelle fern. Während eines Heckaufpralls hindert die stabil in der Bodengruppe verankerte Heckbank das Ladegut daran, in den Passagierraum zu katapultieren.

Im Dienste der passiven Sicherheit – der Astra-Insassenschutz

Dank modernster Komponenten bietet das Astra-Insassenschutzsystem ein Höchstmaß an passiver Sicherheit. Es setzt gleichermaßen auf Elektronik und Mechanik. Ein im Vorderwagen montierter Crashsensor erfasst dazu im Millisekundenbereich die Art des Unfalls sowie die zu erwartende Intensität des Aufpralls. Daraufhin lösen auf den besetzten Plätzen die Airbags mitsamt der Gurte aus.

Selbstverständlich verreist im Astra auch der Nachwuchs bequem und gut gesichert. Die Fondbank ist mit ISOFIX-Halterungen ausgerüstet.

Qualität und Wirtschaftlichkeit

Hinsichtlich Qualität, Zuverlässigkeit und Robustheit standen bislang alle Astra-Jahrgänge gut da: Die Käufer profitieren von sinnvollen Serviceintervallen mit re-

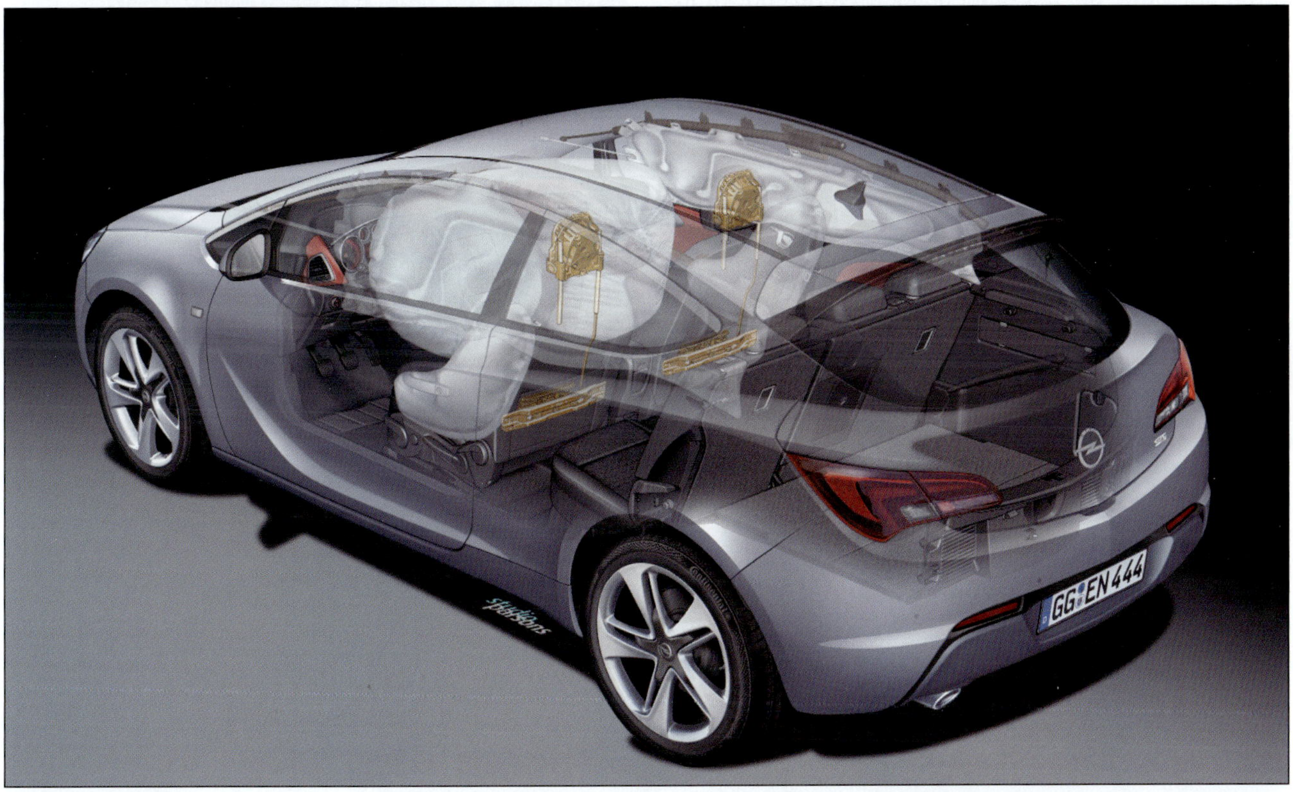

Solide abgesichert: Im Astra-J sind sechs Airbags maßgeblich mit am Insassenschutz beteiligt. Die Seitenairbags arbeiten mit zwei Luftkammern. Das minimiert gleichermaßen die Gefahr von Becken-, Unterleibs- und Oberkörperverletzungen. Über die gesamte Innenraumlänge zwischen A- bis C-Säule reichen die Kopfairbags. Natürlich kommen auch Dreipunktsicherheitsgurte im Astra zum Zug: Auf den Frontsitzen sind Gurtstraffer und Gurtkraftbegrenzer mit im Spiel. Aktive Kopfstützen vorne gibt's in Verbindung mit der Option Ergonomiesitze. Im Fond halten Dreipunktgurte die Mitfahrer auf Distanz zur Frontscheibe.

lativ geringen Wartungsumfängen. Solide Voraussetzungen also, um die laufenden Unterhaltskosten zu minimieren. Hohe Wertbeständigkeit verspricht gleichfalls die langzeitgeschützte Karosserie mit einem mehrstufigen Farb- und Korrosionsschutzauftrag. Das Anti-Rost-Paket beinhaltet unter anderem galvanisch verzinkte Bleche, Sprühphosphatierung, elektrostatisch aufgetragenen Primer, Füller, Grundierung, eine Hohlraumversiegelung, PVC-Unterboden- und Steinschlagschutz, rosthemmend versiegelte Karosserieverbindungsstellen und Kunststoffinnenkotflügel.
Aufwandsgemäß gewährt Opel eine zwölfjährige Garantie gegen Durchrostung. Ein weiteres Pfund für Astra-Fahrer: die zweijährige Neuwagen-Herstellergarantie mit weit über die gesetzlich vorgeschriebene Gewährleistung hinausreichenden Versprechen.

Arbeiten an der Karosserie

Die meisten in diesem Kapitel beschriebenen Reparaturen erledigen Sie mit einer soliden Werkzeuggrundausstattung. Motorhaube, Heckklappe und Türen sind jedoch, obwohl kompaktformatig, ziemlich sperrig. Spannen Sie anlässlich dieser Arbeiten also einen Helfer mit ein. Und sogleich noch ein Tipp: Die Montage von Motorhaube, Heckklappe und Türen geht Ihnen leichter von der Hand, wenn Sie vorab mit einem wasserfesten Filzschreiber deren ursprüngliche Position anzeichnen.

Arbeiten an der elektrischen Anlage

Früher oder später konfrontieren Sie Karosseriearbeiten zwangsläufig mit elektrischen oder elektronischen Komponenten. Klemmen Sie vor diesen Arbeiten grundsätzlich immer die Batterieminusklemme ab.
Währenddessen beachten Sie bitte: Eine abgeklemmte Batterie wertet der Bordrechner als Eingriff in die Bordelektronik! Demzufolge müssen das Motormanagement sowie diverse elektrische Bordverbraucher, zum Beispiel das Radio, erst wieder regenerieren bzw. neu animiert werden. Nähere Hinweise zum Thema Batterie ab- und anklemmen entnehmen Sie bitte dem Kapitel »Elektrik«.

Arbeiten an der Klimaanlage (AC)

Lassen Sie zu Karosseriearbeiten die Komponenten der Klimaanlage möglichst unberührt. Öffnen Sie den Kühlmittelkreislauf bitte nicht: Austretendes Kühlmit-

Klimaanlage: Die AC-Komponenten vertragen keine hohen Temperaturen. Das Kältemittel evakuieren Sie bei Arbeiten an der Klimaanlage oder in ihrem Umfeld generell NICHT selber!

Profi-Rat: Bevor Sie neue Bleche einsetzen oder andere Schweißarbeiten vornehmen, legen Sie eine Probenaht und stellen währenddessen Ihren Schweißautomaten genau auf das Material ein. Der zusätzliche Aufwand lohnt – Schweißprofis wissen das längst...

Karosse im Rohbau: Schweißroboter sind immun gegen Zinkoxid. Dennoch werden die giftigen Dämpfe direkt am »Tatort« abgesaugt und umweltverträglich gewaschen.

tel malträtiert Ihre Haut mit schlimmen Erfrierungssymptomen. Muten Sie dem Verdichter, Verdampfer und den Zuleitungen, beispielsweise bei Schweiß- oder Lötarbeiten, gleichfalls keine hohen Temperaturen zu. Besser noch, Sie verstehen unseren Hinweis gleich als Tabu für Schweiß- oder Lötarbeiten im Umfeld der AC! Es sei denn, ein Fachbetrieb hat für Sie das Kältemittel vor Arbeitsbeginn bereits evakuiert.

Schweißarbeiten an der Karosserie

Bei den meisten Karosserieschweißarbeiten ist Widerstandspunktschweißen erste Wahl. Ab Werk fügen den Astra mehr als 2100 Schweißpunkte zu einem stabilen Ganzen zusammen. Diese Präzision ist natürlich bei Karosseriearbeiten an der heimischen Werkbank nicht mehr haltbar. In der Regel erledigen Sie Ihre Karosseriearbeiten ohnehin mit einem Schutzgasschweißgerät. Das provoziert mitunter gesundheitliche Probleme. Denn ein Teil der Karosserie ist verzinkt. Hohe Temperaturen und Zink reagieren negativ aufeinander – im Zusammenwirken entsteht Zinkoxid. Zinkoxiddämpfe sind hoch toxisch! Sorgen Sie also für eine gute Belüftung des Arbeitsplatzes und führen Schweißarbeiten niemals ohne geeignete Atemschutzmaske aus. Bei Arbeiten mit dem Winkelschleifer entsteht Zinkoxid übrigens auch – zumindest dann, wenn Sie verzinkte Oberflächen flexen.

Es muss nicht gleich ein Neuteil sein – Kunststoffteile reparieren

Demolierte Kunststoffteile, etwa Stoßfänger oder Frontmasken, müssen nicht gleich Neuteilen weichen. Oftmals ist das Schadteil auch zu reparieren. Untersuchungen der Automobilhersteller, von Autoversicherern und Prüforganisationen wie TÜV oder DEKRA attestieren: »Fachgerecht reparierte Kunststoffteile sind Neuteilen in Funktion, Stabilität und Optik gleichzu-

Kennzeichnungspflichtig: alle industriellen Kunststoffteile ab zwei cm².

stellen«. Dementsprechend haben nahezu alle Automobilproduzenten Reparaturfreigaben für Kunststoffformteile erteilt. Gut so: Reparierte Teile sind bis zu 50% günstiger als Neuteile.

Da Sie als gewiefter Schrauber die Reparatur, bis auf partielle Lackierarbeiten, ohnehin selbst ausführen, schlummert da reichlich Sparpotential. Bevor Sie allerdings richtig loslegen, informieren Sie sich im guten Fachhandel über das erforderliche Reparaturset. Das Angebot an Kunststoffreparatursets ist mittlerweile so reichhaltig, dass die Offerten auf den ersten Blick für Sie wahrscheinlich nicht mehr überschaubar sind.

Recherchieren Sie vor allem die Materialbeschaffenheit des zu reparierenden Kunststoffteils. Die meisten Kunststoffe tragen auf der Rückseite einen Materialstempel. Suchen Sie also den Stempel und kaufen das zum Material passende Reparaturset. Ganz auf Nummer sicher gehen Sie natürlich, wenn Sie vorher den Rat Ihres Fachverkäufers oder, besser noch, eines Karosseriebauers einholen.

Das schaffen Sie locker ...

Auf den folgenden Seiten beschreiben wir ausschließlich Arbeitsschritte, die Sie mit einigem Talent in Eigenregie bewerkstelligen. Doch Ihr handwerkliches Geschick in allen Ehren: Verheben Sie sich nicht an altem Blech!

Anders gesagt – trauen Sie sich nur solche Arbeiten zu, die Ihnen wirklich leicht von der Hand gehen. Ansonsten lassen Sie Ihren Opel-Händler oder einen professionellen Blechklopfer Hand anlegen.

Die relativ reparaturfreundliche Karosseriestruktur erbte der Astra übrigens von seinen Vorgängern. Als Do-it-Yourselfer werden Sie die Tatsache natürlich schätzen: Spätestens wenn nach einer Verkehrsrempelei ein neuer Stoßfänger, eine Tür, ein Kotflügel, die Motorhaube oder eine neue Heckklappe zum Tausch anstehen.

Karosseriewartungsarbeiten – verlängern die Lebensdauer

Vor dem Hintergrund Dauerhaltbarkeit ist zum Beispiel ein regelmäßiger Check des Unterbodenschutzes und des Decklacks sinnvoll investierte Zeit. Je früher Sie dort Schäden entdecken, umso preisgünstiger wird die erforderliche Reparatur.

Machen Sie es sich zur Gewohnheit, den Unterboden alljährlich vor dem Winter und zum Frühjahr hin auf Steinschlagschäden zu checken. Seien Sie besonders wachsam an Stellen, denen der Straßendreck besonders dick anhaftet. Schauen Sie auch unterhalb der Radläufe, also in den Radhäusern, nach dem Rechten – vergessen Sie auch die Holme, Schweller und Traversen nicht. Schadhafte Stellen, sofern sie nicht schon zu groß geworden sind, bessern Sie einfach mit handelsüblichen Produkten aus. Das Angebot an Sprühfla-

GEFAHRENHINWEIS

Karosseriearbeiten – das sollten Sie vorab beachten

Klemmen Sie vor ALLEN nennenswerten Karosseriearbeiten die Batterie ab. Räumen Sie danach den Airbag- sowie den Gurtstrafferkondensatoren weitere 30 Minuten ein, um sich zu entladen. Falls nicht, interpretieren die Sensoren irrtümlich schon leichte Hammerschläge oder Schlagschraubervibrationen als Unfall und zünden mitunter unvermittelt und grundlos.

Bleiben Sie besser auch geklebten Karosseriescheiben fern. Als konstruktive Karosserieelemente sind sie ein typischer Fall für die Werkstatt. Überlassen Sie kleinere Steinschläge nicht ihrem Schicksal, sondern möglichst schnell dem Scheibenprofi. Der füllt die Scheibenkrater mit Spezialharz. Fachmännisch ausgeführt, ist die behandelte Scheibe hinsichtlich Stabilität und Transparenz einer Neuscheibe wieder ebenbürtig. Ihre Kaskoversicherung übernimmt die Reparaturkosten übrigens in vollem Umfang.

schen ist riesengroß. Achten Sie nur darauf, dass der gekaufte Korrosionsschutz mit dem vorhandenen Material harmoniert.
Ähnlich akribisch inspizieren Sie die Lackoberfläche Ihres Astra. Öffnen Sie dazu alle Türen und Hauben. Achten Sie besonders auf die Karosseriefalzen sowie die Bereiche unterhalb der Tür- bzw. Haubendichtungen. Erfahrungsgemäß hat der Rost dort leichtes Spiel mit dem Decklack, wo zwei Karosseriebleche gegeneinander stoßen, verklebt oder gepunktet sind. Entdecken Sie dort Handlungsbedarf, fackeln Sie nicht lange und bessern die Schadstellen mit einem Lackstift oder Reparaturfarbset aus. Bei größeren Schadstellen im Außenbereich, speziell der Motorhaube, wägen Sie besser ab: Mitunter ist ein Lackprofi oder Lackdoktor nämlich die bessere, weil preisgünstigere Wahl.

Qualitätssicherung: Schon während der Produktion sind viele Maschinen auf Qualitätskotrolle geeicht.

Windlauf/Wasserabweiser demontieren

Werkzeug: 15-mm-Nuss, Ratsche.

- Zeichnen Sie die Lage der Wischerblätter mit einem Filzstift auf der Scheibe an.
- Demontieren Sie danach die beiden Wischerarme wie beschrieben, ...
- ... lösen die vier Schrauben (Pfeile) des Windlaufs und ziehen das Kunststoffteil senkrecht aus der unteren Einfassung der Scheibendichtung.
- Beenden Sie die Montage in umgekehrter Reihenfolge und lassen den Wischer kurz zur Probe laufen..

Mit vier Schrauben fixiert: der Windlauf/Wasserabweiser unterhalb der Motorhaube.

Außenspiegel demontieren

Werkzeug:
Schlitzschraubendreher, 10-mm-Nuss, Ratsche.

- Klemmen Sie das Batteriemassekabel ab und demontieren, wie beschrieben, beiden Blindstopfen im betreffenden Türrahmen.
- Lösen Sie den Außenspiegel an zwei Schrauben (Pfeile) und ziehen den Mehrfachstecker auseinander. Nehmen Sie das Spiegelgehäuse vorsichtig vom Türblatt ab.
- Beenden Sie die Montage in umgekehrter Reihenfolge, die beiden Spiegelschrauben sind mit rund 10 Nm fest.

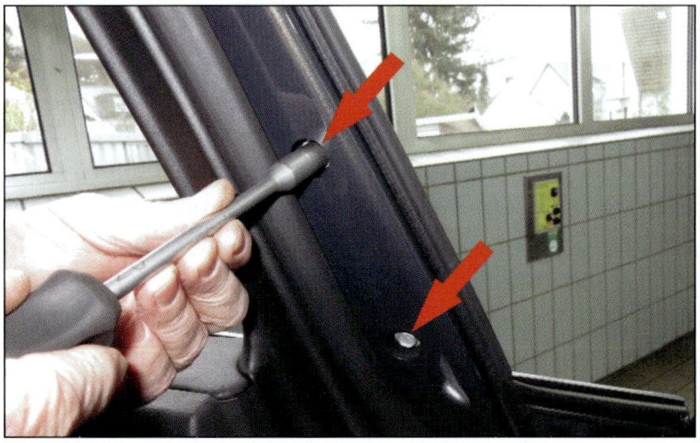

Schnell gewechselt: das Außenspiegelgehäuse.

Spiegelglas aus- und einbauen

Werkzeug:
Kunststoff- oder Holzkeil, Handschuhe, Schutzbrille

Vorsicht: Schützen Sie Ihre Hände mit Handschuhen und tragen Sie eine Schutzbrille. Schützen Sie auch das Spiegelgehäuse vor Beschädigungen mit einem Textilklebeband.

- Klappen Sie den Spiegel in Fahrtrichtung nach vorn und drücken das Glas möglichst an der inneren, oberen Ecke so weit ins Spiegelgehäuse hinein, dass Sie es auf der gegenüberliegenden Seite mit einem Spachtel oder Holzspatel aus der Halterung knippen können.
- Falls vorhanden, trennen Sie den Anschlussstecker vom defekten Glas.
- Zur Montage setzen Sie das Glas vorsichtig an und achten darauf, dass es hörbar in die Haltekäfige einrastet. Ein unvollständig fixiertes Spiegelglas überlebt das nächste Schlagloch nicht.

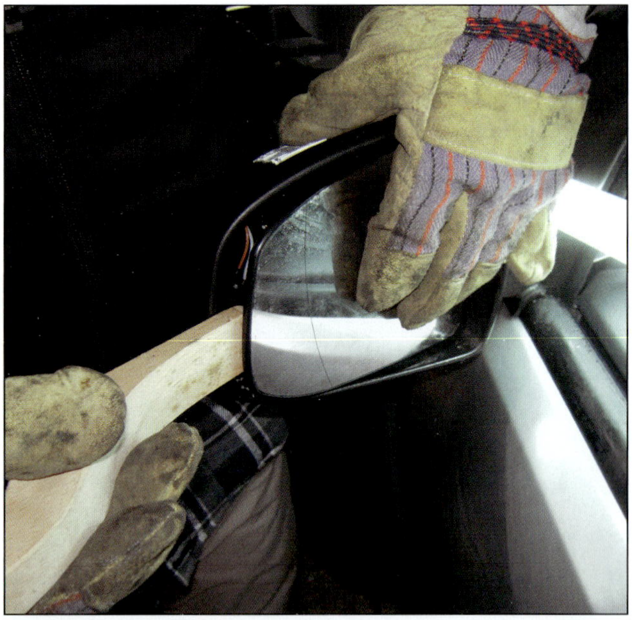

Vorsichtig erneuern: Gehen Sie anhand der Beschreibung Schritt für Schritt vor.

Motorhaube demontieren

Lassen Sie sich von einem Helfer assistieren.

Werkzeug: 10-mm-Nuss, Ratsche, Markierstift.

- Stützen Sie die geöffnete Motorhaube sicher ab und markieren die Scharnierstellung unterhalb der Haube mit einem Filzstift.
- Lösen Sie danach die Scharnierschrauben, heben die Haube ab und stellen sie beiseite.
- Komplettieren Sie die neue Motorhaube schon vor der Montage mit den Anbauteilen des Altteils.
- Danach legen Sie die neue Haube vorsichtig auf die Montageflächen und richten die Scharnierflächen an den Filzstiftmarkierungen aus. Verwenden Sie eine neue Motorhaube, müssen Sie die Montageposition natürlich erst ermitteln.
- Sobald Sie das erledigt haben, ziehen Sie die Scharnierschrauben handfest vor und passen die Motorhaube exakt ein.
- Dazu richten Sie die geschlossene Haube so auf dem Vorderwagen aus, dass zu beiden Kotflügeln das Spaltmaß stimmt.
- Danach egalisieren Sie die Haubenvorderkante zu beiden Kotflügeln.
- Im Idealfall stimmen bei geschlossener Haube auch schon die Fuge zum Windlauf und die Höhe zu beiden Kotflügeln.
- Falls nicht, wiederholen Sie den Vorgang so lange, bis Sie mit Ihrem Ergebnis zufrieden sind.

Motorhaube justieren

Werkzeug:
10-mm-Nuss, Ratsche, Markierstift.

- Richten Sie die Haube mit leicht vorgezogenen Scharnierschrauben (Pfeile) so aus, dass sie mit dem Stoßfänger fluchtet und die Spaltmaße zu beiden Kotflügeln gleich sind.
- Achten Sie auch auf die Haubenhöhe im Scharnierbereich. Falls die Haube dort nicht fluchtet, lösen Sie die Scharnierschrauben (Pfeile) und ziehen die Haube hoch bzw. senken sie im Umkehrschluss ab.
- Schließen Sie die grob eingestellte Haube und pressen mit beiden Händen die Haubenfläche bündig an die Kotflügel an.
- Dann öffnen Sie die Klappe vorsichtig und ziehen auf beiden Seiten die Scharnierschrauben gleichmäßig mit 22 Nm fest.
- Schließen Sie die Haube erneut und kontrollieren die Spaltmaße.

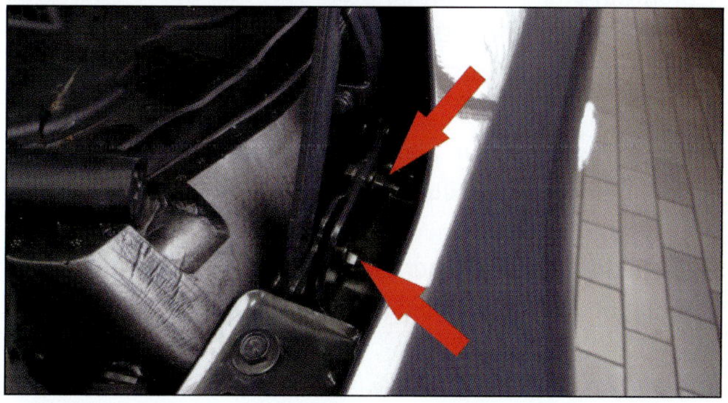

Scharnierpositionen anzeichnen: Dann klappt's später schneller mit den Spaltmaßen.

- Unzureichend? Dann drehen Sie beide vorderen Haubenanschlagpuffer ein.
- Lassen Sie nun die Haube erneut ins Schloss fallen, checken die Haubenstellung und korrigieren – falls erforderlich – die Höhe mit den Anschlagpuffern. Stellen Sie beide Puffer so ein, dass die geschlossene Haube unter leichter Vorspannung steht.
- Das ist erfahrungsgemäß dann gleichfalls auch die Grundstellung des Haubenschlosses.
- Wenn die Haube jetzt aus ca. 20 cm Höhe satt ins Schloss fällt, haben Sie gut gearbeitet. Aus geringerer Höhe muss zumindest der Sicherungshaken einrasten. Falls nicht, setzen Sie das Haubenschloss noch etwas höher.
- Beenden Sie die Arbeit in umgekehrter Reihenfolge.

Eventuell erforderlich: Motorhaubenniveau mit den Anschlagpuffern anpassen.

Radhausverkleidung demontieren

Werkzeug:
Torxschraubendreher, Schlitzschraubendreher, Zange.

- Ziehen Sie die Handbremse an, sichern zusätzlich die Hinterräder mit Unterlegkeilen, bocken den Vorderwagen auf und nehmen das betreffende Vorderrad ab.
- Falls Ihr Astra Schmutzfänger hat, demontieren Sie den entsprechenden Lappen (je fünf Klammern und Schrauben) aus dem Radlauf.
- Um die Radhausverkleidungen (Motiv 1, 2, 3) zu demontieren, hebeln Sie zunächst mit einem kleinen Schlitzschraubendreher den inneren Stift aus den sieben Dübeln (Pfeile). Die entspannten Dübel ziehen Sie komplett mit einer Zange aus der Verkleidung.
- Anschließend lösen Sie noch drei Torxschrauben (1) und nehmen die Verkleidung aus dem Radlauf.
- Beenden Sie die Demontage der Radhausverkleidung in umgekehrter Reihenfolge.

1

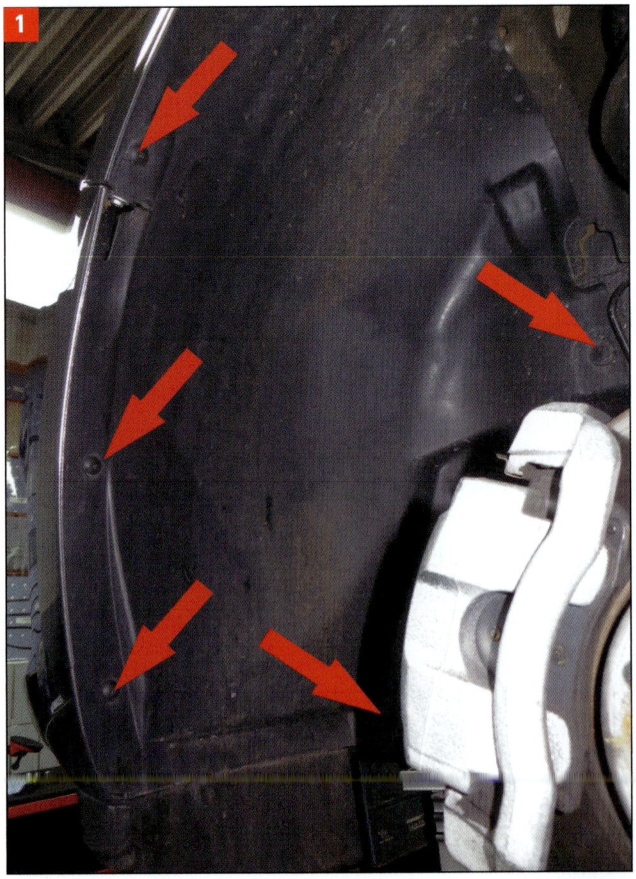

Mit drei Schrauben und sieben Dübeln fixiert: die vorderen Radhausverkleidungen.

Gehäuse Einfüllstutzen Kraftstofftank ersetzen

- Demontieren Sie, wie beschrieben, die rechte hintere Radhausverkleidung.

- Nun können Sie den Anschlussstecker der Tankverriegelung abziehen und den Einfüllstutzen nach außen vom Tankrohr ausclipsen. Fertig.

Tankklappe ersetzen

- Öffnen Sie die Klappe und ziehen sie vorsichtig aus den Scharnierhaltenasen. Die neue Klappe setzen Sie passgenau vor die Haltenasen und pressen sie mit leichtem Druck in die Haltenasen ein. Falls erforderlich passen Sie die Klappe noch dem Verlauf des Seitenteils an.

Kotflügel demontieren

Vorsicht: *Damit das Sicherheitsrückhaltesystem nicht ungewollt auslöst, klemmen Sie die Batterie mindestens 15 Minuten vor Arbeitsbeginn ab.*

Die Arbeit auf beiden Seiten ist nahezu gleich. Wir beschreiben die linke Seite.

Werkzeug:
Ratsche, 10er-Nuss, breiter Schlitzschraubendreher.

- Ziehen Sie die Handbremse an, sichern die Hinterräder zusätzlich mit Unterlegkeilen und bocken den Vorderwagen auf. Nehmen Sie das betreffende Vorderrad ab.

- Jetzt demontieren Sie, wie beschrieben, die Stoßfängerverkleidung, die Radhausverkleidung und den linken Scheinwerfer.

- Als Nächstes ziehen Sie die radhausseitige Isolierung von der A-Säule ab und nehmen sie aus dem Radhaus.

- Um die Führungsschiene (3) der Stoßfängerverkleidung zu demontieren, hebeln Sie zunächst mit einem kleinen Schlitzschraubendreher die inneren Stifte aus vier Dübeln (1). Die entspannten Dübel ziehen Sie komplett mit einer Zange aus der Verkleidung. Nachdem Sie noch die Schraube (2) gelöst haben, legen Sie die Führungsschiene beiseite.

- Nun lösen Sie an der A-Säule die Befestigungsschrauben (1, 2) und …

- … danach die restlichen Befestigungsschrauben (3) im Kotflügelfalz, am Stoßfänger und am Türschweller.

- Trennen Sie nun mit einem schmalen Spachtel bzw. scharfen Messer vorsichtig den mit dem Stehblech »verklebten« Kotflügel. Das Prozedere gelingt Ihnen besser, wenn Sie vorher die Fläche mit einem Heißluftgebläse oder leistungsfähigen Föhn temperieren: Der Unterbodenschutz bzw. die Dichtmasse wird dann flexibel und lässt sich leichter trennen.

- Danach ziehen Sie den Kotflügel vorsichtig nach vorne ab.

- Den neuen Kotflügel lackieren Sie bereits vor der Montage und schützen ihn an den Innenfalzen und im Kontaktbereich des Innenflügels gegen Rost.

- Am Vorderwagen reinigen Sie zudem sämtliche Kontaktflächen von der alten Dichtmasse und sonstigem Dreck. Arbeiten Sie mit einem Schaber oder scharfen Messer. Achten Sie jedoch darauf, dass Sie den Lack unversehrt lassen. Und zwar peinlich genau, ansonsten produzieren Sie Rostnester.

- Besser ist, Sie »bauen« die Lackschichten von Grund neu auf. Geben Sie jeder neuen Lackschicht jeweils genügend Zeit, um gut auszutrocknen.

- Bevor Sie den neuen Kotflügel auflegen, schließen Sie die Tür und richten den Flügel entsprechend zum Türfalz aus. Fixieren Sie den Kotflügel bis zur endgültigen Montage provisorisch mit zwei passenden Durchschlägen in »bequemen« Befestigungslöchern.

- Setzen Sie dann jeweils von der Mitte nach außen alle Schrauben an und ziehen sie handfest vor. Reinigen Sie vorher die Gewinde und fetten sie leicht ein. Checken Sie das Türspaltmaß und korrigieren es eventuell.

- Jetzt ziehen Sie im Kotflügelfalz die Schrauben von der Mitte zu den Rändern hin mit 9 Nm fest. Richten Sie den Kotflügel währenddessen immer wieder aus.

- Ähnlich verfahren Sie anschließend mit den Schrauben im Türschweller.

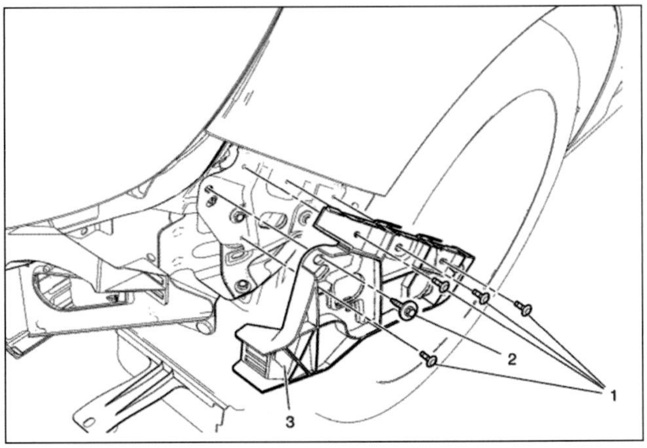

Mit einer Schraube und vier Dübeln fixiert: die äußere Führungsschiene der Stoßfängerverkleidung.

- Checken Sie nach jeder »festen« Schraube auch das Spaltmaß zur Motorhaube.

- Abschließend prüfen Sie sämtliche Spaltmaße und ziehen den Flügel endgültig fest.

- Beenden Sie die Montage in umgekehrter Reihenfolge. Vergessen Sie nicht, die Scheinwerfer einzustellen.

- Eventuell müssen Sie jetzt auch noch die Motorhaube neu justieren.

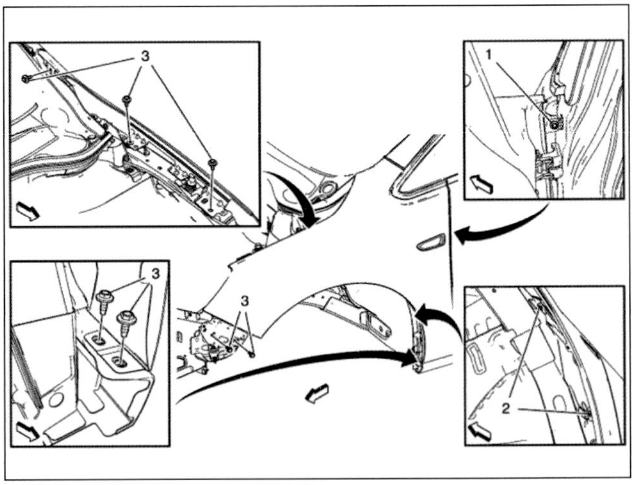

Zehnmal mit dem Vorderwagen verschraubt: der Kotflügel.

Stoßfängerverkleidung vorne demontieren

Um die Kotflügel möglichst nicht zu beschädigen, lassen Sie sich besser assistieren.

Werkzeug:
Schlitzschraubendreher, Torxschraubendreher.

- Bocken Sie den Vorderwagen auf und demontieren Sie den Stoßfänger von oben. Lösen Sie dazu sechs Torxschrauben(1) vom Kühlergrill.
- Anschließend lösen die untere Motorverkleidung an zwei Schrauben (2) und vier Clipsen (3).
- Lassen Sie den Vorderwagen ab und lösen auf beiden Seiten die Radhausverkleidungen an je drei Schrauben (4).
- Falls Ihr Astra Einparksensoren oder Nebelleuchten hat, ziehen Sie die Anschlussstecker ab. Vermeiden Sie es die Sensoren mit allzu starkem Druck aus dem Kunststoffgehäuse zu pressen.
- Anschließen lösen Sie den Stoßfänger (5), drücken auf beiden Seiten die Stoßfängerabdeckung von den Kotflügelfalzen ab und ziehen die Verkleidung vorsichtig mit einem Helfer vom Vorderwagen ab.
- Beenden Sie die Arbeit in umgekehrter Reihenfolge und richten, bevor Sie die Verkleidungsschrauben endgültig festziehen, den Stoßfänger zur Karosserie hin aus.

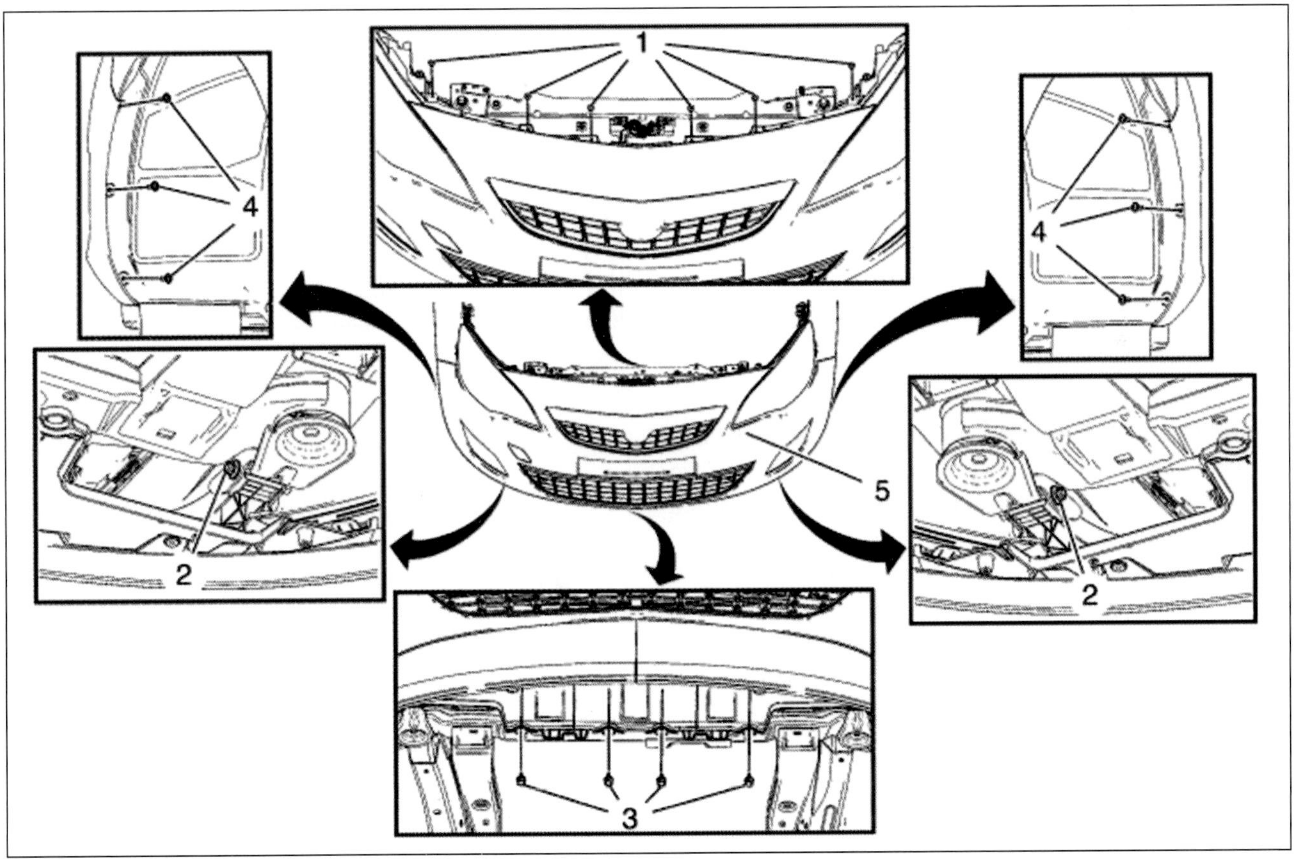

Von oben und unten zu lösen: die vordere Kunststoff-Stoßfängerverkleidung am Astra.

Stoßfängerverkleidung hinten demontieren

Um die Seitenwände möglichst nicht zu beschädigen, arbeiten Sie besser mit einem Helfer.

Werkzeug:
Torx Schraubendreher.

- Unterlegen Sie die Vorderräder mit Bremsklötzen, bocken den Hinterwagen auf, öffnen die Heckklappe und demontieren beide Rückleuchten wie beschrieben.

Kombi

- Lösen Sie beide Radlaufverkleidungen an jeweils drei Befestigungsschrauben (1) und demontieren unterhalb des Kombis die Stoßfängerverlängerung.

- Anschließend öffnen Sie die Kofferraumklappe und biegen den Stoßfänger (3) jeweils so weit zur Seite, dass Sie die Befestigungsschrauben (2) unterhalb der demontierten Rückleuchten lösen können.

Fließheck

- Demontieren Sie in beiden Radläufen jeweils die vier Oberen (1) und unterhalb der Stoßfängerverkleidung zudem noch zwei Befestigungsschrauben (2).

- Anschließend öffnen Sie die Kofferraumklappe und biegen den Stoßfänger jeweils so weit zur Seite, dass Sie die Befestigungsschrauben unterhalb der demontierten Rückleuchten lösen können.

Beide

- Falls vorhanden, trennen Sie unterhalb des rechten Bodenblechs die Elektrostecker, ziehen auf beiden Seiten die Stoßfängerabdeckung von der Seitenwand ab und ...

- ... ziehen danach die Verkleidung mit einem Helfer vorsichtig aus der Karosserie.

- Sollte die Kunststoffverblendung einen Unfall- oder Rangierschaden haben, zerlegen Sie die Blende Schritt für Schritt. Bohren Sie die seitlichen Verstärkungen ab und ziehen Sie die Lampen- sowie die Sensorgehäuse aus den Montageplätzen.

- Beenden Sie die Montage in umgekehrter Reihenfolge. Falls Sie eine neue Verkleidung verwenden, komplettieren Sie das Formteil mit den noch brauchbaren Einzelteilen der alten Blende und ...

- ... hängen die komplettierte Blende zunächst nur provisorisch vor die Karosserie und richten sie grob aus. Während der Endmontage gleichen Sie regelmäßig die Flucht und Spaltmaße aus.

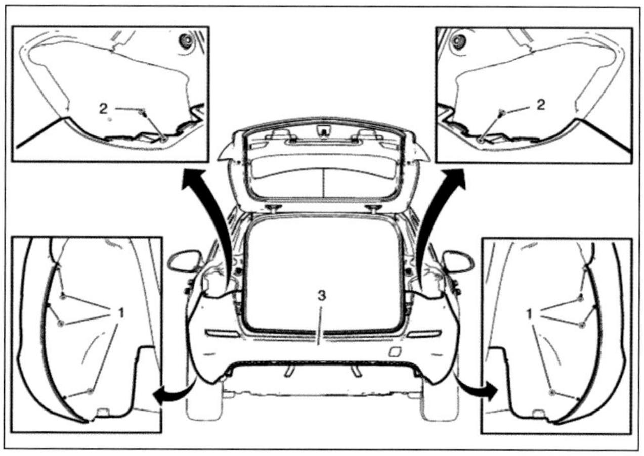

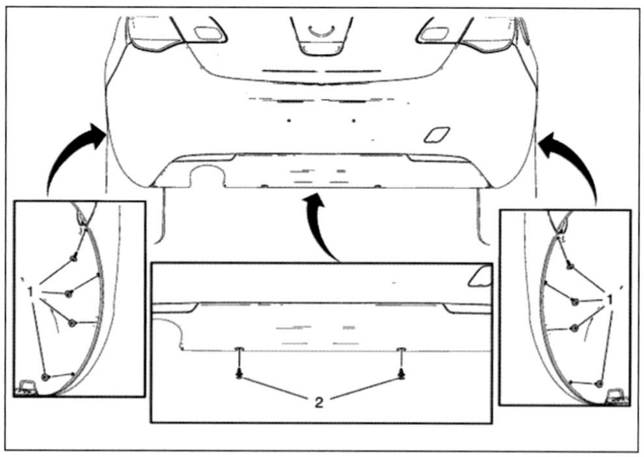

Sitzen unterhalb der Rückleuchte: die hinteren Stoßfängerbefestigungsschrauben.

Tür demontieren

Vorsicht: *Damit das Sicherheitsrückhaltesystem nicht ungewollt auslöst, klemmen Sie die Batterie mindestens 15 Minuten vor Arbeitsbeginn ab.*

Die Arbeit ist auf beiden Seiten und an allen Türen nahezu gleich. Wir beschreiben die linke Vordertür. Um Kratzer zu vermeiden, arbeiten Sie besser mit einem Helfer.

Werkzeug: Torxnuss, Schlitzschraubendreher, Ratsche, Markierstift.

- Klemmen Sie das Batteriemassekabel ab, öffnen die entsprechende Tür und zeichnen die Scharnierstellungen an der A-Säule an.
- Anschließend demontieren Sie, wie beschrieben, die Türverkleidung und trennen den Anschlussstecker. Jetzt ziehen Sie das Kabelende aus der Tür.
- Lösen Sie das Türfangband an der A-Säule (Pfeil) und schieben die Feststellerschiene in das Türblatt zurück.
- Spätestens jetzt wird Ihr Helfer aktiv. Er setzt einen Hydraulikwagenheber mittig unter dem Türblatt an.
- Um derweil die Tür zu schonen, schützen Sie die Kontaktfläche zwischen Heber und Türfalz mit einem Holz, inklusive Putzlappen.
- Sobald der Wagenheber die Tür spannungsfrei stabilisiert, hält Ihr Helfer das Türblatt in der Waage und Sie lösen die unteren und oberen Scharnierschrauben (Pfeil) an der Tür.
- Die gelöste Tür ziehen Sie jetzt vorsichtig vom Scharnier und stellen sie kippsicher beiseite.
- Beenden Sie die Montage in umgekehrter Reihenfolge.
- Um die Tür möglichst effizient auszurichten, ziehen Sie die vier Muttern zunächst handfest vor. Achten Sie darauf, dass Sie die Spaltmaße (vordere und hintere Nut 3,5 mm ± 0,75 mm, untere Nut 4,5 mm ± 1,5 mm, Scheibenrahmen 4,5 mm ± 1 mm) möglichst exakt einhalten.
- Falls nicht, korrigieren Sie den Türsitz so lange, bis die Spaltmaße in der Toleranz liegen.
- Dann ziehen Sie die Scharniere mit 25 Nm fest. Die Muttern erneuern Sie generell. Benetzen Sie, nachdem die Tür richtig eingestellt ist, die überstehenden Bolzengewinde leicht mit einem dauerelastischen Kleber. Das sichert die Muttern.

Türfangband ersetzen (Vordertür)

- Demontieren Sie, wie beschrieben, die entsprechende Türverkleidung sowie den Lautsprecher.
- Lösen Sie beide Fangbandmuttern im Türrahmen und die Halteschraube an der A-Säule. Ziehen Sie das verschlisssene Fangband aus der Tür.
- Beenden Sie die Montage in umgehrter Reihenfolge. Die Muttern sind übrigens mit 9 Nm und die Schraube mit 22 Nm fest.

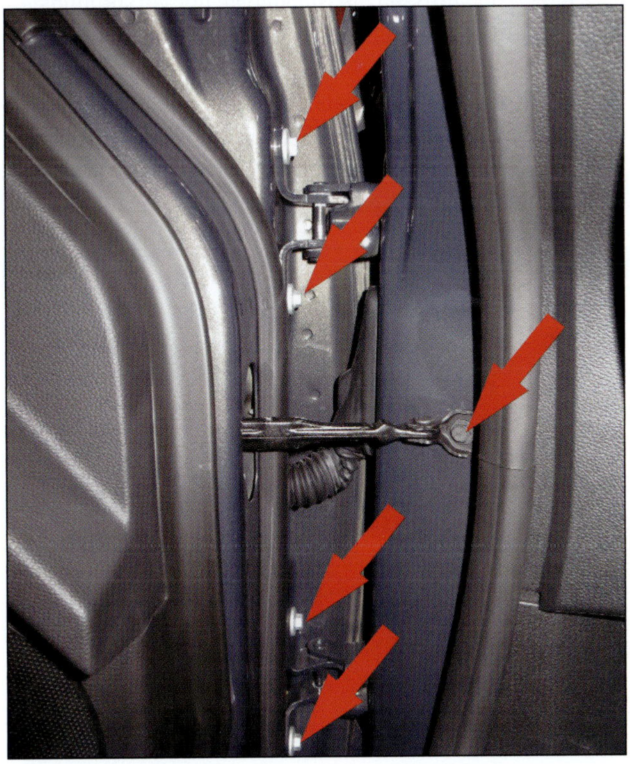

Fünf Schrauben lösen: zur Demontage der Vordertüren

Heckklappe demontieren

Die Heckklappe ist sperrig, arbeiten Sie besser mit einem Helfer.

Werkzeug:
Torxnuss, Ratsche, Markierstift.

- Klemmen Sie das Batteriemassekabel ab, öffnen die Heckklappe und zeichnen die Lage der Klappenscharniere (Limousine) an.
- Um an die Anschlussstecker und Schlauchleitungen zu kommen, demontieren Sie die komplette Heckklappenverkleidung, wie beschrieben.
- Danach ziehen Sie die Kabelstecker von der beheizbaren Heckscheibe, der dritten Bremsleuchte, dem Heckscheibenwischer und der Zentralverriegelung ab. Vergessen Sie den Wasserschlauch von der Scheibenwaschdüse gleichfalls nicht.
- Stützen Sie die Heckklappe ab – geschickter wäre ein Helfer – und pressen die Gummitülle der Versorgungsleitungen per Schlitzschraubendreher aus der Bohrung.
- Hebeln Sie die Klappenaufsteller aus den Kugelkopfhalterungen. Zunächst quetschen Sie jedoch die Halteklammer vom Aufstellerkugelkopf ab. Der Aufsteller lässt sich dann leicht vom Kugelkopf abziehen.

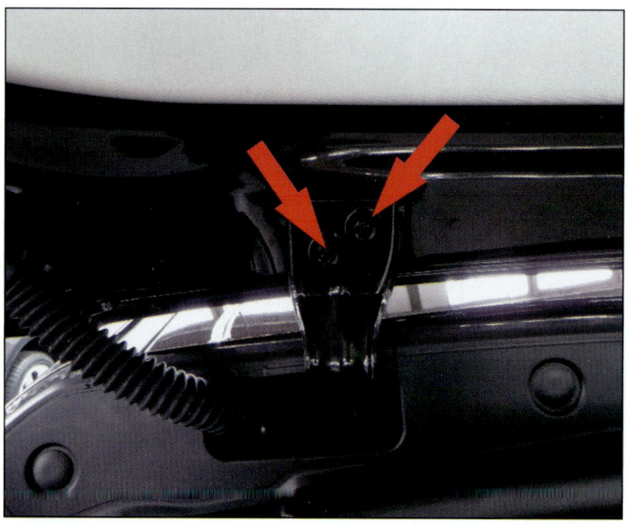

Insgesamt zwei Scharniere im Dachfalz lösen: zur Heckklappendemontage.

Limousine

- Lösen die vier Scharnierschrauben (Pfeile), liften die Klappe von der Karosserie und stellen sie möglichst kippsicher auf eine Unterlage.
- Um die Klappe möglichst effizient wieder auszurichten, ziehen Sie die Befestigungsschrauben zunächst nur leicht vor. Achten Sie darauf, dass die Klappe mittig in der Montageöffnung sitzt und Spaltmaße stimmen (seitlich 4 mm ± 1mm, Dach 5,5 mm ± 1,5 mm). Daraus ergibt sich automatisch das untere Maß von 6 mm ± 2 mm.
- Wenn alle Maße stimmen, ziehen Sie die Klappe mit 22 Nm fest.

Kombi

- Lösen Sie beide Sicherungsklammern (Pfeile) und schlagen mithilfe eines kleinen Durchschlags die beiden Scharnierbolzen aus den Führungen. Stellen Sie die Klappe möglichst kippsicher auf einer Unterlage ab.

Beide

- Beenden Sie die Demontage in umgekehrter Reihenfolge und passen die Klappe, falls erforderlich, mit Ihrem Helfer wieder in den Karosserieverlauf ein..

Beide Scharnierbolzen herausschlagen: zur Heckklappendemontage am Astra Kombi.

Gummidichtung ersetzen

Wenn Sie sich schon die Heckklappe vorgenommen haben, prüfen Sie gleich auch die Heckklappendichtung: Staub- oder Wasserlaufspuren auf beiden Seiten der Dichtfläche verraten undichte Stellen. Ist die Dichtung spröde oder rissig, spendieren Sie Ihrem Astra ein neues Formteil. Ziehen Sie dazu die alte Dichtung vollständig ab und säubern den Falz von alten Dichtmittelresten und Schmutz.
Pressen Sie neues Dichtmittel (z. B. Fugendichtmittel, Acryl) sparsam in die Dichtungsnut. Warum kein Silikon? Die im Silikon enthaltene Essigsäure fördert den Rostfraß. Falls Sie kein fertiges Formteil bekommen sollten, setzen Sie ein entsprechend profiliertes Dichtprofil in Schlossmitte an und pressen es nun rundum auf den Falz. Das überstehende Ende kürzen Sie einfach mit einem Seitenschneider passend ein. Passend heißt, Sie geben der Stoßverbindung etwas Vorspannung und schlagen dann die vormontierte Dichtung vorsichtig mit einem Gummihammer auf den Karosseriefalz auf.

Motorhaubenzug auswechseln

Die Motorhaube entriegelt ein Seilzug. Er verläuft vom Haubenschloss über den linken Radlauf durch die Stirnwand ins Wageninnere. Das Widerlager sitzt im Fußraum an der linken Seitenwand.

- Öffnen Sie die Motorhaube und hängen den Haubenzug am Motorhaubenschloss aus. Dazu demontieren Sie zunächst die beiden Schrauben vom Schlossträger.
- Im folgenden Schritt öffnen sie die Fahrertür, hebeln die innere Schwellerverkeidung ab und legen die Blende beiseite.
- Anschließend ziehen Sie den Haubengriff im Fußraum nach unten und hängen den Zug aus.
- Um den neuen Bowdenzug zu verlegen, demontieren Sie, wie beschrieben, den Wasserabweiser vor der Windschutzscheibe.
- Folgen Sie nun dem Weg des defekten Seilzuges und verlegen den neuen auf gleiche Art und Weise.
- Eventuell müssen Sie die Motorhaube nach der Montage neu einstellen.

Wartung & Pflege

Welches Auto läuft schon ungeschmiert? Eben. Warum sollte ausgerechnet Ihr Astra die Ausnahme sein? Also pflegen Sie Ihr Auto. Wenn Sie selber Hand anlegen möchten, gehen Sie nach Wartungsplan vor. Wir haben Ihnen eine Liste mit den sinnvollsten Prüf- und Wartungsarbeiten vorbereitet.

Was Service- und Wartungsintervalle anbetrifft, hält es der Astra-J ganz mit seinen Altvorderen: Er hat nahezu starre Service- und Wartungsinter-valle.
Alle 30.000 Kilometer, respektive alle 12 Monate steht demnach der Opel ECOService an. Unter erschwerten Betriebsbedingungen allerdings variieren die Intervalle. Erschwerte Bedingungen sind laut Opel immer dann gegeben, wenn Ihre »durchschnittlichen Fahrstrecken unterhalb zehn Kilometer oder die Leerlaufanteile, etwa vor roten Ampeln, im innerstädtischen Verkehrsgewusel bzw. im Stau, rund 30 Prozent betragen«.
Die Opel-Empfehlung unterscheidet da nicht zwischen Otto- und Diesel-motoren: Beide Fraktionen stressen »häufige Kaltstarts, Fahrten mit An-hänger am Haken, Gebirgsfahrten, Fahrten auf schlechten, staubigen Wegen, Ausfahrten bei starkem Pollenflug und bei großen Temperaturunterschieden« gleichermaßen.
Sollten Sie Ihrem Astra also erschwerte Bedingungen abfordern, besteht früherer Prüf- und Wartungsbedarf. So etwa beim Ölwechsel, Luftfilter-tausch oder auch bei einfachen Wartungs- und Pflegearbeiten.

24 Monate Neuwagengarantie – wann erlischt das Versprechen?

Im Einzelfall überlegen Sie freilich genau, welche Arbeiten Sie sich selber aufbürden möchten, bzw. Ihrem Opel-Händler in Auftrag geben. Zumindest dann, wenn Ihr Wagen noch den 24-monatigen »Opel Garantie-Bonus« genießt.
Das Garantieversprechen erlischt nämlich, wenn die von Opel vorgesehenen »Inspektionen nicht, bzw. nicht zeitgerecht oder nicht nach Herstellervorgaben ausgeführt wurden«.
Dieselfahrer sollten zudem bedenken und wissen, dass Biodiesel für den Astra unzulässig ist. Sollte Sie der Preisvorteil dennoch in Versuchung führen, fallen etwaige »Schäden an Fahrzeugkomponenten, deren Funktion potenziell durch die Betankung mit nicht spezifikationsgerechtem Kraftstoff beeinträchtigt werden« aus der Opel-Neuwagengarantie.
Die gleichen Einschränkungen formuliert Opel übrigens auch »für den Einsatz nicht spezifikationsgerechter Betriebsflüssigkeiten«. Dazu gehö-ren beispielsweise das Motoröl, die Kühl- und auch die Bremsflüssigkeit.
Es lohnt also durchaus, vor geplanten Modifikationen und Instandset-zungsarbeiten einen Blick in die Neuwagen-Garantiebestimmungen zu werfen – zumindest während der ersten 24 Monate ab Zulassungsdatum – danach sind Sie ohnehin auf Kulanz angewiesen.

Der Wartungsplan

Im Folgenden haben wir, auf Basis des Opels ECOService, die für Ihren Astra relevanten Arbeiten zusammengefasst.
Plan hin, Plan her – ignorieren Sie bitte nicht Ihren gesunden Menschverstand und Ihr kritisches Auge. An modernen Autos sind nicht alle tatsächlich sinnvollen Handgriffe und Wartungsarbeiten fest zu umreißen. Auch nicht im Zeitalter von Bordrechner, Sensoren, CAN-Bus & Co. Ohne das nötige Quäntchen Erfahrung und Weitsicht wird Ihr Astra irgendwann zur Immobilie …

Serviceplan ECOService

Serviceprüfung	Zwischeninspektion	Hauptinspektion	Zwischeninspektion	Hauptinspektion	Zwischeninspektion
Jahre	1	2	3	4	5
Kilometer	30.000	60.000	90.000	120.000	150.000

Serviceintervall-Anzeige zurücksetzen – halten Sie die Reihenfolge ein

Nachdem Sie Ihrem Motor neues Öl spendiert haben, setzen Sie selbst-verständlich auch die Serviceintervallanzeige (SIA) gleich mit auf null. Dazu …

- … schalten Sie zunächst die Zündung ein.
- Drücken Sie auf die »Menu«-Taste am Blinkerhebel.
- Aktivieren Sie den Menüpunkt »Fahrzeuginformati-

Sekundenschnell genullt: die Serviceintervallanzeige (SIA).

onsmenü« einfach durch Drehen des Einstellrades am Blinkerhebel.

- Anschließend aktivieren Sie den Menüpunkt »Oil-Life System«.
- Jetzt drücken Sie die Taste »SET/CLR« am Blinkerhebel und treten zusätzlich auf das Bremspedal.
- Danach lassen Sie das Bremspedal wieder los: Die SIA ist erfolgreich »genullt«.

Ölverbrauch – wie viel ist NORMAL?

Opel hat da klare Vorstellungen: Ihr Astra darf maximal 0,6 bis einen Liter auf 1000 Kilometer konsumieren. In der Praxis freilich rechnen Sie mit rund einem viertel Liter auf 1000 Kilometer. Das gilt jedoch nur, wenn Sie die Ölwechselintervalle einhalten, den Motor nicht übermäßig belasten und die Ölqualität den Opel-Spezifikationen entspricht.
Mindestens ebenso besorgniserregend wie ein übermäßig hoher Ölver-brauch ist ein konstanter oder gar steigender Ölpegel: Ihr Astra ist nämlich keine Ölquelle. In dem Fall verdünnt kondensierter Kraftstoff oder Kondenswasser das Motoröl. Die ursprünglichen Schmiereigenschaften leiden dramatisch darunter. Vornehmlich wintertags oder im Kurzstreckenbetrieb können Sie dieses Phänomen beobachten.
In dem Fall empfehlen wir Ihnen, das Motoröl auch zwischen den üblicherweise ermittelten Intervallen zu wechseln.

WISSENSWERTES

Altöl – nur an Sammelstellen als Sondermüll entsorgen

Es ist zwar eine Binsenweisheit, wir weisen dennoch darauf hin: Altöl gehört nicht in die »Gosse« sondern verantwortungsvoll entsorgt!
Liefern Sie Altöl dort ab, wo Sie Ihr Frischöl gekauft haben: Gegen Vorlage des Kassenbons müssen sämtliche Verkaufsstellen Altöl in der Menge des an Sie verkauften Frischöls entsorgen. Zudem entsorgen Altölsammelstellen Ihrer Gemeinde oder Stadt die schwarze Brühe. Dort werden Sie auch umweltverträglich den verdreckten Ölfilter und Öl verschmutzte Putzlappen los. Adressen erfahren Sie bei der Gemeindeverwaltung, bei Automobilklubs oder im Internet unter »Altölsammelstellen«.

Checkliste – was wann anfällt

Arbeitspositionen	Status
1 Kontroll-, Beleuchtungs- und Signaleinrichtung sowie Airbag sichtprüfen, Lenk- und Zündschloss prüfen	jährlich / 30.000 km
2 Funk-Fernbedienung Batterien ersetzen (Zweitschlüssel beachten)	alle 2 Jahre
3 Scheibenwischer, Scheibenwaschanlage, Scheinwerferwaschanlage prüfen, korrigieren	jährlich / 30.000 km
4 Kühlmittelstand, Frostschutzmittel (hellorange) prüfen, korrigieren, Gefrierschutztemperatur im Serviceheft notieren (Bestätigungsfelder), wasserführende Schläuche auf Dichtheit und festen Sitz prüfen	jährlich / 30.000
Bremsflüssigkeitsstand prüfen, korrigieren	erstmals nach 1 Jahr / 30.000 km, dann alle 2 Jahre
Batteriepolklemmen auf Festsitz und Batterieauge prüfen	jährlich / 30.000
5 Reinluftfilter (Pollenfilter) oder Aktivkohlefilter ersetzen	alle 2 Jahre / 60.000 km
6 Luftfiltereinsatz ersetzen	alle 4 Jahre / 60.000 km
7 Zündkerzen ersetzen	alle 4 Jahre / 60.000 km
A14NET LPG	alle 2 Jahre / 30.000 km
8 Keilrippenriemen sichtprüfen	alle 2 Jahre / 60.000 km
9 Keilrippenriemen ersetzen (Otto-Motoren)	alle 6 Jahre / 90.000 km
Keilrippenriemen von Riementrieb Wasserpumpe - Lenkhilfepumpe ersetzen, A 16 XER	alle 6 Jahre / 120.000 km
10 Ventilspiel prüfen, einstellen: A 16 XER, A 17 DTE, Z 17 DTF,	150.000 km

Arbeitspositionen	Status
11 Zahnriemen und Spannrolle ersetzen, A 20 DTR	alle 6 Jahre / 120.000 km
Zahnriemen und Spannrolle ersetzen, Z 17 DTH	alle 6 Jahre / 90.000 km
Zahnriemen und Spannrolle ersetzen, Z 16 XER, A 17 DTE, Z 17 DTF, A 20 DTH	alle 6 Jahre / 150.000 km
12 Servolenkung auf Dichtheit sichtprüfen, Ölstand prüfen, korrigieren	jährlich / 30.000 km
13 Motoröl und Motorölfilter wechseln, Otto- / Diesel- / LPG-Motor Qualität: Dexos2™ Viskosität: SAE 0W-30, 0W-40, 5W-30, 5W-40 (Auffüllen mit maximal 1L ACEA C3 zugelassen) Motoröl und Motorölfilter wechseln, A 20 DTR Qualität: GM-LL-B-025,Viskosität: nur 0W-40	jährlich / 30.000 km
LPG-Gasfilter ersetzen	alle 30.000 km
14 Kraftstofffilter ersetzen und entwässern, Diesel (Qualität EN 590)	alle 2 Jahre / 60.000 km
Kraftstofffilter ersetzen, Otto-/CNG (Qualität EN 228), außen liegend	alle 4 Jahre
15 Feststellbremse prüfen, einstellen (Räder unbelastet); Radaufhängung und Federung vorn und hinten, Bremsleitungen, Bremsdruckschläuche, Kraftstoffleitungen, Gasleitungen bei LPG-Fahrzeugen, Niveauregulierung und Abgasanlage sichtprüfen	alle 2 Jahre
16 Äußere Karosserie / Unterboden-Korrosionsschutz prüfen, Beschädigungen im Serviceheft notieren	jährlich / 30.000 km
17 Räder einer Seite lösen, Sichtprüfung aller Radbremsen Radbefestigung mit Drehmoment festziehen: 140 Nm	jährlich / 30.000 km
18 Motor, Getriebe (AT, MT), Klimakompressor auf Dichtheit sichtprüfen	jährlich / 30.000 km
19 Faltenbälge der Lenkung, Spurstangen, Achsantrieb sichtprüfen	jährlich / 30.000 km
20 Spurstangenkopf- und Traggelenkprüfung	jährlich / 30.000 km
21 Reifenzustand prüfen. Reifenluftdruck (inklusive Reserverad) prüfen, korrigieren	jährlich / 30.000 km
Bei Reifenfüllsystem Vollständigkeit und Haltbarkeitsdatum des Sets prüfen. Erste-Hilfe-Box (Vorhandensein in der vorgesehenen Ablage, die Unversehrtheit und das Haltbarkeitsdatum), Warnweste, Verzurrösen und Warndreieck sichtprüfen	alle 2 Jahre
22 Scheinwerfereinstellung (inklusive Zusatzscheinwerfer) prüfen, korrigieren	alle 2 Jahre / 60.000 km
23 Haubenschließung schmieren	alle 2 Jahre / 60.000 km
Türscharniere schmieren	alle 2 Jahre / 60.000 km
Türbremse schmieren	alle 2 Jahre / 60.000 km
Rückwandklappenscharniere schmieren	alle 2 Jahre / 60.000 km
Funktionsprüfung Zentralverriegelung durchführen; Türschloss von außen reinigen und fetten	jährlich / 30.000 km
Flex-Fix-System: Verriegelungsmechanismus auf Gangbarkeit prüfen und einölen	jährlich
24 Probefahrt, Endkontrolle (Lenk- und Zündschloss, Instrumente und Kontrollleuchten, ges. Bremssystem, Lenkung, Klimaanlage, Motor, Karosserie und Fahrwerk prüfen), Service-Intervallanzeige zurücksetzen	jährlich / 30.000 km
25 Abgasuntersuchung (AU), Hauptuntersuchung (HU) durchführen und im Serviceheft notieren	erstmals nach 3 Jahren, dann alle 2 Jahre
26 Gasanlagenprüfung (GAP) und im Serviceheft notieren	erstmals nach 3 Jahren, dann alle 2 Jahre

Kraftpakete

Je nach Temperament und Geldbeutel statten Astra-Käufer Ihren Wagen mit einem Dutzend unterschiedlicher Motoren aus: Sieben 16-Ventiler-Ottomotoren zwischen 64 kW (87 PS) und 125 kW (170PS) sowie fünf aufgeladene 16-Ventil-Common-Rail-Dieselmotoren mit 70 kW (95 PS) bis 143 kW (195 PS) bringen den kompakten Opel in Fahrt. Alle Motoren erreichen Euro 5. Die Triebwerke verteilen den Kraftstoff per elektronischer Saugrohreinspritzung, so auch der 1,4-Liter-ecoFLEX LPG-Antrieb (Liquefied Petroleum Gas) auf Ottobasis. Die leistungsstärkste Ottovariante, der 1,6-Liter-SIDI Turbo ecoFLEX, arbeitet mit einer Hochdruckdirekteinspritzung. Alle Motoren gehen mit dem Astra eine harmonische Verbindung ein, einerlei ob mit fünf oder sechs Gängen, bzw. mit elektronisch gesteuerter Sechsstufenautomatik. Je nach Anforderungsprofil und Leistungspotenzial gibt der Astra-J den komfortablen Gleiter wie den temperamentvollen Sprinter. Das Motiv zeigt den 1,6-Liter-SIDI (Spark Ignition Direct Injection) Turbo mit Ladeluftkühlung und 260m Nm Drehmoment von 1650 – 3200 $min.^{-1}$.

Die Ottofraktion des Astra-J besteht aus sieben, quer über der Vorderachse montierten Vierzylindermotoren. Mit Ausnahme der Einssechser-Versionen arbeiten sie mit variablen Steuerzeiten. Der technische Aufwand an den Nockenwellen harmonisiert das Laufverhalten und steigert die Leistung. Der Basismotor mobilisiert aus 1,4-Liter-Hubraum 64/87 PS. Die erste Leistungsstufe kommt mit gleichem Hubraum bereits auf 74 kW (100 PS). 85 kW (115 PS) bringt der hubraumstärkste Sauger mit 1,6-Liter an den Start. Ihn übertreffen zwei aufgeladene 1,4-Liter mit 88 kW (120 PS) respektive 103 kW (140 PS) sowie der 1,4-Liter-ecoFLEX LPG (Liquefied Petroleum Gas) mit ebenfalls 103 kW (140 PS) und Turboaufladung.
Der ecoFLEX 1,6-Liter-SIDI (Spark Ignition Direct Injection) ist auf einen besonders stabilen Drehmomentverlauf ausgelegt. Er bringt es im Astra J auf 260 Nm zwischen 1650 – 3200 $min.^{-1}$ und maximal 125 kW (170 PS).Den 1,6-Liter-Turbomotor offeriert Opel an anderen Arbeitsplätzen mit bis zu 200 PS und maximal 300 Newtonmeter Drehmoment.
Das Diesel-Quintett setzt im Astra konsequent auf Zwangsbeatmung per Abgasturbolader. Der Hubraumzwerg mobilisiert mit 1,3-Liter-Hubraum immerhin schon relativ stramme 70 kW (95 PS) und hält das Drehmoment zwischen 1750 – 3250 $min.^{-1}$ auf 190 Nm. 400 Kubikzentimeter mehr Hubraum reichen der gezähmten CDTI-Version für 81 kW (110 PS) und 280 Newtonmeter ab 1750 – 2550 $min.^{-1}$. Der hubraumgleiche, jedoch stärkere 1,7-Liter-CDTI bringt es auf 96 kW (130 PS) und ein Spitzendrehmoment von 300 Nm / 2000 – 2500 $min.^{-1}$.Mit 121 kW (165 PS) erreicht der 2-Liter-CDTI ein dreistelliges Leistungspolster. 350 Nm zwischen 1750 – 2500 $min.^{-1}$ unterfüttern das Leistungsniveau schon sehr stabil. Doch der 2-Liter BiTurbo CDTI legt mit 400 Nm im gleichen Drehzahlfenster und 143 Nm (143 PS) die Latte noch einmal höher.

Standard bei den Otto Motoren – sequenzielle Kraftstoffeinspritzung und elektronisches Gaspedal

Obwohl die diversen Otto-Treibsätze Astra-J in völlig unterschiedlichen Leistungsklassen ansiedeln, erkennen versierte Do-it-Yourselfer sofort den gemeinsamen ECOTEC- bzw. ecoFLEX-Stammbaum. Beispielsweise am fortschrittlichen Motormanagement, das die Gemischaufbereitung, den Zündzeitpunkt, die Abgaswerte sowie weitere Lebensgeister im und am Astra bei Laune hält. Alle Astra-Motoren bekommen ihren Treibstoff sequenziell angeliefert (EFI), elektronische Signale (E-Gas) steuern unisono die Drosselklappen. Bei jeder Kurbelwellenumdrehung sucht und findet die Gemischbildung der Opel ECOTEC-Aggregate den zeitgemäßen Kompromiss zwischen Leistung, Drehmoment, Laufkultur, Verbrauch und Abgaskonzentration. Jeweils zwei Lambdasonden, eine vor und hinter dem Katalysator, halten das Mischungsverhältnis konstant. Und was die Elektronik allein nicht realisiert, bringt letztlich eine Abgasrückführung auf den Punkt: Macht unter dem Strich Euro 5 für die aktuellen Astra-J-Motoren.

Zeitgemäß – Antiklopfregelung in Realzeit

Die Verbrennungsgase des Astra behandelt ein zeitgemäßes Abgasmanagement. Zudem kommt ein reaktionsschneller Klopfsensor mit ins Spiel. Er checkt in Realzeit den jeweiligen Verbrennungsablauf sowie die Charakteristik der einzelnen Zylinder. Eine relativ aufwändige Regelelektronik optimiert den gesamten Arbeitstakt von der ersten bis zur letzten tausendstel Sekunde. Die Vorkehrungen reduzieren natürlich auch den spezifischen Kraftstoffverbrauch und stabilisieren zudem die Leistungskurven der elastischen DOHC-Triebwerke.

Aus Leichtmetall – die Zylinderköpfe

Gemeinsame ECOTEC-Gene werden auch bei den Werkstoffen deutlich: Die Leichtmetall-Zylinderköpfe deckeln schwingungsarme Motorblöcke aus Grauguss. Jeweils zwei obenliegende Nockenwellen initiieren den Ladungswechsel der Vierventiler. Gleichfalls ECOTEC-Standard: wartungsfreier Ventiltrieb, extrem filigrane Metallzylinderkopfdichtungen, rücklauffreie

DOHC mit Zahnriemen: der Ventiltrieb am Beispiel des ECOTEC 1,6-Liter Twinport.

Kraftstoffversorgungssysteme und wartungsfreundliche Ölfiltermodule. Spätestens nach 30.000 Kilometern, respektive binnen 12 Monaten, verlangen die Motoren nach einem Ölwechsel inklusive Ölfilter.

Astra 1,4 (A 14 XEL, A 14 XER) – 1398 cm³ Hubraum, 64 kW, 74 kW (87 PS, 100 PS), Leistung 6000 min.$^{-1}$

64 kW (87 PS) / 74 kW (100 PS) bei 6000 min.$^{-1}$, ein maximales Drehmoment von 130 Nm bei 4000 min.$^{-1}$ sowie im Drittelmix 5,5 Liter Eurosuper/100 km, Verdichtungsverhältnis 10,5 : 1: Die Eckdaten der mit 1398 cm³ Hubraum kleinsten ECOTEC-Motoren im Astra sind damit genannt. Sie beschleunigen auf 178 km/h und erledigen den Sprit von 0 auf 100 km/h in 13,9 Sekunden. Das ist nicht meisterschaftsverdächtig, doch allemal ausreichend, um die meisten Verkehrssituationen hinreichend meistern zu können. An der Tankstelle fassen die 1,4-Liter-Triebwerke für 100 Fahrkilometer durchschnittlich 5,5 Liter Eurosuper nach. Auch hinsichtlich der CO2-Emissionen fallen die beiden Kleinen nicht aus der Rolle: 129 Gramm/Kilometer verlassen den Auspuff.

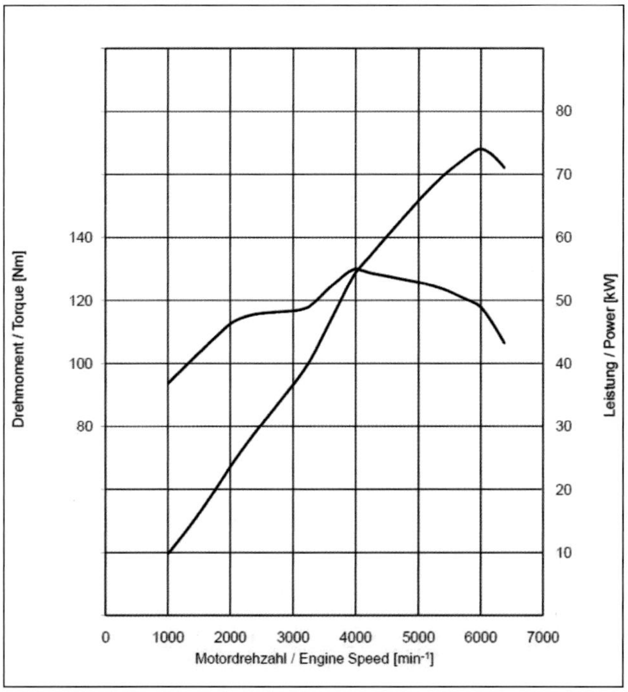

Nahezu gleichwertig aufgestellt: die Leistungsdaten der 1,4-Liter-ECOTEC/ecoFLEX Vierzylinder – 130 Nm Drehmoment/4.000 min.$^{-1}$, 64kW (87 PS) /74 kW (100 PS) bei 6.000 min.$^{-1}$.

Astra 1,6 (A 16 XER) – 1598 cm³ Hubraum, 85 kW (115 PS) Leistung 6000 min.$^{-1}$

Rund 200 cm³ mehr Hubraum, angepasstes Motormanagement und ein auf 10,8 : 1 gesteigertes Verdichtungsverhältnis ergeben im 1598 cm³ A 16 XER ecoFLEX 85 kW (115 PS) bei 6000 min.$^{-1}$. Das maximale Drehmoment von 155 Nm ist bei 4000 min.$^{-1}$ erreicht und der Durchschnittsverbrauch beträgt 6,6 Liter Eurosuper/100 km. Von 0 auf 100 km/h vergehen 11,7 Sekunden und mit 188 km/h ist Vmax. erreicht. Im Drittelmix verbrennt der Einssechser 5,9 Liter Eurosuper/100 Kilometer und die CO2-Emission des ecoFLEX 1,6 beträgt 139 Gramm/Kilometer.

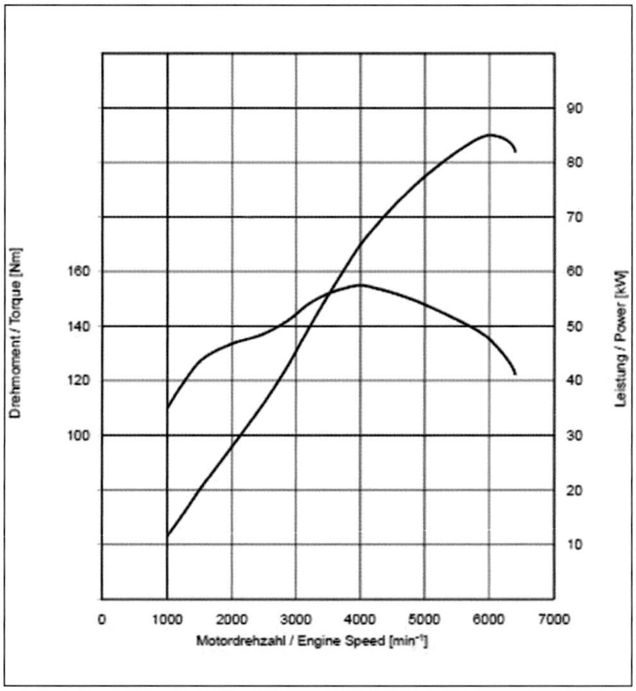

Zufriedenstellend: die Leistungsdaten des Z 16 XEP – 155 Nm/4000 min.$^{-1}$, 85 kW (115 PS) bei 6000 min.$^{-1}$.

Astra 1,4 (A 14 NEL, A 14 NET) – 1364 cm³ Hubraum, 88 kW, 103 kW, 103 kW* (120 PS, 140 PS, 140 PS*) Leistung 6000 min.$^{-1}$

Die aufgeladenen 1,4-Liter-Vierzylinder mobilisieren ihre Leistung aus 1364 cm³ Hubraum. Das sind immerhin 34 cm³ weniger als bei den »hubraumgleichen« Saugern. In der Leistung freilich haben die Kollegen ohne Turbolader das Nachsehen: 88 kW (120 PS) / 103

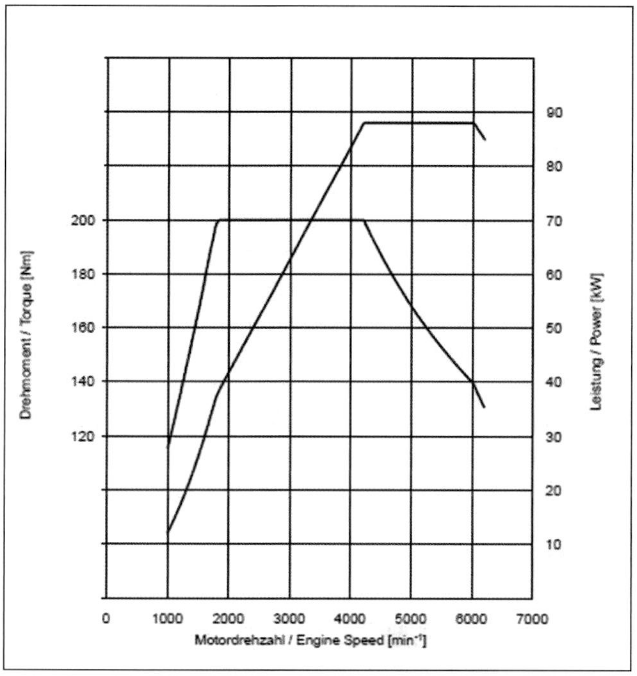

Modern: Die Leistungsdaten des aufgeladenen A14NEL – 200 Nm/1850 – 4200 min.$^{-1}$, 88 kW (120 PS) von 4200 – 6000 min.$^{-1}$.

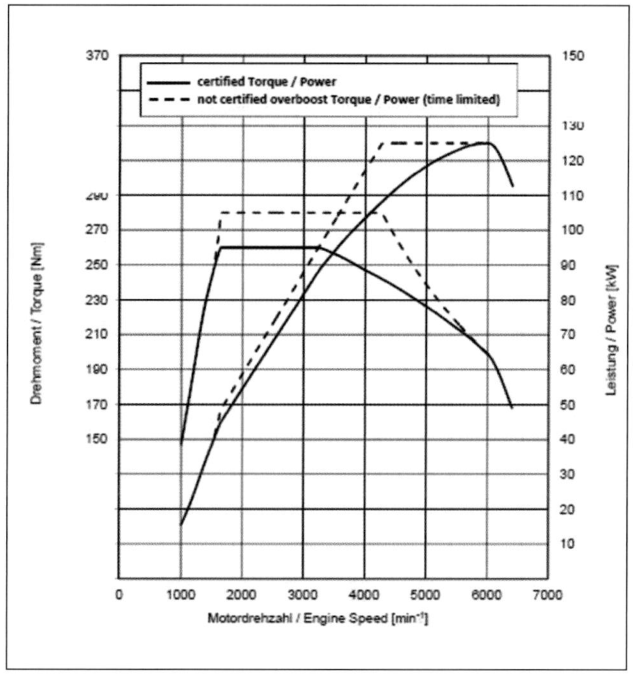

Ausgesprochen stabil: Die Leistungsdaten des A 16 XHT – 260 Nm/ zwischen 1650 – 3200 min.-1, 125 kW (170 PS) bei 6000 min.$^{-1}$.

kW (140 PS) bei 6000 min.$^{-1}$. Mit diesem Angebot hätte, vor der Downsizing-Ära, ein veritabler 2-Liter-Sauger noch eine gute Figur gemacht. Noch eklatanter ist der Fortschritt beim Drehmomentangebot – 200 Newtonmeter schafft das im Verhältnis 9,5 : 1 verdichtete Turbo-Trio unisono an die Schwungscheibe. Der 88-kW-Motor hält sein Hoch von 1850 – 4200 min.$^{-1}$ stabil. Die 103-kW-Motoren lassen ihre Muskeln zwischen 1850 – 4900 min.$^{-1}$ so richtig spielen. Beide Benziner konsumieren durchschnittlich 5,5 Liter Eurosuper/100 km, der LPG-Motor verbraucht unter gleichen Bedingungen 7,9 Liter Flüssiggas, respektive 6 Liter Eurosuper. Die Atmosphäre belasten sie mit 129 Gramm CO_2/Kilometer. So auch der LPG-Motor im Gasbetrieb, mit Eurosuper sind es allerdings 141 Gramm/Kilometer.

*ecoFLEX LPG

Astra 1,6 (A 16 XHT) - 1598 cm^3 Hubraum, 125 kW (170 PS) Leistung 6000 min.$^{-1}$

Mit 1,6-Liter-Hubraum ist der SIDI ecoFLEX (Spark Ignition Direct Injection) stärkster Ottomotor in der normalen Astra-Auslage. Der 10,5 : 1 verdichtete Turbomotor bringt's im Astra-J auf 125 kW (170 PS) / 6000 min.$^{-1}$ und ein maximales Drehmoment von 260 Nm zwischen 1650 – 3200 min.$^{-1}$.Er ist dem fünftürigen Astra sowie dem Sports Tourer getauften Kombi vorbehalten – der Limousine bleibt der SIDI-Treibsatz vorenthalten. An beiden Arbeitsplätzen kommt der Direkteinspritzer drangvoll zur Sache. Er erledigt den Sprint aus dem Stand auf 100 km/h in 8,5 Sekunden und erreicht 221 km/h Höchstgeschwindigkeit. Das alles mit durchaus moderaten Trinksitten: 5,9 Liter/100 km sind, angesichts der gebotenen Leistung, ein vorzeigbarer Wert. Zumal auch die CO_2-Emissionen mit 139 Gramm/Kilometer nicht aus dem Rahmen fallen.

Effizientes Dieselquintett - ecoFLEX CDTI 1,3- bis 2 Liter Hubraum, 70/80/81/100 kW (90/109/110/136 PS)

Dieselfreaks wählen im Astra-J unter fünf Antrieben aus. Alle Motoren arbeiten nach dem Common-Rail-Prinzip. Das Selbstzünderquintett ist dieseltechnisch rundum auf der Höhe der Zeit – mit Ladeluftkühlung, Abgasturbolader, Oxidationskatalysator, Abgasrückführung und Partikelfilter bestückt, erfüllen alle Selbstzünder Euro 5.

Bereits der Basis 1,3-Liter ist mit 70 kW (95 PS) bei 4000 min.$^{-1}$ kein lustloser Schwächling. Er schafft bei zivilen 1750 min.$^{-1}$ ein maximales Drehmoment von

Im linken Fußraum zu finden: der OBD-Stecker (Pfeil) im Astra.

WISSENSWERTES

Kompressionsdruck messen – Anlasser und Batterie müssen fit sein

Es ist zwar eine Binsenweisheit, doch wir erinnern gerne daran: Die Basis für verlässliche Kompressionsdruckwerte sind ein durchzugsstarker Anlasser, eine geladene Batterie und ein betriebswarmer Motor. Denn sollte die Kurbelwelle nur gemächlich rotieren, baut sich der Kompressionsdruck nur widerwillig auf – in dem Fall macht die Messung wenig Sinn.

Sobald die einzelnen Zylinder große Abweichungen aufweisen, kreisen Sie den Fehler weiter ein:

- Bei zu geringem Kompressionsdruck dichten Sie den Kolben zur Zylinderwand kurzerhand mit ein paar Tropfen Motoröl ab. Tröpfeln Sie das Öl mit einer Spritzölkanne ins Zündkerzen-/Einspritzdüsenloch und wiederholen die Messung.
- Stellen Sie danach keinen Unterschied fest, können Sie sicher sein, der Druck entweicht entweder an den Ventilen, den Ventilsitzen, den Ventilführungen, am Zylinderkopf oder an der Zylinderkopfdichtung.
- Sind die Werte jedoch besser, sind entweder die Kolbenringe oder gar sämtliche Zylinderlaufflächen verschlissen.

Richtwerte für den Kompressionsdruck

Motortyp	Normal (in bar)	Toleranzgrenze (in bar)
1,4; 1,6; 1,6 SIDI Turbo	15 – 18	14
1,4 Turbo	14 – 17	13
1,3 CDTI; 2,0 CDTI	26 – 31	24
1,7 CDTI	28 – 33	26

Kompressionsdruck messen

Bei Ausbau des Kraftstoffpumpenrelais bzw. Abklemmen elektrischer Bauteile erhält das Motorsteuergerät eine Fehlermeldung. Lassen Sie später die Information vom Händler aus dem Fehlercodespeicher löschen.

Werkzeug:
Zündkerzennuss, Ratsche, Kompressionsdruckmesser.

Ottomotor

- Fahren Sie vor der Messung den Motor warm (Betriebstemperatur). Alle beweglichen Teile laufen dann mit ihrem Einbauspiel.
- Öffnen Sie den Sicherungskasten im Motorraum und …
- … ziehen, um die Kraftstoffförderung während der Messung zu unterbrechen, die Kraftstoffpumpensicherungen »3, 4« (Pfeile) aus der Fassung.
- Lassen Sie danach den Motor so lange laufen, bis er von alleine abstirbt. Das Kraftstoffsystem ist dann entleert.
- Demontieren Sie wie beschrieben die vier Zündkerzen.
- Ziehen Sie die Handbremse an, schalten in den Leerlauf und treten das Kupplungs- und Gaspedal (trotz E-Gas Pedal) voll durch.
- Pressen Sie den Gummikonus des Druckprüfers auf das Kerzenloch des ersten Zylinders – bei Bedarf arbeiten Sie mit einem passenden Adapter.
- Ihr Helfer dreht den Motor per Anlasser etwa 6- bis 8-mal durch. Wichtig bei Ottomotoren mit konventioneller Drosselklappensteuerung (kein E-Gas): Die beste Frischgasfüllung (äußere Gemischbildung) erreichen Sie nur bei voll getretenem Gaspedal.
- Lesen Sie den Messwert ab und notieren das Ergebnis. Bei einem Druckprüfer mit Messschreiber schalten Sie einfach auf den nächsten Zylinder.
- Beenden Sie den Kompressionscheck in umgekehrter Reihenfolge.

Dieselmotor

Fahren Sie den Motor vor der Messung warm (Betriebstemperatur). Alle beweglichen Teile harmonieren dann besser zueinander.

- Demontieren Sie, wie beschrieben, die vier Injektoren.
- Ziehen Sie im Motor-Sicherungskasten das Kraftstoffpumpenrelais »KR23A« (Pfeil) aus der Fassung.

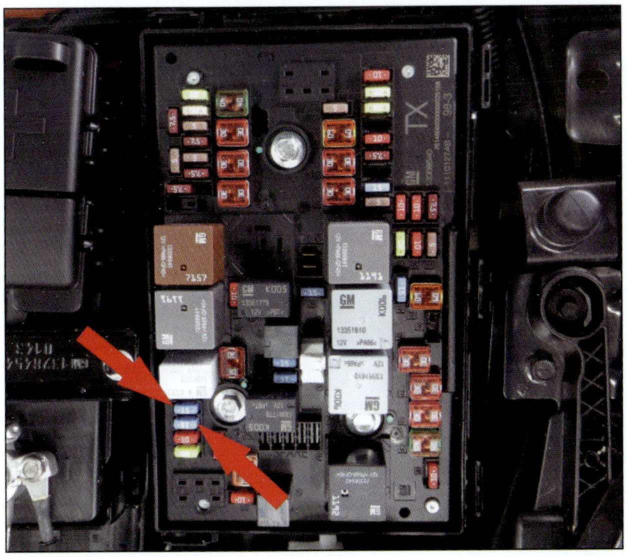

Direkt im Sicherungskasten gesteckt: Kraftstoffpumpensicherung.

Vor der Messung aus dem Sicherungskasten ziehen: Das Kraftstoffpumpenrelais »KR23A« beim Dieselmotor.

- Ziehen Sie die Handbremse an, legen den Leerlauf ein und treten das Kupplungspedal voll durch.
- Pressen Sie den Gummikonus des Druckprüfers auf das Düsenloch des ersten Zylinders – bei Bedarf arbeiten Sie mit einem passenden Adapter.
- Ihr Helfer dreht den Motor jetzt per Anlasser etwa 6- bis 8-mal durch.

Luftdicht verschließen: Der Gummikonus des Kompressionsdruckprüfers dichtet das Kerzenloch ab.

- Lesen Sie den Messwert ab und notieren das Ergebnis. Bei einem Druckprüfer mit Messschreiber schalten Sie einfach auf den nächsten Zylinder.
- Beenden Sie den Kompressionscheck in umgekehrter Reihenfolge.

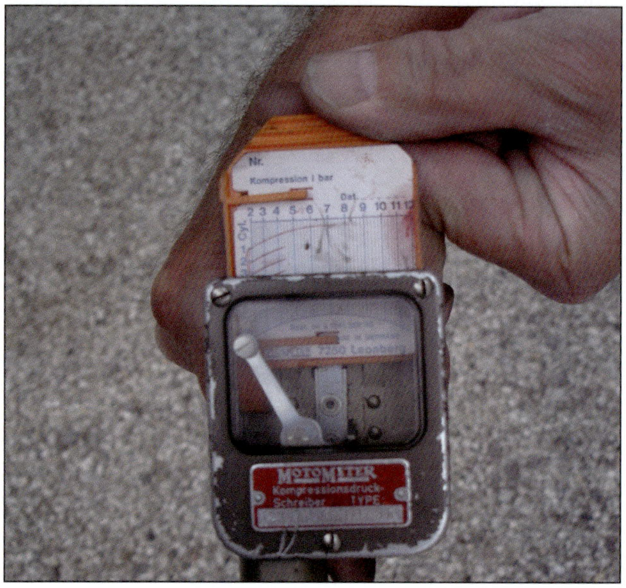

Gleichmäßigkeitsprüfung: Wichtiger als der absolute Spitzendruck sind gleiche Werte in allen Zylindern.

Chemische Chamäleons – moderne Motorenöle

Moderne Motoröle sind aus Erdöl raffinierte Schmierstoffe. Bevor sie freilich ihre Karriere als Motoröl antreten, mischen die Ölhersteller ihnen noch spezielle Additive unter. Das macht am Schluss der Raffinationskette bis zu 20 Prozent des Motoröls aus. Additive schützen das Öl beispielsweise vor Oxidation und verhindern sein Aufschäumen bei hohen Drehzahlen. Eines der wichtigsten Additive sind die VI-Verbesserer (VI = Viskositätsindex). VI-Verbesserer sind lange Molekülketten, die unter Wärmeeinfluss quellen und beim Abkühlen wieder schrumpfen. Additive stellen somit das Motoröl automatisch in einem bestimmten Temperaturfenster auf die vorhandene Motortemperatur ein. Gekonnt gemischt, überspannen Additive gleich mehrere Viskositätsklassen.
Bei hohen Temperaturen büßen VI-Verbesserer jedoch einen Großteil ihrer Wirkung ein, zudem setzen Wasser, Kraftstoff und Verbrennungsrückstände ihrer Lebensdauer natürliche Grenzen. Über einen längeren Zeitraum widersteht ein dünnes Mineralöl den im Motor herrschenden Drücken und Temperaturen nur unzureichend. Regelmäßige Ölwechsel sind daher kein verzichtbarer Luxus, sondern schlichtweg eine technisch/chemische Notwendigkeit.

Hochpreisig – synthetische Leichtlauföle

Synthetiköle sind im Prinzip nicht synthetischer als mineralische Motoröle – jedoch durchweg teurer. Grund: Bei Synthetikölen wird der Molekülaufbau des natürlichen Rohöls in aufwändigen Verfahren (Cracken) aufgelöst und mit speziellen Additiven neu dosiert vermischt. Als Äquivalent zum hohen Einstandspreis versprechen Synthetikölhersteller einen geringeren Öl- und Kraftstoffverbrauch, eine größere Viskositätsbeständigkeit und längere Standfestigkeit. Sollten Sie sich den Luxus von Synthetikölen in Ihrem Astra gönnen, spreizen Sie die ohnehin schon gedehnten Ölwechselintervalle nur mit kritischem Augenmaß noch weiter.
Wenn nach 30.000 Kilometern dann der reguläre Motorölwechsel ansteht, erneuern Sie grundsätzlich auch

Stichwort »Besser machen«: Nachgerüstete Öldruckmesser sind ein durchaus sinnvolles Zubehör.

WISSENSWERTES

Begriffe / Normen rund ums Öl

Viskosität: Maß für die Fließfähigkeit des Schmieröls. Im Winter ist dünnflüssiges Motoröl, das nach dem Kaltstart sofort an alle Schmierstellen im Motor gelangt, erste Wahl. Im Sommer dagegen ist dickflüssigeres Öl gefragt, es hält den Schmierfilm bei höheren Temperaturen stabiler.

SAE-Klasse (Society of Automotive Engineers): Bezeichnet die Viskositätsklasse, zum Beispiel SAE 5 W-30. Je kleiner die erste Zahl, umso besser fließt das Öl bei Kälte (W = Winter). Ein Öl mit 0 W schmiert noch bei minus 30 Grad, bei 5 W steigt dieser Wert auf minus 25 Grad, bei 15 W auf minus 15 Grad. Je höher die zweite Zahl, umso temperaturbeständiger ist das Öl letztlich bei hohen Temperaturen.

ACEA (Association des Constructeurs Européen d'Automobiles): Die 1996 eingeführte europäische Ölnorm löst die CCMC-Norm ab. Für Ottomotoren gibt's die Gruppen A1 (Kraftstoff sparendes Öl), A2 (gering belastetes Öl), A3 (Hochleistungsöl). Für Dieselmotoren gilt die Einteilung B1, B2 und B3.

CCMC (Comittée des Constructeurs d'Automobiles du Marché Commun): Die Spezifikation besteht aus den Buchstaben G (Benzine) und PD (Diesel) sowie einer Zahl. Je höher die Zahl, umso besser ist die Ölqualität.

API (American Petroleum Institute): Die Spezifikation besteht aus den Buchstaben S (Ottomotor) und C (Dieselmotor) sowie einem weiteren Buchstaben. Je höher dieser im Alphabet rangiert, umso besser die Ölqualität.

den Ölfilter. Ansonsten verschenken Sie leichtfertig einen Großteil der positiven Eigenschaften neuen Motoröls an den alten Ölfilter.

Mitunter problematisch – erhöhter Öldruck

Um den Ölfilm zuverlässig aufzubauen, zirkuliert das Motoröl in einem filigranen Leitungs-, Kanal- und Bohrungslabyrinth. Den geregelten Transport organisiert eine Ölpumpe. Sie saugt Motoröl direkt aus der Ölwanne und fördert es unter definiertem Druck an die jeweiligen Schmierstellen.

Allein die Höhe des Öldrucks ist nicht unbedingt entscheidend für das Wohlbefinden des Motors: Zu hoher Druck, beispielsweise bei kaltem und zähflüssigem Öl, verursacht auf Dauer Motorschäden. Dem wirkt ein Überdruckventil (Bypass) im Ölfilteranschlussflansch entgegen. Der Bypass öffnet im Astra bei etwa 4,0 bar und leitet das Öl direkt auf die Saugseite der Ölpumpe um. In technisch gesunden Triebwerken gelangt das Öl bei mittleren Motordrehzahlen mit etwa 3 bar (Öltemperatur ca. 80 °C; Mehrbereichsöl SAE 5W-30) an die Schmierstellen. Im Leerlauf reichen dem Astra schon 1,0 bar bei rund 80 °C. Damit das Motoröl möglichst sauber zirkuliert, passiert es, kurz nach der Ölpumpe, einen feinporigen Ölfilter.

Signalisiert nur den Mindestdruck – die Öldruckwarnleuchte

Erwarten Sie von der serienmäßigen Öldruckwarnleuchte in Ihrem Astra bitte keine kontinuierlichen Öldruckangaben. Sie leuchtet lediglich, wenn der Öl-

druck unter 0,3 – 0,5 bar fällt. Ernsthafte Motorschäden sind in dem Fall bereits im Anmarsch. Solange die Kontrollleuchte beim leichten Gasgeben allerdings noch erlischt, ist das Öl erfahrungsgemäß überhitzt, bzw. zu dünnflüssig geworden. Lassen Sie es fortan etwas beschaulicher angehen, ein gesunder Motor kühlt während der Fahrt wieder ab.
Exakte Öldruckinformationen liefert Ihnen ein Öldruckmesser. Öldruckmesser sind relativ einfach zu montieren und im Zubehörhandel für vergleichsweise kleines Geld zu kaufen.

Vor dem Ölkauf lesen – das Kleingedruckte auf der Dose

Astra-Motoren reichen herkömmliche Longlife-Mehrbereichsöle. Wichtig: der Schmiersaft muss alle relevanten Normen erfüllen. Im Zweifelsfall fragen Sie Ihren Händler. Über die Eignung entscheidet nicht der werbewirksame Auftritt eines Ölherstellers, sondern allein die Ölspezifikation, die richtige Viskositätsklasse und das »Kleingedruckte« auf der Dose: Opel schreibt SAE 0W-30, 0W-40, 5W-30, und 5W-40 (A 20 DTR nur GM-LL-B-025, 0W-40) Motorenöle vor, die allesamt mindestens den Spezifikationen Dexos2™, oder GM-LL-B-025 entsprechen.
Verwenden Sie andere Öle, könnten Sie Ihrem Astra-J sogar schaden. Um alle Unwägbarkeiten zu vermeiden, linken Sie sich im Internet ein – zum Beispiel unter (http://www.mobiloil.de/Germany-German-LCW/carengineoils_which-oil.aspx) finden Sie eine Liste aller freigegebenen Motorenöle. Oder Sie fahren Ihren Opel-Händler an: Der hat das richtige Öl auf Lager und bietet mitunter sogar gerade eine Ölwechselaktion zu besonders fairen Konditionen an.
Übrigens, sobald ein Schmiersaft den genannten Kriterien entspricht, können Sie Ölsorten verschiedener Hersteller durchaus mischen. In dem Fall könnten spezielle Eigenschaften der ursprünglichen Rezeptoren jedoch an Wirkung verlieren. Grund: Jedes Produkt basiert auf einer individuellen Additivrezeptur, deren Wirksamkeit im Mix mit anderen Ölen ermüdet. Das gilt übrigens auch für die Kombination von Mineral- und Synthetiköl – die Melange hat im Alltagsbetrieb ohnehin keinerlei Vorteile.

Völlig normal – geringer Ölverbrauch

Gänzlich ohne Ölverbrauch ist kein Motor: Auch technisch gesunde Opel-Triebwerke verbrennen geringe Ölmengen. Rund einen Viertelliter auf 1000 km können Sie einplanen. Zumindest dann, wenn Sie die Ölwechselintervalle konsequent einhalten und den Motor nicht übermäßig belasten. Außerdem treiben defekte Dichtungen, verhärtete Ventilschaftkäppchen, verschlissene Ölabstreifringe, zu großes Kolbenspiel oder ausgeleierte Ventilführungen den Ölverbrauch in die Höhe.

Null Ölverbrauch – seien Sie misstrauisch

Vor allem im Winter und vornehmlich im Kurzstreckenverkehr steht der Ölpegel am Messstab wie eine Eins – der Motor erreicht dann selten seine Betriebstemperatur. Folglich vermengen sich an den Zylinderwänden kondensierte Kraftstoffrückstände oder Wassermoleküle zu einer Verschleiß provozierenden Melange mit dem Motoröl. Im Extremfall steigt sogar der Ölpegel. Misstrauen ist angesagt. Sollte Ihr Astra also kein Öl verbrennen oder gar vermehren, lassen Sie das Gebräu in kürzeren Intervallen ab – etwa schon nach 15.000 Kilometern oder halbjährlich.

Nicht vergessen – regelmäßig den Motorölstand checken

Checken Sie den Motorölstand nach jedem dritten Tankstopp oder nach längeren Autobahnfahrten mit hohen Tempi. Fehlmengen ergänzen Sie frühestens, wenn der Ölpegel etwa mittig zwischen beiden Markierungen des Ölstabs steht. Ihrem Astra fehlt dann etwa ein halber Liter.

- Erhöhen Sie den Pegel niemals über Maximum: Das Zuviel an Motoröl sucht und findet über Dichtflächen (Ventildeckel, Ölwanne) und Radialwellendichtringe (Kupplung, Riemenscheibe) einen Weg ins Freie. Mitunter verdreckt der wabernde Ölnebel über die Kurbelgehäuseentlüftung den Luftfilter und gelangt dann zurück in die Brennräume.
- Vorsicht bei betriebswarmem Motor: Der Ölstab kann sehr heiß sein.
- Benutzen Sie zum Nachfüllen aus größeren Gebinden einen sauberen Trichter.
- Kontrollieren Sie den Ölstand möglichst bei betriebswarmem Motor.
- Im Idealfall parkt Ihr Auto vorher schon rund fünf Minuten mit abgestelltem Motor auf einer möglichst waagerechten Fläche.
- Ziehen Sie den Peilstab und wischen ihn mit einem

Es muss nicht immer Maximum sein: Lassen Sie den Ölstand ruhig zwischen »min.« und »max.« pendeln. Die Nachfüllmenge zwischen beiden Markierungen beträgt je nach Motor zwischen 1,0 bis 1,5 Liter.

flusenfreien Lappen oder Papiertuch trocken. Bugsieren Sie den Stab bis zum Anschlag in die Peilstaböffnung zurück und ziehen ihn erneut heraus.

- Liegt der Pegel, zwischen Minimum und Maximum, eher im oberen Viertel, ist das o. k. Reicht er bis zur Mitte, ergänzen Sie maximal einen halben Liter Motoröl.
- Dümpelt der Ölstand dagegen unterhalb Minimum, ergänzen Sie die Fehlmenge sofort – Ihrem Astra fehlt in dem Fall rund ein halber Liter Motoröl in der Ölwanne.

IMMER gemeinsam wechseln – Motoröl und Ölfilter

Der Astra bekommt laut »ECOService« neues Motoröl entweder nach 12 Monaten oder 30.000 Kilometern. Halten Sie die Wechselintervalle auch dann ein, wenn Sie überwiegend lange Strecken zurücklegen. Das Öl ist zwar weniger beansprucht, doch auch ein gutes Motoröl ist nach 30.000 Kilometern oder 12 Monaten nicht mehr topfit. Wenn Sie Ihre Kilometer gar ausschließlich in der Stadt oder auf Kurzstrecken abspulen, spendieren Sie dem Motor spätestens nach 15.000 Kilometern oder alle sechs Monate einen Ölwechsel.

Ölwechsel

Do it yourself lohnt dann, wenn Sie ein preiswertes Öl mit den vorgeschriebenen Spezifikationen aus dem Zubehörhandel, Warenhaus, Internet oder von der Tankstelle nutzen. Zu einem konventionellen Ölwechsel (Öl aus der Wanne ablassen, Filtereinsatz wechseln, Öl an Sammelstelle entsorgen) müssen Sie Ihren Astra aufbocken. Schneller und sauberer erledigen Sie den Ölwechsel an einer SB-Station – dort saugen Sie in der Regel den alten Saft mit einem Ölheber aus der Ölwanne.
Die Methode ist zwar bequem, jedoch nicht ohne Nachteile: Ein Großteil des Ölschlamms verbleibt nämlich in der Ölwanne und belastet zwangsläufig das neue Öl. Am bequemsten sind Ölwechsel immer noch in der Fachwerkstatt. Natürlich arbeitet Ihr Opel-Händler nicht für Gotteslohn. Er berechnet Ihnen zudem die Entsorgung des Altöls mitsamt altem Ölfilter. Dennoch kann sich der Gang in die Werkstatt finanziell lohnen. Zumal immer mehr Werkstätten saisonal befristete Ölwechselaktionen inklusive Motoröl und Ölfilter anbieten. Fragen Sie also Ihren Händler und kalkulieren im Vorfeld: Werkstätten erledigen die Arbeit mitunter auch dann, wenn Sie Öl und Filter selbst anliefern.

So viel Motoröl passt in den Astra

Motortyp	Motoröl mit Filter* (l)
1,4 l	4,0
1,6 l	4,5
1,6 SIDI	5,5
1,3 CDTI	3,5
1,7 CDTI	5,4
2,0 CDTI	4,5

**Der Ölfilter ist auf den Motor abgestimmt. Verwenden Sie nur Originalfilter und verzichten auf dubiose Wühltischangebote.*

Werkzeug:
Torxschraubendreher, Ratsche, kurze Verlängerung, Stecknuss.

Wenn Sie den Ölwechsel selbst vornehmen, ...

- ... fahren Sie das Motoröl warm: Erst dann sind die Schmutzpartikel in der Schwebe.
- Bocken Sie Ihren Astra auf ebener Fläche waagerecht auf.
- Schieben Sie eine flache Wanne, Schüssel oder einen aufgeschnittenen Plastikölkanister mit ausreichendem Fassungsvermögen unter die Ölwanne.
- Lösen Sie die Ölablassschraube (Pfeil) mit einer Ratsche und lassen das alte Motoröl vorsichtig aus der Wanne ab. Wirklich vorsichtig! Denn beim Herausdrehen der Ablassschraube schwappt heißes Öl aus der Ölwanne in den Auffangbehälter. Sie wären nicht der Erste, der sich kräftig daran verbrüht!
- Anschließend lösen Sie den Ölfilterdeckel (Pfeil) mit einer Ratsche und Verlängerung, ziehen den Filtereinsatz aus dem Stativ heraus, erneuern, bevor Sie den neuen Filter montieren, den O-Ring oben im Filterflansch und ...
- ... ziehen den Deckel wieder an (Ottomotor 25 Nm, Dieselmotor 30 Nm).
- Sobald das Öl abgelaufen ist, montieren Sie die Ölablassschraube. Verwenden Sie grundsätzlich einen neuen Dichtring.

Die herkömmliche Methode: Das alte Motoröl läuft direkt aus der Ölwanne.

Von oben erreichbar: Die Ölfilterpatrone am Beispiel des Dieselmotors.

- Befüllen Sie den Motor mit der vorgegebenen Ölmenge (siehe Tabelle auf dieser Seite) und lassen ihn kurz im Stand anlaufen. Die Öldruckwarnleuchte erlischt erst, nachdem das Ölfiltergehäuse gefüllt ist.

- Checken Sie jetzt noch einmal, ob Ölfilter und Ablassschraube auch tatsächlich dicht sind.

- Erst dann stellen Sie Ihren Astra wieder auf die Räder.

Kein Grund zur Sorge – Ölschwitzflecken an der Motorperipherie

Ölschwitzflecken unter der Astra-Motorhaube müssen Sie nicht gleich verunsichern: In überschaubaren Mengen sucht Motoröl sich – erst recht bei starken Temperaturschwankungen – an Gehäusedichtflächen und durch Dichtungsporen einen Weg ins Freie. Anders sieht die Sache aus, wenn sich im Motorraum oder unter dem abgestellten Wagen starke Ölspuren breitmachen. Größere Leckagen dichten Sie möglichst schnell ab, ansonsten sind Folgeschäden im Anzug.

> **WISSENSWERTES**
>
> **Umweltgerecht entsorgen**
>
> Altes Motoröl liefern Sie bei Ihrem Frischölverkäufer ab. Sämtliche Verkaufsstellen müssen Altöl mindestens in der Menge entsorgen, wie sie frisches Öl verkaufen.
>
> Zudem können Sie Altöl, zusammen mit dem Ölfilter und ölverschmutzten Putzlappen, auch an einer Altölsammelstelle Ihrer Gemeinde oder Stadt entsorgen. Adressen »googeln« Sie im Internet, bei der Gemeindeverwaltung oder bei Automobilclubs.

Steht ständig unter Druck – das Kühlsystem

Sobald der Motor läuft, baut das Kühlsystem einen definierten Überdruck auf. Erst wenn im Kühlsystem, abhängig von der Motorversion, der Druck 1,4 – 1,6 bar übersteigt, öffnet im Verschlussdeckel des Ausgleichsbehälters ein Überdruckventil und entlässt den Überdruck an die Atmosphäre. Ein gewollter Vorgang: Der Überdruck hindert den an die Wasserstoffmoleküle gebundenen Sauerstoff nämlich daran, schon bei rund 100 °C zu verflüchtigen. Dieser Trick erhöht den Siedepunkt der Kühlflüssigkeit und die Motorbetriebstemperatur, zudem senkt er den spezifischen Kraftstoffverbrauch. Das bei abgekühlter Flüssigkeit entstehende Vakuum gleicht ein zweites, so genanntes Vakuumventil im Verschlussdeckel aus.
Speziell bei Stadtfahrten oder im Stop-and-go-Verkehr reicht der kühlende Fahrtwind häufig allein nicht aus, um den Motor vor Überhitzungsschäden zu bewahren. Für diesen Sonderfall besitzt der Astra einen elektrisch angetriebenen Kühlerventilator, der ihm die fehlende Kühlluft durch den Wärmetauscher fächelt.
Unter normalen Betriebsbedingungen können Sie das Kühlsystem des Astra weitgehend vernachlässigen: Es reicht, gelegentlich den Füllstand im Ausgleichbehälter sowie die Elastizität und Dichtheit der Kühlflüssigkeitsschläuche zu checken. Wenn Sie dort keine Unregelmäßigkeiten erkennen, wird's Ihrem Astra nicht zu heiß.

Temperaturabhängig – der Kühlmittelkreislauf

Das vom Thermostaten koordinierte Zusammenspiel der Elemente Luft und Wasser bewahrt den Motor gleichermaßen vor einem Kälteschock und Hitzekollaps: Nach jedem Kaltstart pulsiert das Kühlmittel zunächst im kleinen Kühlkreislauf. Der kleine Kreislauf beschreibt den Wassermantel des Motors inklusive Heizungswärmetauscher. In dieser Phase verschließt der Thermostat den Durchfluss zum Kühler. Erst wenn die Kühlflüssigkeit rund 88 °C erreicht, öffnet der Thermostat.

Mit steigender Motortemperatur steigt der Durchfluss ständig. Bei etwa 103 °C gibt der Thermostat den ganzen Durchfluss frei – die Kühlflüssigkeit durchströmt den Kühler jetzt ungebremst von oben nach unten. Währenddessen umspült der Fahrtwind die heiße Kühlflüssigkeit und entzieht ihr einen Großteil der Wärme. Wenn dass allein nicht mehr ausreicht, kommt bei rund 110 °C der elektrische Kühlerlüfter so lange mit ins Spiel, bis die normale Betriebstemperatur wieder erreicht ist.

Bei betriebswarmem Motor strömt die Kühlflüssigkeit aus dem rechten in den linken Kühlwasserkasten und

Die Kühlkomponenten

WISSENSWERTES

Wasserpumpe: In allen Astra-Motoren beschleunigt eine Kreiselpumpe mit Kunststofflaufrad die Kühlflüssigkeit im Kühlsystem. Ein flankenoffener Mehrrippenriemen treibt die Pumpe an.

Kühler: Besteht aus zwei Kunststoffwasserkästen, die eine Vielzahl dünnwandiger Leichtmetallröhrchen miteinander verbindet. Um die Leistungsfähigkeit des Kühlers zu steigern, vergrößern zwischen den Röhrchen leporelloartig gefaltete Aluminiumstreifen die Kühloberfläche. Sie leiten die Überschusswärme direkt an die Oberfläche ab.

Thermostat: Regelt die Kühlflüssigkeitstemperatur im Motor. Der Thermostat öffnet bei etwa 88 °C., bei 103 °C ist er dann komplett geöffnet. Bei gebrauchten Thermostaten ist eine Toleranz von ± 3 °C zulässig. Thermostate bestehen aus einem verschlossenen, mit Spezialwachs gefüllten Thermoelement (Zylinder), einer Druckfeder und einem Ventilteller. In dem Maße wie sich die Kühlflüssigkeit im Motor erwärmt, dehnt sich das Wachs im Thermoelement aus und hebt den Ventilteller, gegen den Widerstand einer Druckfeder, von seinem Sitz. Erst bei Betriebstemperatur ist das Ventil ganz geöffnet. Kühlt das Wasser ab, drückt die Feder gegen den Ventilteller und sperrt den Durchfluss entsprechend ab.

Bei den übrigen Astra-Motoren werden die Wasserpumpe sowie der Thermostat über das Temperaturmanagement, je nach Belastung, elektrisch geregelt. Diese Regelung senkt den Kraftstoffverbrauch zusätzlich.

Ausgleichsbehälter: Ergänzt im Kühlsystem automatisch die umlaufende Kühlflüssigkeitsmenge. Der Systemüberdruck entweicht aus einem Überdruckventil im Behälterverschlussdeckel, ein zweites Ventil im Verschlussdeckel gleicht entstehendes Vakuum aus. Der transparente Kunststoffbehälter sitzt in Fahrtrichtung links vor der Spritzwand im Motorraum.

Kühlerventilator: Alle Astra-Motoren besitzen einen, ein- oder zweistufig, elektrisch angetriebenen Kühlerventilator. Der Ventilator wird häufig auch als Kühlerlüfter bezeichnet.

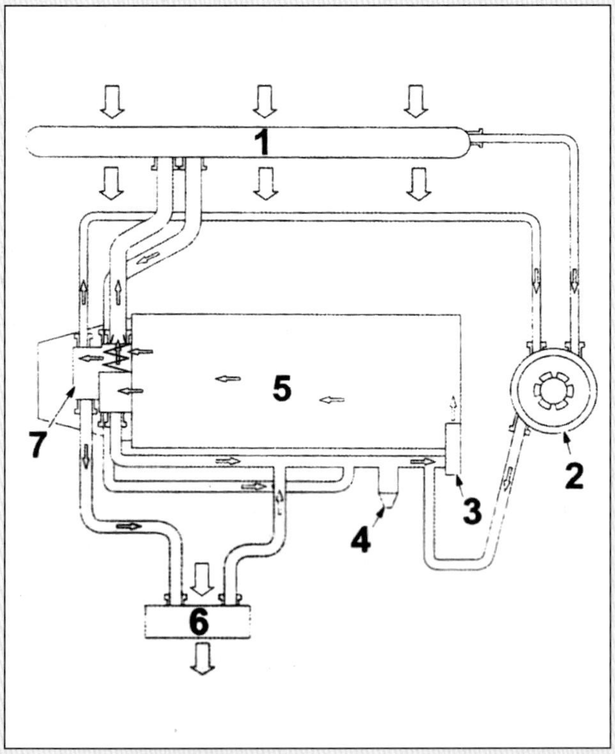

Unendlicher Kreislauf: Die Komponenten des Motorkühlsystems stehen hydraulisch in Kontakt. 1 Wasserkühler; 2 Kühlflüssigkeitsausgleichsbehälter; 3 Wasserpumpe; 4 Zusatzheizer (Option, Diesel); 5 Motorblock; 6 Heizungswärmetauscher; 7 Thermostatgehäuse.

von dort zur Wasserpumpe. Nach der Wasserpumpe passiert die Flüssigkeit den Motorblock und Zylinderkopf: Die überwiegende Flüssigkeitsmenge läuft über den geöffneten Thermostaten zurück in den rechten Kühlwasserkasten, der Rest durchfließt den Heizungswärmetauscher. Die im Kühler von oben nach unten abfließende Flüssigkeit ändert auf ihrem Weg durch die Kühlerlamellen ihr spezifisches Gewicht.
Mit abnehmender Temperatur verändern Flüssigkeiten, so auch die Kühlflüssigkeit, ihr Gewicht (physikalisch Wichte). Sie wird dichter (schwerer) und sinkt in den Wärmetauscher, bis sie unten – im linken Wasserkasten – Richtung Wasserpumpe wieder austritt. Der Kühlkreislauf ist damit geschlossen und die Flüssigkeit beginnt ihren Weg aufs Neue..

Das Kühlmittel

Die Kühlflüssigkeit (Kühlmittel) besteht im Astra aus einer Mischung von Frost- und Korrosionsschutzmitteln sowie Wasser. Opel stellt werkseitig die Kühlflüssigkeit (Farbe hellorange) mit rund 50% Kühlkonzentrat (Opel Teilenummer: 93 170 402, für einen Liter) und 50% Wasser ein. Das reicht allemal für einen zuverlässigen Schutz bis rund -37 °C. Erst bei etwa -37 °C beginnt die Flüssigkeit zu gelieren (Stockpunkt), ein Wert, der in unseren Breitengraden meistens nur theoretische Bedeutung hat. Die Werksbefüllung mit silikatfreiem Kühlerfrostschutz hält laut Opel ein Autoleben lang. Mischen Sie darum das originale Kühlmittel bitte nicht mit x-beliebigen Frostschutzmitteln. Füllen Sie grundsätzlich nur von Opel freigegebene Flüssigkeiten, auf jeden Fall jedoch Mixturen mit entsprechenden Spezifikationen, nach.

Auf Dichtheit prüfen – das Kühlsystem

- Undichte Wasserschläuche erkennen Sie leicht an hellgrauen Ablagerungen rund ums Leck.
- Checken Sie alle Wasserschläuche an Motor, Kühler und Heizungskühler von Zeit zu Zeit mit einem kritischen Blick oder, besser noch, mit Knetbewegungen an den Schläuchen. Harte, spröde oder rissige Schläuche tauschen Sie besser sofort aus.
- Kontrollieren Sie, ob die Schlauchenden weit genug auf den Anschlussstutzen sitzen …
- … und ob die Entlüftungsschraube fest angezogen ist.
- Prüfen Sie gleichfalls, ob alle Schlauchschellen festsitzen: Lockere Schellen sind ein potenzieller Gefahrenherd.
- Wechseln Sie auch korrodierte Schlauchschellen umgehend aus.

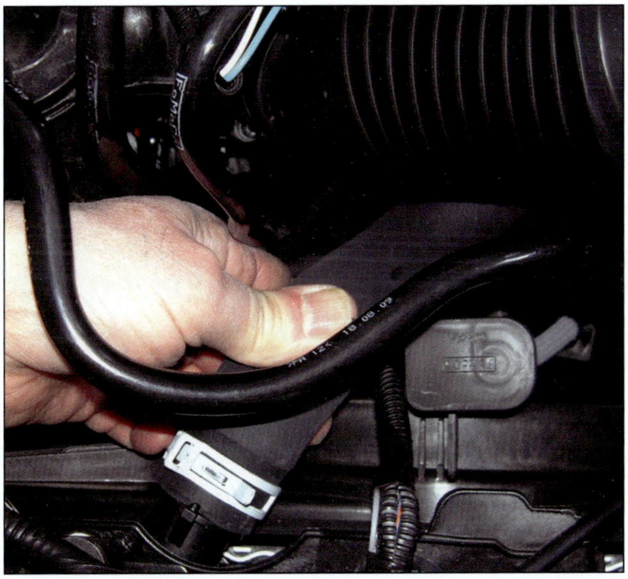

Kräftig zusammendrücken: Walken Sie die betriebswarmen Schläuche kräftig durch. Nur so entdecken Sie eventuelle Risse oder andere Beschädigungen.

Kühlflüssigkeit prüfen und nachfüllen

Checken Sie den realistischen Kühlflüssigkeitspegel im Ausgleichsbehälter bei kaltem Motor. Das Kühlsystem ist jetzt fast drucklos und die Kühlflüssigkeit hat ihr normales Volumen erreicht.

- Bei kaltem Motor muss der Pegel mindestens die untere Behältermarkierung erreichen.
- Vorsicht: Bei warmem Motor dehnt sich das Kühlmittel automatisch aus. Der Behälter muss dann noch Platz für die überschüssige Flüssigkeit haben. Lassen Sie sich also nicht von dem höheren Stand blenden.
- Öffnen Sie zum Nachfüllen vorsichtig den Verschlussdeckel. Bei heißem Motor steht der Behälter unter Druck. Legen Sie darum vorher einen dicken Lappen über den Deckel. Sollten Sie den Deckel vorschnell öffnen, besteht Verbrühungsgefahr – die Kühlflüssigkeit sprudelt siedend heiß aus dem Behälter.
- Befüllen Sie den Ausgleichsbehälter nicht über die obere Markierung hinaus.
- Kleinere Fehlmengen ergänzen Sie getrost bei warmem Motor.

Nachschub aus der Flasche: Sollte der Flüssigkeitsstand im Ausgleichsbehälter die »MIN-Markierung« unterschreiten, ergänzen Sie das Reservoir mit vorgemischter Flüssigkeit. Achten Sie beim Öffnen des Behälters auf Blasenbildung und Ölschlamm – daran erkennen Sie eine defekte Zylinderkopfdichtung.

Ein Astra Leben lang alterungsbeständig – die Originalkühlflüssigkeit

Opel schreibt beim Astra keinen Kühlflüssigkeitswechsel vor. Das gilt allerdings nur für die silikatfreie Originalflüssigkeit (Farbe: rot). Sobald Sie das Original jedoch mit anderen Kühlflüssigkeiten mischen, laufen Sie Gefahr, dass der Mix über die Zeit erneuerte Aluminiumbauteile (z. B. Thermostatgehäuse) angreift. Sollten Sie Ihrem Astra also irgendwann ein Neuteil montieren müssen, das mit der Kühlflüssigkeit Kontakt hat, wechseln Sie – unabhängig vom Alter oder der Laufleistung – das Gebräu gegen originale Opel-Kühlflüssigkeit aus. Und so wird's gemacht:

- Falls Ihr Astra mit einer Klimaanlage ausgestattet ist, schalten Sie diese erst einmal aus.
- Öffnen Sie mit Bedacht zunächst den Verschlussdeckel des Ausgleichsbehälters und lassen vorsichtig den Überdruck aus dem Kühlsystem entweichen. Die Betonung liegt auf »Bedacht« und »Vorsicht«: Bei heißem Motor besteht nämlich akute Verbrühungsgefahr!
- Nachdem das System drucklos ist, schrauben Sie den Verschlussdeckel ganz ab.
- Demontieren Sie die untere Motorverkleidung und stellen ein Auffanggefäß unter den Kühler.
- Jetzt lösen Sie die Ablassschraube am Kühler (Pfeil) und lassen die Kühlflüssigkeit ganz ablaufen.

- Danach schließen Sie die Ablassschrauben und befüllen das System, bis zur oberen Linie der Entlüftungsdüse am Kühlmittelausgleichsbehälter, mit dem neuen Konzentrat.
- Nun ist es Zeit, die Entlüfterschraube des Kühlers (Pfeil) zu öffnen. Tritt dort Kühlmittel aus, wird die Kunststoffschraube wieder geschlossen.
- Ergänzen Sie die Restmenge im Kühlmittelausgleichsbehälter bis auf Höhe des Entlüftungsschlauchs und starten den Motor.
- Wenn der Kühlmittelstand nun fällt, füllen Sie die Fehlmenge sofort mit kalkarmem Leitungswasser auf und schließen den Deckel.
- Den Motor bei Leerlaufdrehzahl so lange warm laufen lassen, bis das Kühlgebläse anläuft.
- Jetzt erhöhen Sie die Drehzahl kurzfristig auf ca. 2500 U/min.$^{-1}$ und lassen den Motor sofort wieder in die Leerlaufdrehzahl fallen. Wiederholen Sie diesen Vorgang etwa drei Mal. Das System ist nun entlüftet.
- Schalten Sie den Motor aus und lassen ihn abkühlen.
- Wenn der Motor abgekühlt ist, ergänzen Sie mit kalkarmem Leitungswasser den Kühlflüssigkeitsstand bis zur Schweißnahtmarkierung (Pfeil).

Von unten schnell zu lösen: Kühlmittelablassschraube am Kühler.

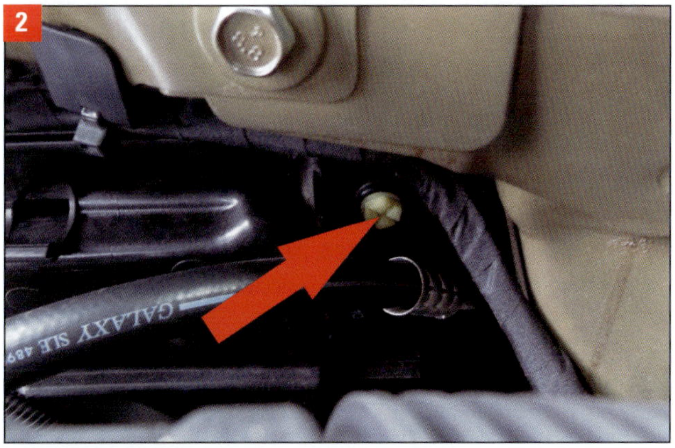

Nur zum Entlüften öffnen: die Entlüfterschraube auf der rechten Kühlerseite.

Die »Max«-Markierung am Astra: Gut sichtbar an der oberen Rippe des Ausgleichbehälters.

Damit trotzen Sie dem Winter – Frostschutz bis -37 °C

In unseren Breitengraden reicht allemal ein Frostschutz bis -37 °C. Das entspricht, auf Basis des Opel-Konzentrats, etwa einer 50%igen Mischung. Haben Sie ab und an jedoch den Flüssigkeitsstand mit destilliertem Wasser ergänzt, reicht für kältere Tage mitunter die Konzentration nicht mehr aus. Prüfen Sie darum die Mischung spätestens im Herbst mit einer Frostschutzspindel und lassen die Kühlflüssigkeit von Ihrer Werkstatt neu einstellen. Als Faustregel gilt: Etwa ¾ Liter Kühlkonzentrat erhöht den Kälteschutz um ca. 12 °C. Vorsicht: Mischen Sie die Originalkühlflüssigkeit niemals mit irgendwelchen anonymen Produkten – der Korrosionsschutz und die Metallverträglichkeit könnten arg darunter leiden. Im Zweifelsfall programmiert der Mix sogar kapitale Reparaturen. Wenn Sie die Originalkühlflüssigkeit auf Reisen also mit einem anonymen Produkt ergänzen müssen, wechseln Sie die Kühlflüssigkeit zu Hause besser gleich komplett. Erst recht bei Leichtmetallmotoren, ansonsten könnten ungeeignete Frostschutzzusätze den Motor beizeiten wie eine trockene Semmel zerbröseln lassen.

- Beachten Sie unter »Kühlflüssigkeitswechsel« die Arbeitsschritte bis Punkt 5 und ...

Motor verliert Kühlflüssigkeit

WISSENSWERTES

Sollte Ihr Motor während der Fahrt größere Mengen an Kühlflüssigkeit verlieren, ergänzen Sie den Flüssigkeitsstand auf keinen Fall mit kaltem Wasser: Der heiße Motor bekommt dann einen Kälteschock. Im Extremfall reißt der Motorblock oder der Zylinderkopf verzieht auf der Dichtfläche. Im ersten Fall wandert der Motorblock vorzeitig auf den Schrott. Die zweite Möglichkeit endet mit einer undichten Zylinderkopfdichtung: Das Kühlmittel tritt sichtbar aus oder es vermengt mit dem Motoröl zu einer verschleißfördernden Emulsion. Sollten Sie also kein heißes Wasser parat haben, warten Sie genügend lang mit dem Nachschub. Lassen Sie im Anschluss einen Fachmann dem Kühlmittelverlust auf den Grund gehen.

- ... lassen danach rund 1 bis 2 Liter Kühlmittel ablaufen.
- Verschließen Sie den Kühler und befüllen den Kühlflüssigkeitsausgleichsbehälter mit der erforderlichen Konzentratmenge. Den Rest ergänzen Sie mit alter Kühlflüssigkeit.

Gesamtfüllmenge – Mischungsverhältnis (bis -37 °C)

Motortyp	Kühlkonzentrat (Liter)	Wasser (Liter)	Gesamtfüllmenge (Liter)
1,4 l	ca. 3,0	3,0	6,0
1,6 l	ca. 3,0	2,9	5,9
1,4 l Turbo	ca. 3,1	3,1	6,2
1,6 l SIDI Turbo	ca. 3,0	2,9	5,9
1,3 CDTI	ca. 3,3	3,3	6,6
1,7 CDTI	ca. 3,9	3,8	7,7
2,0 CDTI	ca. 4,5	4,5	9,0

Thermostatgehäuse erneuern

Werkzeug:
Torx-Nuss, Verlängerung, Ratsche

1,4 l

- Öffnen Sie den Verschluss des Ausgleichsbehälters um den Druck im Kühlsystem abzubauen. Vorsicht bei warmem Motor: Verbrühungsgefahr.

- Stellen Sie einen Auffangbehälter unter den Kühler und ziehen den unteren Kühlerschlauch ab, bzw. öffnen die Ablassschraube. Lassen Sie etwa drei Liter Kühlflüssigkeit ab.

nur 1,4 l Turbo

- Um Platz für die Demontage zu schaffen, lösen Sie das Luftansaugrohr an den beiden Schlauchschellen und ziehen es von beiden Flanschen ab.

- Jetzt lösen Sie die Leitung der Kurbelgehäuseentlüftung des Turboladers und drücken sie ein wenig zur Seite.

alle 1,4 l

- Demontieren Sie nun die Schlauchschelle am Thermostatgehäuse und ziehen den Kühlwasserschlauch vom Flansch ab.

- Anschließend trennen Sie den Anschlussstecker des Motorkühlmitteltemperatursensors (Pfeil) und legen das Kabelende beiseite.

- Erst jetzt schrauben Sie die drei Befestigungsschrauben aus dem Thermostatgehäuse und nehmen es vorsichtig ab. Eventuell müssen Sie dem Gehäuse mit leichten Schlägen (Gummi- oder Plastikhammer) etwas nachhelfen.

- Zum Einbau säubern Sie die Dichtflächen gründlich und ziehen den Gehäusedeckel mitsamt Thermostat gleichmäßig mit 8 Nm an.

- Beenden Sie die Montage in umgekehrter Reihenfolge und ergänzen die fehlende Kühlflüssigkeit.

1.3 l Diesel

- Damit der Systemdruck entweichen kann, öffnen Sie den Verschluss des Ausgleichsbehälters. Vorsicht: Bei warmem Motor besteht akute Verbrühungsgefahr.

- Stellen Sie einen Auffangbehälter unter den Kühler und ziehen den unteren Kühlerschlauch ab, bzw. öffnen die Ablassschraube. Lassen Sie etwa drei Liter Kühlflüssigkeit aus dem Kühlsystem ablaufen.

- Um Platz für die Demontage zu schaffen, demontieren Sie das Steuergerät vom Batterieträger. Dazu lösen Sie den Halteclip mit einem kleinen Schraubendreher und ziehen das elektronische Steuergerät nach oben aus der Führung.

- Nun lösen Sie die Schellen vom Entlüftungsschlauch am Thermostatgehäuse, am Zulaufschlauch und am Bypassschlauch des Turboladers. Opel-Mechaniker nutzen dazu eine Spezialzange »BO-38185«. Mit einem kleinen Schraubendreher und Geduld kommen Sie erfahrungsgemäß auch ans Ziel.

- Ziehen Sie die Schläuche von Flansch ab und …

- … trennen noch schnell den Anschlussstecker vom Kühlmitteltemperatursensor.

- Nachdem auch die beiden Halteschrauben vom Thermostatgehäuse gelöst sind, können Sie das Gehäuse vom Motorblock abziehen. Eventuell müssen Sie dem Gehäuse unterstützend mit leichten Schlägen (Gummi- oder Plastikhammer) etwas nachhelfen.

- Zum Einbau säubern Sie die Dichtflächen gründlich und ziehen den Gehäusedeckel mitsamt Thermostat gleichmäßig mit 25 Nm an.

- Beenden Sie die Montage in umgekehrter Reihenfolge und ergänzen die fehlende Kühlflüssigkeit.

Der Luftfilter (Ansauggeräusch-dämpfer)

Um die Ansaugluft möglichst effizient zu säubern, durchströmt sie vor Eintritt in das Ansaugsystem den Luftfilter (Ansauggeräuschdämpfer). Im Astra sitzt der Filter relativ gut zugänglich rechts im Motorraum. Das Filtergehäuse ist nicht etwa ein zufällig passender Kasten, sondern ein exakt berechnetes Konstruktionsteil. Es modelliert die Ansaugluft in eine beruhigte Gassäule und minimiert außerdem die Ansauggeräusche. Im Astra besteht der Ansauggeräuschdämpfer aus einem Kunststoffgehäuse mit einem feinporigen, harmonikaartig gefalteten Papierfiltereinsatz.

Halten ein Motorleben lang: High-FLow-Luftfilter aus Baumwollvlies, so zum Beispiel von K&N.

Nach spätestens 60.000 Kilometern tauschen – den Luftfiltereinsatz

Die Frischluft durchströmt das Luftfiltergehäuse von außen nach innen. Den Filtereinsatz (Filterelement) dichten zwei flexible Kunststoffringe gegen ungewollte Nebenluft ab. Dementsprechend passiert die gesamte Frischluftmenge auf ihrem Weg in die Brennräume den Filtereinsatz. Verschleiß fördernde Schmutzpartikel verfangen sich zwangsläufig im Filterpapier. Größere Fremdkörper, zum Beispiel Insekten oder von der Straße aufgewirbelte Sandkörnchen, fallen ins Filtergehäuse. Luftfilter und Filterelement erfüllen ihre Aufgabe freilich nur bei regelmäßiger Wartung und Pflege.

Unter normalen Fahrbedingungen schreibt Opel alle 60.000 km einen Filterwechsel vor. Wenn Sie Ihrem Astra freilich überwiegend verstaubte Pisten zumuten müssen, wechseln bzw. reinigen Sie das Element frühzeitiger. Denn ein verschmutzter Filtereinsatz schnürt dem Motor die Ansaugluft ab. Folge: Das Kraftstoff-/Luftgemisch gerät aus dem Gleichgewicht, die Motorleistung sinkt und der Kraftstoffverbrauch steigt.

Tipp: Wenn Sie sich regelmäßige Wechselintervalle mit neuen Filtern ersparen möchten, empfehlen wir Ihnen den Kauf eines Luftfilters auf Basis eines Trägernetzes aus Baumwollgewebe. Mit zu den bekanntesten Anbietern zählt der Hersteller K&N (www.knfilters.com). Unser Tipp fußt weniger auf Leistungssteigerung denn auf Langlebigkeit und Filterwirkung: Entsprechende Filternetze sind auswaschbar, sie gewähren zudem höhere Luftdurchsätze bei besserer Filterwirkung und passen in das originale Filtergehäuse. Der eine oder andere Astra-Chatbesucher attestiert im Internet seinem Auto nach der Montage aggressivere Ansauggeräusche und geringfügig bessere Fahrleistungen. Was die Fahrleistungen angeht, bestätigen wir das nicht unbedingt.

Luftfiltereinsatz reinigen und auswechseln

Unabhängig von der zurückgelegten Fahrstrecke blasen Sie den Serienfilter mindestens einmal jährlich aus und erneuern ihn nach spätestens zwei Jahren. Neue Filtereinsätze bekommen Sie beim Opel-Vertragshändler, im Zubehörhandel oder per Internet. Es muss übrigens nicht generell ein Originalersatzteil sein – doch achten Sie unbedingt auf Qualitätsware und meiden billige Plagiate: Auf Wühltischen wechseln mitunter minderwertige Filter obskurer Produktpiraten den Besitzer. Im Moment sparen Sie damit vielleicht ein paar Cent, doch auf Dauer verübelt Ihnen der Motor den Kauf – er verschleißt zeitiger. Billig ist nicht automatisch preisgünstig.

Schnell zu Wechseln: Filterelement unter der Astra-Motorhaube.

Werkzeug:
Kreuzschlitzschraubendreher.

- Lösen Sie den Filtergehäusedeckel an fünf Schrauben (Pfeile).
- Liften Sie den Deckel, bis Sie das Filterelement herausziehen können.
- Reinigen Sie das Filtergehäuse mitsamt Deckel. Verwenden Sie dazu einen fusselfreien Lappen oder – besser noch – blasen Sie das Gehäuse mit Druckluft aus. Achten Sie zur Montage darauf, dass der neue Filtereinsatz plan auf dem Gehäuseunterteil aufliegt.

Luftfilterelement reinigen

- Reinigen Sie Papierfiltereinsätze niemals in Flüssigkeiten. Der Filter ist danach Schrott!
- Klopfen Sie das Filterelement stattdessen vorsichtig auf einer harten Unterlage aus. Die verdreckte Seite halten Sie derweil nach unten. Größere Verschmutzungen und Insektenkadaver fallen so bereits vom Filterpapier ab.
- Danach blasen Sie den Filter von der Unterseite nach oben mit Druckluft aus.
- Sollten Sie die Blasrichtung verwechseln, gelangen die feinen Staubpartikel nur noch tiefer in die Filterporen.
- Achten Sie zur Montage immer darauf, dass beide Dichtflächen sauber gegen die Gehäuseteile abdichten.

Standard – elektronisch geregelte Kraftstoffeinspritzanlagen

Unter den Motorhauben der Astra-Derivate repräsentieren elektronisch geregelte Bosch- oder Siemens-Kraftstoffeinspritzanlagen den technischen Standard der Ottomotoren. Alle Diesel arbeiten nach dem Common-Rail-Verfahren mit Hochdruckpumpen und elektronischer Steuerung von Bosch oder Denso. Die Ottomotoren entgiften Dreiwege-Katalysatoren, überwacht von jeweils zwei Lambdasonden. Bei den Selbstzündern sind Oxidationskatalysatoren inklusive Abgasrückführung und Partikelfilter erste Wahl.

Verteilerlose 3-D-Kennfeldzündanlagen takten im Rhythmus 1 – 3 – 4 – 2 die Verbrennung der Ottomotoren. Die Anlagen stehen, wie alle Akteure des elektronischen Motormanagements, unter Aufsicht eines Bordrechners. Im gleichen Zündrhythmus läuft die Verbrennung bei den Selbstzündern ab. Hier freilich sind die Zündimpulse keine Frage von externer Elektronik, sondern vielmehr das physikalische Resultat des Aufeinandertreffens hoch komprimierter Frischluft mit zündfähigem Dieselöl.

Das Astra-Motormanagement arbeitet weitgehend wartungsfrei. Erfahrungsgemäß lassen sich Fehlfunktionen nur mit einem gerüttelt' Maß an Praxiserfah-

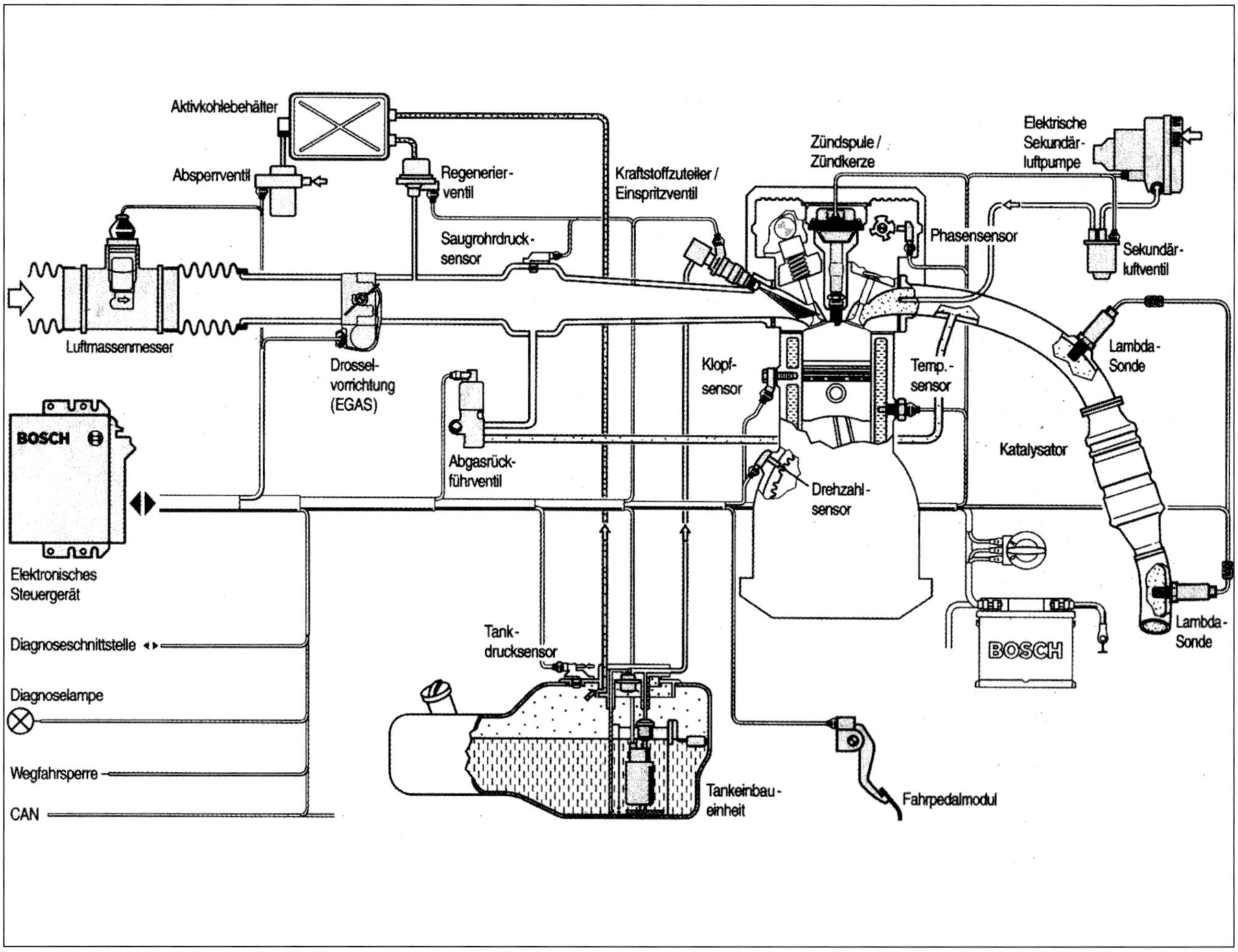

Ziehen alle an einem Strang: Die Managementmodule des elektronischen Motormanagements. Fällt in einem sekundären Regelkreis ein Modul oder ein Sensor aus, halten Notlaufprogramme den Motor weiter bei Laune. Doch Störungen in einem primären Regelkreis, beispielsweise »Motordrehzahl«, sind so entscheidend, dass der Motor sofort abstirbt oder erst gar nicht startet.

rung, umfangreichen Fachkenntnissen und speziellem elektronischen Messequipment lokalisieren: Ohne die genannten Goodies stehen selbst hochbegabte Schrauber auf verlorenem Posten. Vertrauen Sie Ihr Auto bei Motormanagement-Missfunktionen darum besser einem Opel-Händler oder ausgewiesenen Spezialisten an. Er liest die Fehlercodes im Bordcomputer treffsicher mit dem passenden Systemtester aus.

Damit Sie im Ernstfall nicht gänzlich im Dunklen tappen, ist es durchaus empfehlenswert und vorteilhaft, die theoretischen Grundzüge des Astra-Motormanagements ansatzweise zu kennen. Und sei's nur, um dem Werkstattprofi auftretende Unregelmäßigkeiten präziser beschreiben zu können: Je eindeutiger Sie am Werkstatttresen die Wehwehchen Ihres Astra benennen, umso überschaubarer fällt die spätere Rechnung aus.

Auf einen Blick – die Motormanagements der Ottomotoren (Bosch, Siemens)

Steuergerät Motor (ECM)

Über das ECM werden die folgenden Bauteile gesteuert:

- Einspritzanlage
- Zündanlage
- Abgasreinigungsanlagen
- On-Board-Diagnose (OBD)
- Klimaanlage und Gebläse
- Motorsystem Drosselklappe
- Ladedruck bei Turbomotoren

Kraftstoffsystem

- Sequenzielle Kraftstoffeinspritzung
- Mehrlocheinspritzventile
- Tankentlüftungssystem

Zündsystem

- Digitales integriertes, elektronisches Zündsystem
- Zündspannungsüberwachung

Abgasregelung

- direkt am Abgaskrümmer angeflanschter Dreiwege-Katalysator
- Abgasrückführungsventil
- zwei Lambdasonden – jeweils eine vor und nach dem Katalysator
- Kraftstoffverdunstungssystem
- Ladeluftkühler bei Turbomotoren

Sensoren

- Kurbelwellensensor
- Gaspedal-Stellungssensor (APP-Sensor)
- MAP-Sensor (Saugrohr-Absolutdruck)
- Ansaugluft-Temperatursensor (IAT)
- Fahrgeschwindigkeitssensor (VSS)
- Motorklopfsensor
- Motorkühlmitteltemperatursensor (ECT)
- Luftmassensensor (MA)
- Nockenwellensensoren
- Ladedrucksensor
- Kupplungspedalschalter

Diagnosemöglichkeiten

- zentraler Diagnosestecker im linken Fußraum

Im Detail – das Management der Einspritzanlage

Motorsteuergerät (ECM): Die Regiezentrale des elektronischen Motormanagements sitzt im Motorraum. Das ECM verwertet ständig aktuelles Datenmaterial aus den unterschiedlichsten Motorkennfeldern (Drehzahl, Saugrohrdruck, Ansaugluft-, Kühlflüssigkeitstemperatur, etc.) und vergleicht sie mit einem fest installierten Datenpool. Nach dem Abgleich ermittelt und berechnet das ECM unter anderem die Öffnungsdauer der elektromagnetisch betätigten Einspritzventile, die Kraftstoffmenge und das Kraftstoff-Luft-Gemisch. Das Motorsteuergerät ist ohne großen Aufwand neu einzulesen bzw. zu aktualisieren. Zum Beispiel dann, wenn modifizierte Strategien mit neuen Kennfeldern die vor-

Elektronische Regiezentrale am Beispiel des A14NEL: Alle ECOTEC-Benziner verstecken ihr Motorsteuergerät (Pfeil) unter einem Zentralstecker, seitlich links an der Batterie.

handene Software abgelöst haben. In dem Fall löscht die veralteten Datencocktails des EEPROM kurzerhand ein mobiles Diagnosegerät und frischt sie im nächsten Schritt mit der neuesten Software auf. Das geschieht ohne großen Umstand bei Ihrem Opel-Händler, denn das entsprechende Servicemodul hat jeder Astra bereits ab Werk an Bord.

Kraftstoff-Verdampfungskontrollsystem: Das System hat die Aufgabe, die im Tank entstehenden Kohlenwasserstoffe zu minimieren. Den Taktstock dazu führt das Motorsteuergerät mit fest gespeicherten und kalibrierten Kennwerten. Zum System gehören im Astra ein Aktivkohlefilter, ein Verdampfungskontrollventil sowie ein Kraftstoffdampfabscheider. Der Aktivkohlefilter korrespondiert über diverse Kunststoff- und Gummileitungen mit dem Kraftstofftank, dem Verdampfungskontrollventil und dem Ansaugkrümmer: Solange das Verdampfungskontrollventil verschlossen ist, parkieren die im Tank wabernden Dämpfe vorübergehend im Aktivkohlefilter. Erst wenn der Motor anläuft, öffnet das Verdampfungskontrollventil und entlässt die im Aktivkohlefilter gebundenen Kraftstoffdämpfe in den Ansaugkrümmer. Dort vermischt die Mixtur mit den Frischgasen und verbrennt mit ihnen im Motor.

Drosselklappenmodul: Mithilfe eines Gleichstrommotors steuert das Modul die Drosselklappe an. Der Stellmotor interpretiert Ihre Fußtritte last- und drehzahlabhängig in elektronische Signale für die Drosselklappe um. Zwei Sensoren mit Selbstdiagnosefunktion zeichnen dafür verantwortlich. Entsprechend animiert gibt die Drosselklappe in Leerlaufstellung nur einen geringen und bei Volllast den gesamten Querschnitt des Drosselklappenstutzens frei. Beide Sensoren sitzen direkt am Drosselklappengehäuse, sie arbeiten wie ein variabler Widerstand (Potenziometer): Je nach Winkelstellung der Drosselklappe tastet ein Schleifer eine Widerstandsbahn ab und variiert so, abhängig von seiner Stellung, die Ausgangsspannung an den Sensoren. Sein Tun ist für das Motorsteuergerät von großer Relevanz: Es interpretiert die Spannungskurven als Informationen und bereitet dementsprechend für jeden Zylinder die passende Kraftstoffration auf.

Fahrpedalmodul (Accelerator Pedal Position – APP): Das Fahrpedal funktioniert im Astra elektronisch (Drive by Wire) mit zwei separaten Schleifpotenziometern am Fahrpedal und Drosselklappengeäuse.

Nockenwellenstellungssensor: Der Nockenwellenstellungssensor observiert die Nockenwellenstellung und leitet daraus die zur sequenziellen Einspritzung und Klopfregelung notwendige Zylindererkennung ab. Der Sensor besteht aus zwei Hall-Elementen. Schon mit eingeschalteter Zündung lokalisiert er die Nockenwellenstellung. Wichtig für das Motormanagement: Es nutzt die Informationen, um vom Start weg jeden Zylinder mit der adäquaten Kraftstoffmenge und einem »just in time«-Zündfunken zu bedienen.

Luftmassenmesser: Sitzt vor dem Drosselklappengehäuse im Luftfilterkasten. Der Hitzdrahtsensor arbeitet nach dem »Konstant-Übertemperaturprinzip«. Damit die Temperaturdifferenz zur vorbeiströmenden

Leicht zu erkennen: Drosselklappensensor und Gleichstrommotor am Drosselklappenmodul (Pfeil).

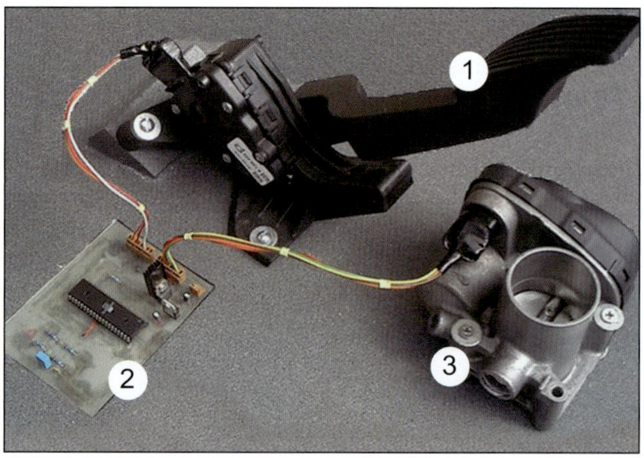

Interpretiert das Gaspedal: Das Fahrpedalmodul (APP) ersetzt den mechanischen Gaszug. 1 Fahrpedalmodul, 2 Steuerung,, 3 Drosselklappenmodul.

Elektrisch beheizt: der Heißfilmluftmassenmesser im Luftansaugstutzen. Im Gehäuse reagiert ein hauchdünner, aufgeheizter Platindraht auf die Qualität der angesaugten Luftmenge. Sollte der Luftmassenmesser verschlissen sein, ersetzen Sie ihn unbedingt durch ein hochwertiges Qualitätsteil und nicht durch einen »passenden« Billigimport.

Ansaugluft ständig auf gleichem Level bleibt, wird er fortlaufend aufgeheizt. Der Bordrechner ermittelt aus der unterschiedlichen Heizenergie die realistische »Dichte« der angesaugten Frischluft.

Saugrohr-Absolutdrucksensor mit integriertem Ansauglufttemperatursensor (Temperature and Monifold absolute Pressure – MAP): Der MAP-Sensor minimiert eventuell auftretende Leistungsverluste auf Berg- und Talstrecken, indem er bei eingeschalteter Zündung und Volllast den momentan herrschenden Motorbetriebszustand ermittelt. Als Messgröße interpretiert er den barometrischen Druck im Ansaugkrümmer. Die Erkenntnisse speichert und verarbeitet das ECM, bei unterschiedlichen Lastzuständen, als Referenzgröße für den jeweiligen Saugrohrdruck. Die Sensorsignale sind zunächst nur Bezugsgrößen für den Kaltstart und die Warmlaufphase. Zusätzlich dienen sie dem MAP-Sensor noch als Korrekturgröße, um unterschiedliche Zylinderfüllungsgrade auszugleichen. Aus sämtlichen Eingangssignalen des MAP-Sensors errechnet das ECM letztlich die vom Motor angesaugte Luftmasse.

Kurbelwellenpositionssensor: Der Kurbelwellenpositionssensor ist Teil der Kurbelwelle. Er besteht aus 58 Polen und einem als Spaltmaß dienenden Spalt. Die Pole auf dem Encoder sind 6° voneinander entfernt, wobei der Abstand für das Spaltmaß 12° beträgt. Der Spaltimpuls wird als Synchronisierimpuls bezeichnet. Der Synchronisierimpuls dient zur Synchronisierung der Spulenzündreihenfolge mit der Kurbelwellenstellung, während die anderen Pole während einer Drehung die Zylinderposition liefern.

Kühlmitteltemperatursensor (ECT): Der ECT-Sensor ist ein temperaturabhängiger Widerstand mit negativem Temperaturkoeffizienten. In dem Fall variiert der Widerstandswert umgekehrt proportional zur eigentlichen Kühlmitteltemperatur.

Beheizbare Lambdasonde (Heated Oxygen Sensor – HO2S): Den Astra-Auspuff schnüffeln zwei Lambdasonden aus. Sie messen den Sauerstoffgehalt der Abgase jeweils vor und nach dem Katalysator. Ihre Analysen verarbeitet das ECM zu digitalen Steuerimpulsen für die Kraftstoffeinspritzung und das Kraftstoffverdunstungssystem. Um einwandfrei – im Sinne von Lambda 1 – zu arbeiten, sind die Sonden auf den ständigen Wechsel von leicht angefettetem bzw. abgemagertem Gemisch angewiesen. Lambdasonden haben starken Einfluss auf die Funktion und Lebensdauer des Katalysators.

Einspritzventile (Injektoren): Im mehrflutigen Ansaugrohr sitzt jeweils ein Einspritzventil vor jedem Zylinder und beim SIDI-Triebwerk je ein sechsstrahliger Injektor direkt im Brennraum. Die Injektoren reagieren auf elektrische Impulse. Ihre Reaktionszeit beträgt etwa 1 bis 1,5 Millisekunden. Um die Gemischbildung schneller und homogener zu unterstützen, verteilen die Injektoren bei den Saugrohreinspritzern einen geteilten Kraftstoffstrahl vor die Einlassventile und beim SIDI-Motor mit bis zu 200 bar direkt in den Brennraum. Jeder Einspritzvorgang hebt die Injektorennadel nur etwa 0,1 Millimeter von ihrem Sitz.

Klopfsensor (Knock Sensor – KS): Der Klopfsensor registriert direkt zwischen dem zweiten und dritten Zylinder mechanische Schwingungen am Motorblock. Sobald die »Klingelgrenze« erreicht wird, signalisiert der KS das Malheur. Das ECM nimmt daraufhin den Zündzeitpunkt des betreffenden Zylinders um 1,5° Grad zurück. Falls das nicht reicht, geht's so lange weiter in Richtung Spätzündung, bis die Verbrennung wieder normal verläuft. Schon zwei Sekunden später nähert das ECM dann den Zündzeitpunkt wieder kontinuierlich der Klopfgrenze oder – bei normaler Kraftstoffqualität – dem vorgegebenen Zündzeitpunkt an. Im mon-

Unscheinbares Modul mit großer Wirkung: Der Klopfsensor am Motorblock.

tierten Zustand darf der KS keinesfalls Kontakt zu angrenzenden Schwingungsmassen haben.

Ladedrucksensor / Sensor Druck Turbolader: Der Ladedrucksensor ist am Einlasskrümmer befestigt und misst den Ladedruck und die Lufttemperatur. In den Ladedrucksensor ist auch ein Ansaugluft-Temperatursensor integriert.

Ladeluftkühler: Der Turbolader wird durch ein Luft-Luft-Ladeluftkühlersystem unterstützt, bei dem die warme Druckluft, die durch das Ansaugsystem eingesogen wird, mit der durch den Wärmetauscher gesogenen Frischluft gekühlt wird. Die Ansauglufttemperatur kann um bis zu 100 °C (180 °F) gesenkt werden, wodurch die Leistung gesteigert wird, da kühle Luft eine größere Sauerstoffdichte aufweist und eine optimale Verbrennung fördert.

Zündspannungsüberwachung: Beaufsichtigt die Motordrehzahl und schaltet bei Zündaussetzern, etwa bei Schäden an den Zündspulen oder Kerzensteckern, den entsprechenden Zylinder ab. Der Eingriff rettet die Katalysatoren, sie können nicht mehr überfetten bzw. überhitzen. Als aufmerksamer Astra-Lenker erkennen Sie das an der Kontrollleuchte im Armaturenbrett.

Abgasrückführungsventil: Das elektronisch gesteuerte AGR-Ventil macht einer exakt dosierten Abgasmenge den Weg ins Ansaugsystem frei. Hier vermengt sich das Abgas mit frischer Ansaugluft. Die jeweilige Abgasmenge bestimmt das Motorsteuergerät anhand der Kurbelwellendrehzahl, dem Lastzustand und der momentanen Motortemperatur. Die Giftspritze aus dem Auspuff senkt die Verbrennungstemperaturen, was wiederum den NOx-Ausstoß positiv beeinflusst. Beim Ottomotor beeinflussen die geringeren Drosselverluste gleichfalls den Kraftstoffverbrauch positiv.

Eingeschränkt möglich – Selbsthilfe an der Einspritzanlage

Mit Ihrem jetzigen Wissensstand über das Einspritzmanagement des Astra verstehen Sie unsere anfängliche Empfehlung, »Arbeiten an der Einspritzanlage besser einem Profi zu überlassen«, leichter. Zumindest für den Fall, dass tiefer gehende Korrekturen anstehen. Denn nur spezielle, in einer ganz bestimmten Reihenfolge ablaufende Tests offenbaren mögliche Defekte im elektronischen Motormanagement. Normales Heimwerkerwissen und Hobbyhandwerkzeug reichen einfach nicht mehr aus. Doch seien Sie ganz beruhigt: Ernsthafte Störungen am Motormanagement treten in der Praxis höchst selten auf – Ausnahmen bestätigen natürlich die Regel.

Steuergerät reparieren

WISSENSWERTES

Defekte am Motormanagement sind äußerst selten – umso ärgerlicher sind Störungen, die ausgerechnet Ihren Astra aus dem Gleichgewicht bringen sollten. Zumal Werkstätten in dem Fall schnell mit neuen Geräten bei der Hand sind. Das muss nicht unbedingt Profitdenken Ihrer Werkstatt sein, denn der Diagnoseaufwand übersteigt mitunter den Gegenwert eines Neuteils.

Doch fabrikneue Rechner sind nicht grundsätzlich erste Wahl. Mitunter schießt nämlich nur eine schadhafte Lötstelle oder ein defektes Elektronikbauteil im Rechner quer. Solcherart Schäden sind durchaus nicht aus der Luft gegriffen sondern realistisch und somit bei Elektronik-Freaks relativ schnell behoben. Das Steuergerät funktioniert danach wieder wie am ersten Tag – für einen Bruchteil des Neuwerts. Auf der heimischen Werkbank erkennen Sie Fehlleistungen Ihres Rechners freilich, wenn überhaupt, nur zufällig. Macht nichts, mittlerweile befassen sich Spezialisten mit der professionellen Reanimation defekter Blackboxes. Schauen Sie bei Bedarf einfach ins Internet oder machen Sie Ihr Problem in den einschlägigen Astra-Foren offenkundig. Erfahrungsgemäß tischen Ihnen dort nicht irgendwelche Elektronikhexer blumige Versprechen auf, sondern Astra-Fahrer liefern Ihnen reelle Erfahrungsberichte frei Haus.

Sichtprüfung an der Einspritzanlage

Bei allem berechtigten Respekt vor dem Opel-Motormanagement, betrachten Sie das technische Umfeld der Einspritzanlage nicht grundsätzlich als tabu – wägen Sie im Einzelfall nur möglichst realistisch Ihre Erfolgsaussichten ab. Regelmäßigen Sichtprüfungen steht ohnehin NICHTS im Wege: Checken Sie ab und an die Kraftstoff- und Luftschläuche sowie deren Anschlussstellen auf korrekten Sitz und Ermüdungsrisse. Allen voran …

- den Unterdruckschlauch zum Bremskraftverstärker,
- die Schläuche der Motorbe- und Entlüftung (sind sie verstopft, verschmutzt oder aufgequollen?),
- die Kraftstoffschläuche und Kraftstoffleitungen (erkennen Sie Scheuerstellen, Altersrisse oder Schwitzspuren?),
- die Druckregleranschlüsse (sie müssen staubtrocken sein).

Halten Sie gleichfalls die Kabelstecker im Auge: Falls Sie irgendwann einen Zentralstecker unter der Motorhaube trennen mussten, kann das schon die Erklärung für ärgerliche Kontaktschwächen sein.

In dem Fall versuchen Sie die Stecker zunächst mit Kontaktspray zu reanimieren. Biegen Sie Kontaktzungen mit viel Gefühl lediglich im Notfall nach.

Verunsichert den Bordrechner – Nebenluft

Undichte Stellen im Ansaugsystem lassen Nebenluft unkontrolliert passieren. Das verunsichert den Bordrechner: Nebenluft provoziert unrealistische Steuerimpulse. Die Module der Gemischaufbereitung speisen den Motor demzufolge mit der falschen Kraftstoffmenge: Das Gemisch magert in dem Fall unkontrolliert ab oder es überfettet. Gravierende Motorschäden sind in beiden Fällen das Endergebnis.

Fehlfunktionen des Gemischaufbereitungssystems signalisiert übrigens auch ein ungleichmäßiger (sägender) Leerlauf. Seien Sie also schon beim geringsten Anzeichen hellwach und kreisen den Fehler systematisch ein:

- Prüfen Sie die Unterdruckschläuche auf Risse und festen Sitz. Checken Sie an der Einspritzanlage oder am Ansaugkrümmer sämtliche Schläuche (Saugrohrdrucksensor, Bremskraftverstärker, Kraftstoff-Verdunstungsanlage, etc.).
- Fahren Sie den Wagen etwa zehn Kilometer warm, und lassen ihn anschließend im Leerlauf brummeln. Öffnen Sie die Motorhaube und ziehen den Stecker der ersten Lambdasonde ab (unmittelbar am Abgaskrümmer) – vergessen Sie nicht Ihre Finger mit hitzeresistenten Handschuhen zu schützen. Bei abgezogenem Stecker variiert die Leerlaufdrehzahl. Falls nicht, lesen Sie den Fehlerspeicher aus.
- Besprühen Sie nacheinander sämtliche Schlauchverbindungen und Flanschdichtungen der Einspritzanlage mit einem handelsüblichen Kaltstartspray: Achten Sie aufmerksam darauf, wann die Motordrehzahl schwankt – an der Stelle zieht der Motor Nebenluft.

Fehlerteufel im Detail: Steuergeräte werden gern getauscht, dabei rechnet sich meistens eine Reparatur. Übergeben Sie die Platine einem Spezialisten zur Revision.

Leerlaufdrehzahl prüfen

Die Leerlaufdrehzahl justiert, je nach eingeschaltetem Verbraucher (z. B. Scheinwerfer, beheizbare Heckscheibe, Frischluftgebläse), das Steuergerät über die Drosselklappe im Drosselkappengehäuse. Astra-Ottomotoren drehen im Stand mit etwa 750 ± 100 min.-1. Zur Drehzahlkontrolle ist natürlich ein Drehzahlmesser erforderlich. Drehzahldifferenzen können Sie an Ihrem Astra nicht isoliert justieren: Vielmehr gehören die Fehlfunktionen im gesamten Motormanagement eingekreist. Es sei denn, die Batterie war abgeklemmt: In dem Fall regeneriert der Bordrechner auf den ersten Kilometern automatisch.

Systematisch einkreisen – Leerlaufschwankungen

Falls Sie die Batterie abgeklemmt hatten, lassen Sie dem Bordrechner rund zehn Kilometer Zeit um das verstimmte Motormanagement wieder auf Kurs zu bringen. Falls das wider Erwarten nicht klappt, gehen Sie folgendermaßen vor:

- Kontrollieren Sie die Luftschläuche auf Risse und Befestigung.
- Prüfen Sie, ob alle elektrischen Anschlüsse einwandfrei sitzen. Die Steckkontakte dürfen nicht korrodiert sein. Für weitere Kontrollen verwendet die Werkstatt einen speziell auf das Steuergerät abgestimmten Motortester.
- Zu geringer Kraftstoffvordruck verursacht gleichfalls Leerlaufdrehzahlschwankungen. Lassen Sie das mit einem Drucktest in der Werkstatt checken.

Einspritzventile prüfen

Defekte Injektoren entlarven Sie unter Umständen schon durch bloßes Hand auflegen: Im Gegensatz zu funktionierenden Düsen vibrieren defekte Ventile nicht im Takt. Machen Sie den Test möglichst nicht am knisternd heißen Motor, das erspart Ihnen schmerzhafte Brandblasen an den Fingerkuppen.

- Ziehen Sie den Stecker eines Einspritzventils zur Spannungskontrolle ab. Legen Sie einen LED-Spannungsprüfer (keine Prüflampe) an den gezogenen Stecker an. Der Motor ist währenddessen aus.
- Starten Sie nun den Motor: Die Leuchtdioden im Spannungsprüfer müssen flackern, ansonsten fließen keine Steuerströme. Das muss nicht unbedingt an der Zuleitung liegen, eventuell hat auch das Steuergerät einen Defekt. In diesem Fall ist die Werkstatt Ihre erste Adresse.
- Zur Widerstandsmessung ziehen Sie den Versorgungsstecker des betreffenden Einspritzventils ab und verbinden am Ventil beide Kontaktzungen mit einem Multimeter. Zwischen 10-32 °C Kühlmitteltemperatur beträgt der Messwert 11-14 Ω direkt am Ventil.
- Falls die Abweichungen zu groß sind, lassen Sie zweckmäßigerweise gleich alle Ventile erneuern.

Die Zündanlage

Vor dem Siegeszug elektronischer Motormanagements funkten in Ottomotoren herkömmliche Spulenzündsysteme. Sie reduzierten das theoretische Leistungsvermögen der Zündfunken auf ein Minimum heutiger Standards. Im Astra inszenieren elektronische Komponenten im Zündrhythmus 1 – 3 – 4 – 2 flexible und für jeden Zylinder ganz individuelle Zündprogramme.

Immer auf der Lauer – die Zündspannungsüberwachung

Demzufolge springt an den Zündkerzen kein Funke über, den die Motorsteuerung nicht vorher auf den Kurbelwinkel genau aufbereitetet hat. Dazu wertet der Bordrechner während jeder Kurbelwellenumdrehung Signale des Kurbelwellen- und Nockenwellensensors aus.
Der Nockenwellensensor analysiert den Betriebszustand eines jeden Zylinders. Zwischenzeitlich misst der Kurbelwellensensor permanent die Drehgeschwindigkeit der Kurbelwelle.
Richtig gelesen: Der Sensor misst die Drehgeschwindigkeit der Kurbelwelle. Etwaige Fehlzündungen quittiert die Kurbelwelle nämlich bis zur nächsten Zündung mit einem kurzen Drehzahlabfall. Für den Sensor allemal Zeit genug, um der Blackbox den Verzug zu signalisieren. Das Steuergerät vergleicht sodann die Blitzinfo mit vorhanden Solldaten: Bei mehr als neun Prozent Fehlzündungen tritt dann die OBD-Kontrollleuchte (**O**n **B**ord **D**iagnosis) im Armaturenbrett auf den Plan. Meistens sogar, bevor Ihnen überhaupt irgendeine Fehlfunktion auffällt.
So weit die Optik, das eigentliche OBD-Management findet hinter den Kulissen statt. Dort nämlich setzt es

die Kraftstoffversorgung des betreffenden Zylinders auf Nulldiät: ganz im Sinne der Umwelt und des Katalysators. Denn unverbrannte Kohlenwasserstoffe (HC), wie sie bei Fehlzündungen entstehen, sind damit eliminiert. Der Kat überfettet und überhitzt demzufolge nicht. Das System arbeitet praxisbezogen, es ignoriert folgende Betriebszustände:

- die ersten fünf Sekunden nach dem Start
- Drehzahlen über 6000 min^{-1}
- Kraftstoffvorrat weniger als 20 Prozent
- extrem schlechte Straßenbeläge
- Batteriespannung unter 9 Volt

Ein Zündmodul für jeden Zylinder – Standard bei den ecoFLEX Ottomotoren

Damit die Zündkerzen kräftig funken, springt an den Elektroden ein Funke von rund 30.000 Volt über. Das Zündmodul ist an den Ottomotoren jeweils oberhalb der Zündkerzen verschraubt. Grundsätzlich besteht eine Zündspule aus zwei Wicklungen: Einer Primärwicklung mit wenigen Windungen (ca. 100) aus dickem Kupferdraht (ca. 0,6 mm^2) und einer Sekundärwicklung mit einigen tausend Windungen dünnen Kupferdrahts (ca. 0,1 mm^2). Beide Wicklungen umschließen einen lamellierten Eisenkern. Das Motorsteuergerät, über das integrierte Zündleistungsmodul getaktet, versorgt die Primärwicklung mit Bordspannung (12 Volt). Im Eisenkern entsteht dadurch ein Magnetfeld, das die Sekundärwicklung noch verstärkt. Sobald das Steuergerät diesen Stromkreis unterbricht, geht das Magnetfeld für Bruchteile von Sekunden schlagartig in die Knie. Automatisch entstehen jetzt in der Sekundärwicklung Spannungsspitzen bis zu 400 Volt. Diese wiederum produzieren einen Hochspannungsstromstoß (Induktion) von mehr als 30.000 Volt.

Einzeln über den Zündkerzen montiert: Die Zündmodule im Astra-J.

Erstellen die Zündfunken Grunddaten – Sensoren an der Kurbel- und den Nockenwellen

Die Astra-Zündanlage nutzt Signale von den Kurbel- und Nockenwellensensoren lediglich als eine Variante unterschiedlicher Informationen des Motormanagements. Nachdem vorab das Motorsteuergerät deren Signale digitalisiert hat, verteilt das Zündmodul jedem einzelnen Zündfunken einen ganz individuellen Touch.

Gibt dem Zündfunken grünes Licht – Motorsteuergerät mit diversen Kennfeldern

Die Koordination findet allein im Motorsteuergerät statt. In seinem Speicher sind, unter anderem, theoretische Grunddaten (Zündwinkelkennfelder) unterschiedlicher Zündzeitpunkte abgelegt. Um die statische Theorie bestmöglich an die Praxis zu adaptieren, benötigt das Steuergerät entsprechend aktuelle Informationen der Motorperipherie, so zum Beispiel Signale von den Nockenwellen, der Kurbelwelle oder dem Klopfsensor.

All die einlaufenden Informationen checkt das Steuergerät während jeder Kurbelwellenumdrehung mit auf der Festplatte abgelegten Datensätzen. Die Blackbox wiederum kommuniziert vor jedem einzelnen Gaswechsel mit der Einspritzanlage, der Lambdasonde vor dem Kat, mit dem Drehzahlsensor sowie mit diversen Temperatursensoren und dem Luftmengenmesser unter der Astra-Motorhaube.

Belastungsabhängig – der optimale Zündzeitpunkt

Der Zündfunke kommt immer dann zeitgerecht, wenn er das Frischgas im Moment der höchsten Verdichtung entflammt. Beim Viertaktmotor ist das präzise der Augenblick, in dem der Kolben von der Aufwärtsbewegung des Kompressionshubs in die Abwärtsbewegung des Arbeitstakts übergeht.

So weit die Theorie: In der Praxis verbrennt das Frischgas in den Brennräumen, je nach Belastungszustand (Leerlauf, Teillast, Volllast) und Ansaugluftqualität, mit unterschiedlichen Geschwindigkeiten. Um die Kraftstoffenergie dennoch bestmöglich zu nutzen, variiert die Astra-Blackbox den Zündzeitpunkt entsprechend des Belastungszustands für jeden Zylinder ständig neu.

Unsichtbare Helfer

WISSENSWERTES

Druckgeber: Der Druckgeber liefert dem Steuergerät Informationen über den Unterdruck im Saugrohr. Der Sensor ist ein druckempfindlicher Kristallchip, er variiert seinen elektrischen Widerstand anhand des jeweiligen Unterdrucks. Aus diesen Differenzen sowie den Informationen über die jeweilige Drehzahl erkennt das Steuergerät den aktuellen Betriebszustand.

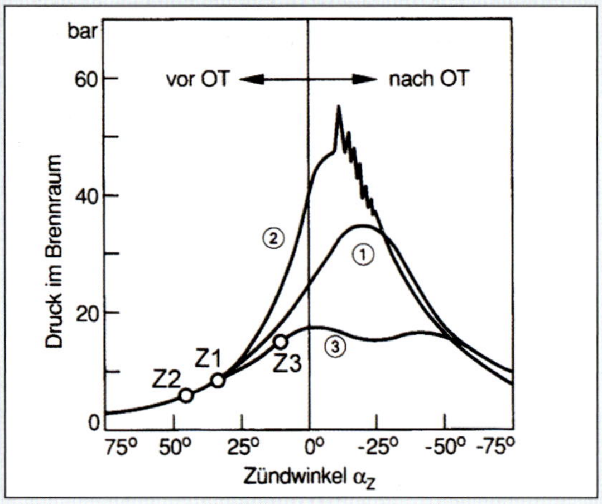

Drucksache: Bei falsch eingestelltem Zündzeitpunkt oder schlechter Kraftstoffqualität variiert der Verbrennungsdruck in den Zylindern. 1 korrekt eingestellter Zündzeitpunkt; 2 Frühzündung (klopfende Verbrennung); 3 Spätzündung.

Drehzahlgeber: Der Astra arbeitet mit einem Drehzahlgeber auf Induktionsbasis: Magnet und Spule sind im Geber integriert. Die Steuerung übernehmen spezielle Impulsstege an der Motorschwungscheibe: Immer, wenn ein Steg den Geber passiert, ändert sich das Magnetfeld im Dauermagneten – die Spule erzeugt dann Spannung. Um die Stellung der Kurbelwelle als plausibles OT-Signal zu erfassen, sind – an der Schwungscheibe für den ersten und

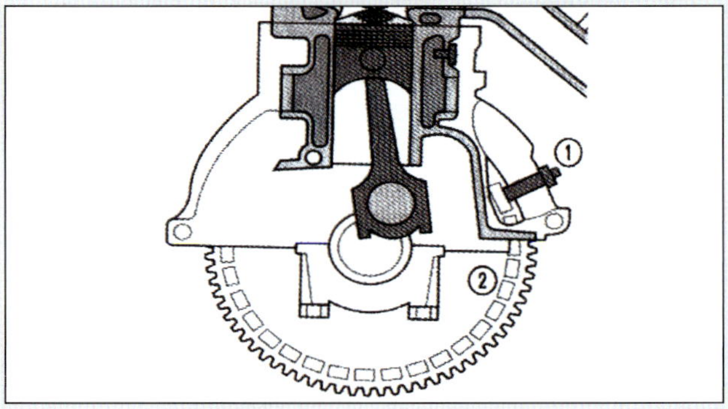

Arbeitet auf den Winkelgrad exakt: der Kurbelwellenpositionssensor in Höhe der Schwungscheibe. (1) Sensor, (2) Sektionsfelder.

letzten Zylinder – zwei Impulsstege als Orientierungshilfen ausgespart.
Das Steuergerät interpretiert die Lücken – jeweils vor OT – als Informationsquelle zur Motordrehzahl.

Zeitlich versetzt – Zündung und Verbrennung

Allerdings harmoniert der Zündzeitpunkt nicht exakt mit dem oberen Totpunkt (OT). Grund: Bis das Frischgas voll in Flammen steht, vergeht rund eine dreitausendstel Sekunde. Demzufolge springt der Zündfunken noch während der Aufwärtsbewegung des Kolbens über – und zwar mit steigender Motordrehzahl immer weiter vor OT. Der höchste Verbrennungsdruck setzt gewollt erst kurz nach OT ein.

Hochtemperaturbeständig – die Zündkerzen

Während des Verbrennungsvorgangs trotzen Zündkerzen Spitzentemperaturen von rund 2500 °C und Drücken bis zur 60 bar. Um den Belastungen dauerhaft

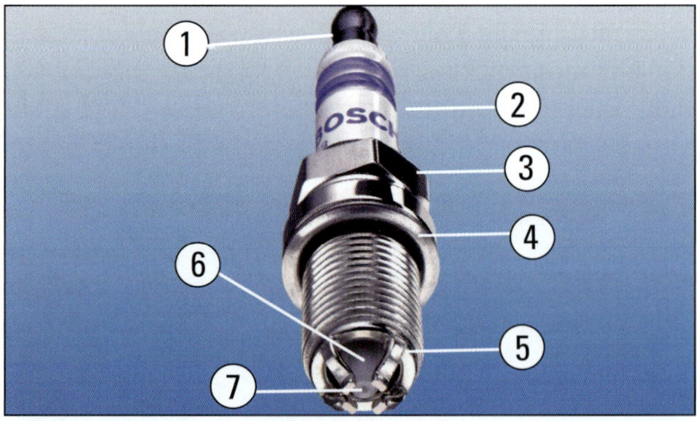

Optimal auf die Motoren abgestimmt: Gleitfunkenzündkerzen mit vier Masseelektroden. Die Kerzen garantieren mit ihrer hochwärmeleitfähigen Kupferkernmittelelektrode und Luftgleitfunkentechnik ein sicheres Zündverhalten sowie eine lange Lebensdauer. (1) Zündsteckeranschluss, (2) Keramikisolator, (3) Zündkerzenkörper, (4) Dichtring, (5) Masseelektrode, (6) Isolatorfuß, (7) Mittelelektrode.

Diese Zündkerzen funken im Astra-J

Motortyp	Motorcode	Zündkerzen-Spezifikation	Opel-Teile-Nr.	Intervall	Elektroden-abstand
1,4	A 14 XEL	GM Champion	55 565 219	4 Jahre / 60.000 km	1 mm
	A 14 XER	RC10MCC R6	55 565 219	4 Jahre / 60.000 km	1 mm
1,4	A 14 NEL	ZFR7BP-G	55 571 719	4 Jahre / 60.000 km	1 mm
	A 14 NET	ZFR7BP-G	55 571 719	4 Jahre / 60.000 km	1 mm
1,4	A 14 NET LPG	ZFR7BP-G	55 571 719	4 Jahre / 30.000 km	1 mm
1,6	A16 XER	GM Champion RC10MCC R6	55 565 219	4 Jahre / 60.000 km	0,75 – 0,9 mm
1,6 SIDI	A16XHT	REA6WMPB-R6	55 590 949	4 Jahre / 60.000 km	0,7 mm

und zuverlässig standhalten zu können, umgibt den Kerzenanschlussbolzen ein keramischer Isolator. Mittelelektrode und Anschlussbolzen stecken außerdem in einer elektrisch leitenden Glasschmelze, der gleichermaßen die Verankerung und Abdichtung gegenüber dem Brennraum obliegt. Sobald am Ende der Mittelelektrode die erforderliche Zündspannung ansteht, entlädt sie als Funken von der Mittel- zur Masseelektrode. Der kurze Blitz reicht aus, um die Frischgase erfolgreich zu zünden.

Variabel – der Zündkerzenwärmewert

Um bis zum Austausch zuverlässig zu funktionieren, müssen Zündkerzen ihre Selbstreinigungstemperatur von etwa 400 °C möglichst schnell erreichen. Falls nicht, backen Verbrennungsrückstände früher oder später am Isolatorfuß fest. Bei Volllast allerdings darf die Temperatur nicht ins Uferlose steigen – die angestrebte Arbeitstemperatur einer Zündkerze liegt bei rund 800 °C. In der Praxis bieten längst nicht alle Motoren den Zündkerzen auch die gleichen Arbeitsbedingungen. So entscheidet allein der Wärmewert (auf der Zündkerze eingeprägt), ob Zündkerze und Motor tatsächlich zueinander passen. Bestücken Sie Ihren Astra zum Beispiel mit Kerzen eines zu geringen Wärmewerts, wird der Isolatorfuß stark überhitzen. Unkontrollierte Glühzündungen wären die unmittelbare Folge, Motorschäden das Ergebnis. Wählten Sie dagegen Zündkerzen mit zu hohem Wärmewert, bleibt die

WISSENSWERTES

Was das Kerzengesicht verrät

Zündkerzen sind die Kronzeugen der Verbrennung. Ein Fachmann liest am Kerzengesicht den Zustand des Motors und seine Arbeitsbedingungen ab. Achten Sie bei ausgebauten Zündkerzen darum auf folgende Punkte:

- Isolatorfuß hellgrau, graugelb bis rehbraun gefärbt: Gut eingestelltes Kraftstoff-/Luftgemisch – der Motor läuft wirtschaftlich und mechanisch völlig gesund.

- Isolatorfuß weißlich gefärbt: Zu mageres Kraftstoff-/Luftgemisch – CO-Gehalt prüfen; eventuell falscher Zündzeitpunkt; Steuergerät defekt. Überhitzungsgefahr für Ventile, Kolben und Zylinder.

- Isolatorfuß, Elektroden, Zündkerzengehäuse mit samtartigem, stumpfschwarzem Ruß bedeckt: Zündkerze erreicht nicht ihre Selbstreinigungstemperatur (häufiger Kurzstreckenverkehr), falscher Wärmewert, Kraftstoff-/Luftgemisch zu fett, CO-Gehalt zu hoch. Motormanagement checken und korrigieren lassen.

- Isolatorfuß, Elektroden, Zündkerzengehäuse mit Öl-glänzendem Ruß oder Ölkohle bedeckt: Kolbenringe, Ventilführungen oder Abdichtungen der Ventilschäfte schadhaft. Möglicherweise haben Sie auch Motoröl oder Kraftstoff mit Zusätzen verwendet. In dem speziellen Fall tauschen Sie die Zündkerzen aus, wechseln Sie Öl und Kraftstoffmarke und prüfen dann erneut den Zustand der Kerzen.

WISSENSWERTES

Was das Kerzengesicht verrät

Zündkerzen sind die Kronzeugen der Verbrennung. Ein Fachmann liest am Kerzengesicht den Zustand des Motors und seine Arbeitsbedingungen ab. Achten Sie bei ausgebauten Zündkerzen darum auf folgende Punkte:

- Isolatorfuß hellgrau, graugelb bis rehbraun gefärbt: Gut eingestelltes Kraftstoff-/Luftgemisch – der Motor läuft wirtschaftlich und mechanisch völlig gesund.

- Isolatorfuß weißlich gefärbt: Zu mageres Kraftstoff-/Luftgemisch – CO-Gehalt prüfen; eventuell falscher Zündzeitpunkt; Steuergerät defekt. Überhitzungsgefahr für Ventile, Kolben und Zylinder.

- Isolatorfuß, Elektroden, Zündkerzengehäuse mit samtartigem, stumpfschwarzem Ruß bedeckt: Zündkerze erreicht nicht ihre Selbstreinigungstemperatur (häufiger Kurzstreckenverkehr), falscher Wärmewert, Kraftstoff-/Luftgemisch zu fett, CO-Gehalt zu hoch. Motormanagement checken und korrigieren lassen.

- Isolatorfuß, Elektroden, Zündkerzengehäuse mit Öl-glänzendem Ruß oder Ölkohle bedeckt: Kolbenringe, Ventilführungen oder Abdichtungen der Ventilschäfte schadhaft. Möglicherweise haben Sie auch Motoröl oder Kraftstoff mit Zusätzen verwendet. In dem speziellen Fall tauschen Sie die Zündkerzen aus, wechseln Sie Öl und Kraftstoffmarke und prüfen dann erneut den Zustand der Kerzen.

Selbstreinigungstemperatur auf der Strecke – der Isolatorfuß verschmutzt und blockiert alsbald den fälligen Zündfunken.

Nimmt automatisch zu – der Elektrodenabstand

Neben dem richtigen Wärmewert (siehe Tabelle) müssen Zündkerzen auch den richtigen Elektrodenabstand aufweisen. Neue Zündkerzen sind auf etwa 1,0 Millimeter eingestellt, mit zunehmender Laufzeit vergrößert sich der Abstand. Denn bei jedem Funken platzen kleine Metallpartikel von den Elektroden ab. Damit der Zündfunke dennoch überspringen kann, müsste mit größeren Elektrodenabständen auch die Zündspannung steigen.
Eine technische Forderung, die Zündanlagen nicht leisten können. Folge: Früher oder später kommt es zu Zündaussetzern, der Motor springt nicht mehr zuverlässig an.

Zündmodule demontieren

Werkzeug:
Ratsche, Verlängerung, Zündkerzennuss, Torxschraubendreher.

1,4 Liter

- Ziehen Sie die obere Motorverkleidung möglichst senkrecht aus den Halteklammern.

- Anschließend ziehen Sie den Kabelstecker vom Zündmodul ab.

1, 6 Liter

- Ziehen Sie den Kabelkanal von der Zylinderkopfhaube und legen den Deckel beiseite.

Gleichmäßig abheben: das Zündmodul von den Zündkerzen.

- Trennen Sie den Kabelstecker vom Zündmodul und schieben die Abdeckung in Pfeilrichtung aus der Arretierung heraus.

alle

- Lösen Sie mit einer Stecknuss die beiden Befestigungsschrauben (Pfeile) und ziehen das Zündmodul vorsichtig von den Zündkerzen ab.
- Zur Montage pressen Sie das Modul vorsichtig und gleichmäßig auf alle Zündkerzen. Üben Sie gleichmäßigen Druck aus, ansonsten könnte das Modul verspannen und seine Innereien evtl. brechen. Sobald das Modul sitzt, ziehen Sie die Befestigungsschrauben wieder mit ca. 8 Nm an.
- Befestigen Sie die Abdeckung und lassen den Mehrfachstecker hörbar einrasten.
- Beenden Sie die Montage in umgekehrter Reihenfolge und prüfen alle Anschlüsse auf festen Sitz.

Teamwork – Zündstrom prüfen

- Demontieren Sie das Zündmodul, blasen die Kerzenschächte mit Druckluft aus und ...
- ... schrauben die Zündkerzen aus dem Zylinderkopf.
- Die demontierten Zündkerzen stecken Sie zurück ins Zündmodul und legen die Modulleiste so auf dem Motorblock ab, dass sie möglichst nicht rutscht und alle Kerzen gleichfalls auch einen satten Massekontakt haben.
- Lassen Sie Ihren Helfer per Anlasser starten. Sie beobachten währenddessen den Funkenüberschlag an den Zündkerzen: Gesunde Funken springen mit kräftig blauer Färbung an den Kerzenelektroden über. Gelblich gefärbte Funken signalisieren zu geringe Überschlagspannung oder verschlissene Zündkerzen.
- Bleiben die Funken gänzlich aus, nehmen Sie zunächst die Zündanlage in Augenschein. Fällt Ihnen dabei nichts auf, prüfen Sie die Spannungsversorgung.

Zündkerzen wechseln – spätestens nach 60.000 Kilometern

Opel empfiehlt dem Astra alle 60.000 Kilometer (LPG-Variante alle 30.000 km) neue Zündkerzen. Klingt gewagt, ist jedoch realistisch: Normalerweise halten moderne Zündkerzen tatsächlich so lange. Die Betonung liegt auf »normalerweise«: Es kann durchaus passieren, dass Ihr Auto mit jüngeren Kerzen nur noch unwillig anspringt oder nach dem Start, bzw. beim Beschleunigen, ruckelt. Die Störenfriede sind häufig frühzeitig verschlissene Kerzenelektroden, verdreckte Isolatoren oder gar feine Haarrisse im Keramikisolator. Darin lagern sich gerne Kraftstoffdämpfe bzw. Wasser aus der Umgebungsluft ab. Und weil jeder Zündfunke grundsätzlich den Weg des geringsten Widerstands geht, führt der auf dem schnellsten Weg an Masse. Sollten Sie alten Zündkerzen misstrauen, fackeln Sie nicht lange, sondern spendieren Ihrem Astra gleich einen neuen Kerzensatz. Wechseln Sie die Kerzen nur bei kaltem Motor und mit einer speziellen Kerzennuss (z. B. Hazet 4766-1). Zündkerzen sind nach wie vor bruchempfindliche Bauteile. Gehen Sie also fürsorglich damit um.

- Demontieren Sie zunächst, wie beschrieben, das Zündmodul und legen es beiseite.

Mit spezieller Kerzennuss kein Problem: Zündkerzenwechsel am Astra.

Abgebrannt: Kerzen mit dieser Optik entsorgen Sie besser sofort als Kernschrott.

- Dann lösen Sie alle Zündkerzen nur um etwa drei Umdrehungen. Nicht weiter, erfahrungsgemäß sind die Kerzenschächte verdreckt.
- Blasen Sie die Schächte also, bevor Sie die Kerzen ganz herausschrauben, gründlich mit Druckluft aus. Ansonsten fällt Ihnen der Dreck geradewegs in die Brennräume.
- Legen Sie die demontierten Kerzen außerhalb des Motorraums in der Reihenfolge der Zylinder ab. Prüfen Sie jedes Kerzengesicht, vergleichen Sie die Kerzen auch untereinander. Alle sollten möglichst gleich aussehen – hellbraun mit dunkelgrauem Rand. Falls nicht, liegt eine Fehlfunktion vor. Ergründen sie die Ursache.
- Zur Montage setzen Sie die Kerzen unbedingt gerade in den Gewindebohrungen an. Doch vorab bestreichen Sie die Kerzengewinde leicht mit hitzebeständiger Kupferpaste. Erst danach drehen Sie alle Kerzen handfest in die Kerzenlöcher und ziehen sie mit dem Zündkerzenschlüssel auf das vorgeschriebene Anzugsdrehmoment von rund 25 Nm.
- Montieren Sie gebrauchte Zündkerzen, reinigen Sie das Kerzengewinde vor der Montage gründlich mit einer Messingbürste. Das gesäuberte Gewinde fetten Sie danach leicht mit Kupferpaste ein. Zur Montage verfahren Sie wie bei neuen Zündkerzen.
- Beenden Sie die Montage in umgekehrter Reihenfolge.

Zündmodul und Kabel – das sollten Sie im Auge halten

Sobald Sie den Motor mit abgezogenen Zündsteckern starten, kann das dem zentralen Steuergerät den Garaus machen. Klemmen Sie vorab also unbedingt die Zündung ab. Es reicht, wenn Sie den Mehrfachstecker vom Zündmodul ziehen.

- Haben die Kabelanschlüsse und Mehrfachstecker festen Kontakt zum Steuergerät?
- Vagabundierende Zündfunken hinterlassen auf ihrem Weg meistens Brandspuren.
- Checken Sie die Kerzenstecker mitsamt Zündmodul entsprechend penibel.
- Inspizieren Sie gleichsam die Anschlussklemmen. Haben sie satten Kontakt zu den Steckern? Oder sind sind eventuell oxidiert?
- Reinigen Sie die Anschlusskabel von Streusalz- oder Kalkablagerungen.

WISSENSWERTES: Zündkerze sitzt fest

Festgebackene Zündkerzen schrauben Sie bitte auf keinen Fall mit roher Gewalt aus dem Zylinderkopf. Schiere Kraft könnte das Kerzengewinde im Zylinderkopf zerstören. Fahren Sie jetzt besser den Motor warm und versuchen dann erneut Ihr Glück. Doch Vorsicht – am heißen Motor verbrennen Sie sich schnell die Hände. Mit der Montage neuer Zündkerzen warten Sie auf jeden Fall so lange, bis der Motor abgekühlt ist.

Unsere Empfehlung hat auch einen technischen Hintergrund – die Materialien der Zündkerze und des Zylinderkopfs dehnen sich unterschiedlich aus: Kalte Zündkerzen in einen heißen Motor implantiert, sitzen später bombensicher bombenfest…

Bevor Sie die neue Zündkerze montieren, tragen Sie auf das Gewinde einen dünnen Gleitfilm Kupferpaste auf. Kupferpaste haftet wärmebeständig auf den Oberflächen und verhindert demzufolge fest gebrannte Zündkerzen relativ sicher.

Klopfsensor demontieren

- Klemmen Sie das Batteriemassekabel ab und bocken Ihren Astra vorne auf.

1,6 Liter

- Clipsen Sie den Anschlussstecker vom Klopfsensor aus dem Ansaugkrümmerhalter und demontieren den Halter anschließend (2 Schrauben).

(alle

- Anschließend ziehen Sie den Anschlussstecker vom Klopfsensor ab und lösen die Halteschraube des Sensors. Achten Sie darauf, den Anschlussstecker nicht mit dem der Lichtmaschine zu verwechseln.

- Beenden Sie die Demontage in umgekehrter Reihenfolge. Der Klopfsensor bekommt 25 Nm (beim 1,6 Liter 20 Nm).

Luftmassensensor demontieren

Werkzeug:
Kreuzschlitzschraubendreher.

- Clipsen Sie den Anschlussstecker vorsichtig vom Luftmassensensor ab und lösen beide Halteschrauben (Pfeile).

- Ziehen Sie jetzt den Sensor gerade aus dem Gehäuse.

- Beenden Sie die Demontage in umgekehrter Reihenfolge und lassen den Motor kurz zur Probe anlaufen..

In zwei Schritten vorgehen: Zunächst den Stecker abziehen, danach beide Schrauben lösen.

Glühkerzen (Diesel)

Wir beschreiben den Glühkerzenwechsel am Beispiel des 1,7-Liter-CDTI Motors. Da dieHandgriffe an den anderen Motoren nahezu gleich sind, leiten Sie die tatsächliche Arbeit bitte von unseren Beispielen ab.

- Lösen Sie das Batteriemassekabel von der Batterie und ziehen die obere Verkleidung vom Motor ab.

- Blasen Sie den Raum um die Glühkerzen, bevor Sie die Kerzen ganz herausschrauben, gründlich mit Druckluft aus. Ansonsten fällt der um die Kerzen versammelte Dreck geradewegs in die Brennräume.

- Anschließend ziehen Sie die Anschlussstecker von den Glühkerzen und binden den Kabelbaum beiseite.

- Jetzt haben Sie Freiraum – schrauben Sie die Kerzen aus dem Zylinderkopf.

- Beenden Sie den Austausch in umgekehrter Reihenfolge. Die neuen Glühkerzen sind mit 14 Nm angezogen.

Heizt kalten Dieselmotoren ein - die Vorglühanlage

Dieselmotoren erwachen beim Kaltstart erfahrungsgemäß schwerer als ihre Kollegen von der Ottofraktion. Zwar springen in unseren Breitengraden moderne Direkteinspritzer auch im Winter noch höflich an, doch bei grimmiger Kälte täten sie sich, ohne vorzuglühen,

Machen müde Diesel munter: Schnellglühkerzen auf der Zylinderkopfrückseite. Jedem Brennraum heizt eine eigene Glühkerze mit maximal 1050 °C ein. Im System auftretende Fehler oder Unregelmäßigkeiten archiviert der Bordrechner. Die Daten entschlüsselt Ihr Opel-Händler, er setzt den Speicher auch wieder auf null.

mit ihren ersten taktvollen Lebenszeichen allerdings schwer.

Darum heizen leistungsfähige Glühkerzen ausgekühlten Dieselbrennräumen ein. Die Glühkerzen sitzen auf der Rückseite des Zylinderkopfs und stehen unter Aufsicht des elektronischen Dieselmotormanagements. Um die Zeitdauer des Temperaturschubs exakt festzulegen, vertraut das PCM in der Vorwärmphase den Signalen des Temperatursensors: Je niedriger die Temperatur, umso intensiver die Vorwärmphase. Die maximale Vorwärmdauer beträgt rund acht Sekunden, vorausgesetzt es herrschen mindestens -20 ºC. Sobald die Motortemperatur höher als 80 ºC ist, fällt nach einem Startvorgang die Vorwärmphase gänzlich aus.

Und damit die Selbstzünder im Astra auch nach den ersten Lebenszeichen nicht als Schüttelhuber agieren, geht's nahtlos in die Nachglühphase: Das stabilisiert den Leerlauf und minimiert die Kohlenwasserstoffemissionen. Bei Außentemperaturen unterhalb -20 ºC glühen die Kerzen für etwa 30 Sekunden nach, bei Motortemperaturen oberhalb 50 ºC dieselt der Astra gänzlich ohne fremde Hilfe.

Gleichfalls, wenn der kalte Selbstzünder mehr als 2500 $min.^{-1}$ macht: Ein Hinweis für das elektronische Dieselmotormanagement, den Glühkerzen jetzt den Strom zu entziehen. Davon profitiert übrigens auch Ihr Geldbeutel, die Vorkehrung verlängert die Lebensdauer der Glühkerzen.

Vorglühanlage prüfen

Sollte Ihr Diesel unwillig anspringen und Sie den Grund dafür im Vorglühsystem vermuten, gehen Sie Ihrem Verdacht zielgerichtet auf den Grund:

- Ihr erster Blick gilt der Hauptsicherung der Vorglühanlage und danach den übrigen Sicherungen der Motorelektrik.
- Sollten alle Sicherungen o. k. sein, checken Sie mit dem Multimeter (Stellung »V«) die Spannung an den Schnellglühkerzen.
- Kommen dort mindestens 11,5 Volt an, misstrauen Sie den Glühkerzen.
- In dem Fall ziehen Sie das Anschlusskabel an einer der Glühkerzen ab und klemmen eine Prüflampe zwischen Anschlusskabel und Masse.
- Jetzt ziehen Sie am Kühlmitteltemperaturgeber den Stecker (Pfeil) ab und legen ihn beiseite. Achten Sie darauf, dass der geparkte Stecker nicht an Masse kommt.
- Anschließend drehen Sie den Zündschlüssel auf Stellung »Vorglühen«.
- Die LED-Prüflampe muss jetzt etwa 20 Sekunden aufleuchten.

PRAXISTIPP

Vorglühanlage defekt

Defekte an der Astra-Vorglühanlage bemerken Sie wahrscheinlich erst bei klirrendem Frost (unter -15 °C). Dann nämlich nimmt Ihr Astra ohne fremde Heizenergie seinen Job nur widerwillig auf. Mit offenen Augen und einem feinen Näschen kommen Sie möglichen Fehlern allerdings schon früher auf die Spur: Interessieren Sie sich für die Kaltstart-Dieselwolke hinter Ihrem Auto. Wenn dort stechende, blaue Rauchfahnen Ihre Nase verprellen und die Umwelt vernebeln, lassen Sie Ihre Werkstatt prophylaktisch den PCU-Fehlerspeicher auslesen. Denn Blaurauch mit einhergehender scharfer Duftnote signalisiert eine kalte, unvollständige Verbrennung. Kleinere Wölkchen hinter Ihrem Astra müssen Sie freilich nicht beunruhigen.

- Falls nicht, prüfen Sie die Hauptsicherung und das Vorglührelais(K32) im Sicherungskasten.

- Solange Sie dort den Fehler nicht lokalisieren, freunden Sie sich mit einem neuen Glühkerzen-Steuergerät an.

- Bei geringsten Selbstzweifeln verzichten Sie auf den Austausch und überlassen den Job Ihrem Opel-Händler oder einem Bosch Car System-Stützpunkt.

Glühkerzen prüfen

- Demontieren Sie die Glühkerzen wie beschrieben und legen sie auf einer feuerfesten Unterlage ab.

- Schließen Sie nun jede Glühkerze per Fremdstartkabel an eine voll geladene Batterie an. Arbeiten Sie unbedingt mit dicken Lederhandschuhen – die Kerzen werden glühend heiß (Max. 1050 °C)!
- Binnen Sekunden muss jede Glühkerze hellrot anlaufen. Ansonsten erneuern Sie die träge(n) Kerze(n) – besser Sie erneuern gleich den kompletten Satz.

- Öffnen Sie die Motorhaube und demontieren, falls vorhanden, die Batterieabdeckung.

- Jetzt trennen Sie beide Mehrfachstecker (Pfeile) vom Glühkerzensteuergerät und legen sie beiseite.

- Entsichern Sie an den Halteclipsen das Steuergerät und ziehen es senkrecht aus der Führung.

- Beenden Sie den Wechsel in umgekehrter Reihenfolge.

Sitzt neben der Batterie: das Glühkerzensteuergerät bei den Dieseln.

Die Kraftstoffversorgung

Der Kraftstofftank liegt im hinteren Bereich der Bodengruppe unterhalb der Fondbank. Es ist ein tief gezogener Kunststoffbehälter mit 56 Liter Fassungsvermögen. Die Otto-Versionen des Astra befördern den Treibstoff mit einer elektrischen Intank-Kraftstoffpumpe bis unter die Motorhaube. Die Selbstzünder saugen ihren Lebenssaft mit einer integrierten Förderpumpe in die Hochdruckpumpe des Common Rail-Umfelds. In allen Fällen hat der Astra-Tank keine Ablassschraube. Sollten Sie also irgendwann den Behälter demontieren oder seine Innereien näher in Augenschein nehmen müssen, entleeren Sie vorab das Reservoir über den am Fahrzeugboden verlaufenden Einfüllstutzenschlauch.

Fasst maximal 56 Liter: der Kunststofftank im Astra-J.

Ausgeklügelt – das Tankbelüftungssystem

Die Kraftstoffpumpe der Saugmotoren ist kombiniert mit dem Kraftstoffvorratsanzeiger (Intankkraftstoffpumpe). Um Verunreinigungen und Kondensate zu binden, sitzt ein Kraftstofffilter im Pumpenmodul. Die Kraftstoffvor- und -rücklaufleitung kommen zusammen mit dem Tankgeber aus dem Tank. Ihre Anschlüsse sind als leicht lösbare Schnellverschlüsse konstruiert. Ein Sicherheitsventil regelt die Be- und Entlüftung. Die im Tank oberhalb des Kraftstoffspiegels entstehenden Gase sammelt ein Aktivkohlefilter und speist sie bei

Trauen Sie keiner alten Aufhängungsschlaufe – Augen auf beim Auspuffcheck

Motorseitig ist das Auspuffsystem an einem Dreipunktflansch fest mit dem Auspuffkrümmer verschraubt. Unter dem Fahrzeugboden hängt es allerdings frei schwingend in Gummistegschlaufen und der Endschalldämpfer kontaktet zum vorderen Teil über einen Zweilochflansch mit flexiblem Dichtzwischenring.
Wenn der Auspuff erst dröhnt und knallt oder gar an den Unterboden anschlägt, trauen Sie keiner Schweißnaht, keinem Schalldämpfer und erst recht keiner alten Aufhängungsschlaufe mehr. Inspizieren Sie den rostigen Rest penibel, schrecken Sie dabei auch vor Hammerschlägen nicht zurück.

- Checken Sie alte Gummistegschlaufen auf Brüchigkeit, Einrisse oder sonstige Beschädigungen. Zur Kontrolle rütteln Sie den Auspuff am Endrohr kräftig hin und her.
- Überprüfen Sie auch am Krümmerflansch sämtliche Verschraubungen auf festen Sitz.
- Starten Sie den Motor und verstopfen das Auspufendrohr mit einem Lappen. Schon nach kurzer Zeit muss der Motor absterben. Hören Sie unter dem Astra-Bauch allerdings zischelnde Geräusche oder läuft der Motor unbeeindruckt weiter, ist die Anlage undicht.
- Laute Verbrennungsgeräusche und helles Patschen im Schiebebetrieb verraten untrüglich einen defekten Auspuff.
- Klopfen Sie gründlich alle Schalldämpfer und Rohre mit Hammerschlägen ab.
- Vergessen Sie auch die Schalldämpferstirnseiten nicht. Hämmern Sie übrigens nicht zu zaghaft, ein gesunder Auspuff verträgt das. Auf gesundem Blech klingen Ihre Hammerschläge trocken und hell, morsches Blech erkennen Sie an dumpfen Klopfgeräuschen.

Besser gleich komplett erneuern: die Gummistegschlaufen zum Auspufftausch. 1 Halterung; 2 Gummistegschlaufe.

Hier entscheidet Ihr Portemonnaie – Auspuffkomplett- oder -teilreparatur

Aufgrund der Zulassungszahlen beschreiben wir Ihnen die Demontage am Beispiel des 1,4-Liter-eco-FLEX-Motors. Der grundsätzliche Aufwand bei den anderen Motoren ist vergleichbar. Für den Fall, dass Sie nur Einzelteile erneuern möchten, berücksichtigen Sie natürlich nur den entsprechenden Reparaturabschnitt. Denken Sie beim Ersatzteilkauf daran, dass Sie generell alle Schrauben, Muttern, Dichtungen, Dichtringe und spröde Haltegummis erneuern.

Werkzeug:
Ratsche, mittlere Verlängerung, 13er-Stecknuss, Schlitzschraubendreher.

- Klemmen Sie das Batteriemassekabel ab und bocken den Wagen standfest auf.
- Demontieren Sie nun den Endschalldämpfer über der Hintersachse.
- Dazu hängen Sie beide Aufhängungsgummis aus, lösen die Schraube der Endrohrhalterung und nehmen die Fixierung ab.
- Parken Sie die Abgasanlage nun auf der Hinterachse.
- Jetzt müssen Sie den Endschalldämpfer vom Abgasrohr abschneiden. Erfahrungsgemäß sind an den Schalldämpferrohren Markierungen aufgebracht. An diesen Stellen setzen Sie einen Rohrschneider an und trennen die Rohre durch.
- Falls Sie keine Trennstellen mehr erkennen können, messen Sie den Schalldämpfer kurzerhand mithilfe eines Zollstocks (1) nach der Skizzendarstellung aus.
- In der folgenden Tabelle finden Sie die entsprechenden Maße.

1.4 l LDD;	l= 143 mm;	ll= 142 mm
1.4 l LUJ;	l= 141 mm;	ll= 145 mm
1.6 l LDE;	l= 140 mm;	ll= 144 mm
1.3 l Diesel;	l= 139 mm;	ll= 144 mm
1.7 l Diesel;	l= 140 mm;	ll= 147 mm
2.0 l Diesel;	l= 142 mm;	ll= 149 mm

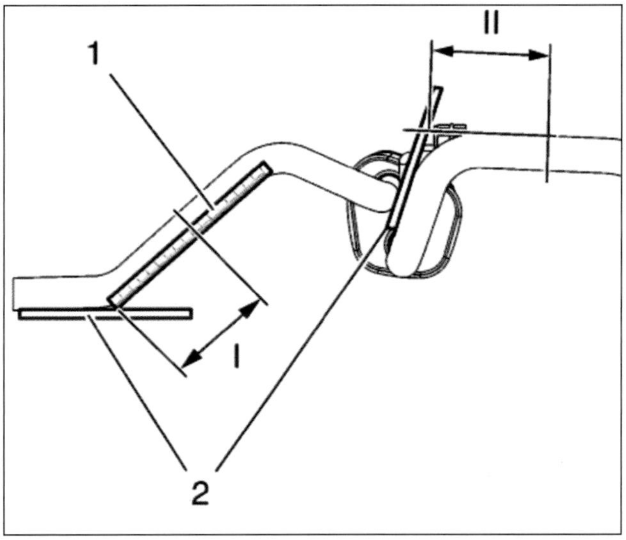

Montagetrennstellen: Hier müssen Sie die Schalldämpferrohre zerschneiden.

- Jetzt ziehen Sie den Endschalldämpfer von der Hinterachse und legen ihn beiseite.
- Demontieren Sie die mittlere Traverse (4 Schrauben, 2 Muttern). Zuvor jedoch stützen Sie den Mittelschall-

Mit zwei Muttern am Krümmer verschraubt: das vordere Abgasrohr.

Umgang mit dem Kat

WISSENSWERTES

Wenn eine leere Batterie Ihren Focus nicht anspringen lässt, schleppen oder schieben Sie den Wagen nicht allzu lange an. Währenddessen könnte unverbrannter Kraftstoff den Katalysator ertränken und dauerhaft zerstören.

Zündaussetzer oder Fehlzündungen verraten Unregelmäßigkeiten an der Zündanlage. Gehen Sie schnellstens den Symptomen nach bzw. beordern einen Fachmann mit Messequipment an Ihren Focus.

Bevor Sie frischen Unterbodenschutz auftragen, packen Sie vorab den Katalysator gut ein, ansonsten könnte es danach unter dem Focus-Bauch ungewollt zündeln.

Kontrollieren Sie gelegentlich auch den Hitzeschutz über dem Katalysator auf Beschädigungen.

Ein undichter Auspuff (verbrannte Dichtung, Hitzerisse, Rostschäden usw.) vor der Lambdasonde verfälscht die Messwerte (erhöhter Sauerstoffanteil). Folglich reichert das elektronische Motormanagement das Gemisch an. Sie sponsern in dem Fall den Irrtum der Elektronik mit überhöhtem Kraftstoffverbrauch und vorzeitig alterndem Katalysator.

Alternative zur Serienanlage – Sportauspuff nachrüsten

WISSENSWERTES

Wenn Ihnen die Optik oder Sound der Serien-Auspuffanlage allzu eindruckslos erscheinen sollte, kommt eventuell ein Sportauspuff aus dem freien Handel in die engere Wahl. Zumindest der Endtopf des Astra ist relativ einfach gegen ein sportliches Exemplar zu wechseln. Erheblich Mehrleistung sollten Sie von dem Neuen allerdings nicht unbedingt erwarten – die meisten Sportauspuffanlagen heutiger Prägung dienen in erster Linie der Optik und frönen dem Sound mehr als der objektiv zu ermittelnden Mehrleistung.

Von Anlagen mit getrennten Endrohren raten wir Ihnen allerdings ab. Zumindest dann, wenn die Doppelrohrversion nicht unter die serienmäßige Heckschürze passt. Grund: Sollte nach Jahren der verrostete Dämpfer nicht mehr verfügbar sein, stehen Sie mit dem angepassten Abschlussblech allein im Regen.

Informieren Sie sich per Internet in Astra-Foren, entscheiden Sie sich auf keinen Fall für eine Anlage ohne EWG-Betriebserlaubnis. Es sein denn, Sie sind willens, die Kosten einer Einzelprüfung aus eigener Tasche zu bezahlen.

dämpfer mit einem Wagenheber ab. So kann er Ihnen später nicht unkontrolliert herunterfallen.

- Ziehen Sie zudem den Anschlussstecker von der Lambdasonde ab und binden das Kabel um den Auspuff.
- Lösen Sie den vorderen Auspuff am Befestigungsflansch, hängen alle Aufhängungsgummis aus und senken den Auspuff vorsichtig ab.
- Vor der Montage bestreichen Sie die Schiebestücke und neuen Dichtungen beidseitig mit zähem Fett. Die gefettete Krümmerflanschdichtung pappen Sie zunächst einfach an den Flansch. Danach hängen Sie den neuen Auspuff mit zwei Schrauben locker davor.
- Achten Sie darauf, dass die Dichtung später exakt vor den Schraublöchern sitzt.

So wird der Auspuff dicht

WISSENSWERTES

Verwenden Sie zu jeder Auspuffreparatur generell neue Dichtungen und Schrauben: Unbenutzte Dichtungen sind noch nachgiebig und passen sich daher den Flanschen besser an. Neue Schrauben sind einfach schneller zu handhaben.

Vergessen Sie auch nicht, sämtliche Dichtflächen vor der Montage zu planen sowie die Stehbolzen und Schrauben mit hitzefester Kupferpaste einzustreichen. Die Chancen, dass Ihr Auspuff dann auf Anhieb dicht wird, sind so wesentlich größer. Undichte Anlagen klingen übrigens nicht nur nach Hinterhof, sondern sie wirken sich zudem negativ auf die Motorleistung und das Abgasverhalten aus.

- Jetzt komplettieren Sie den Auspuff Schritt für Schritt nach hinten und hängen die Rohre mit neuen Gummischlaufen auf. Vergessen Sie nicht, die Schlaufen vorher einzufetten. Hängt alles in Reih' und Glied? Erst dann richten Sie die Anlage unter dem Wagenboden aus.
- Dazu rütteln Sie den Auspuff am Endrohr kräftig hin und her. Falls er nicht mit dem Bodenblech kollidiert, ziehen Sie den vorderen Schraubflansch fest.
- Starten Sie den Motor. Halten Sie das Auspuffendrohr zu und warten, bis der Motor abstirbt. Falls er keine Anstalten dazu macht, ist die Anlage irgendwo undicht. In dem Fall ziehen Sie sämtliche Schraubverbindungen nach und checken die Dichtflächen – danach geben Sie dem Motor und Ihrer Arbeit eine zweite Chance.

Die Kraftübertragung

Wie viele Kilowatt Ihr Astra tatsächlich an den Antriebsrädern abliefert, bestimmt allein Ihr Gasfuß. Sobald das theoretische Leistungsangebot allerdings nicht mehr zur Motordrehzahl bzw. zur Momentangeschwindigkeit passt, liegen all die Kilowatt wie gelähmt an der Kette. Grund: Jeder Verbrennungsmotor ist nur in einem ganz begrenzten Drehzahlfenster leistungswillig. Den Zusammenhang zwischen Drehzahl, Leistung und Geschwindigkeit erhellen Ihnen Leistungsdiagramme, deren Kurven das Verhältnis von Motorleistung und Drehzahl ins Verhältnis setzen (siehe auch Kapitel Modellvorstellung).

Mit unterschiedlichen Charakteristika – die Astra-Schaltgetriebe

Opel verkuppelt die Astra-Motoren mit drei verschiedenen Schaltboxen. Die Saugmotoren mit 1,4 bis 1,6 Liter Hubraum sowie die beiden 1,3-Liter-Diesel mit 70

Zahnkunde für Profis: Das F17 Fünfgang-Getriebe. Die F17+Variante mit Seilzugschaltung ist akustisch vom Antriebsstrang entkoppelt.

kW (95 PS) nutzen ein vollsynchronisiertes 5-Gang-Schaltgetriebe mit Seilzugschaltung (F17).
Sämtliche Turbomotoren sowie der 1,4-Liter LPG ecoFLEX und der 2-Liter BiTurbo CDTI spreizen ihr Drehmoment ab Werk in einem Sechsganggetriebe: gleichfalls vollsynchronisiert und mit Seilzug-Schaltung (M32, bzw. F40).
Optional im 1,6-Liter (85 kW/115 PS), im 1,4-Liter Turbo (103 kW/140 PS), im 1,6-Liter SIDI Turbo ecoFLEX (126 kW/170 PS) und im 2-Liter CDTI (121 kW/165 PS): eine elektronisch gesteuerte Sechsstufen-Wandlerautomatik mit manueller Gangwechselmöglichkeit (AF40-6).

Theorie und Praxis – sparen mit Hintergrund

Theoretische Kenntnis und Hightech-Getriebe allein bringen und halten Ihren Astra freilich nicht in Schwung: Sie müssen Ihr Wissen mitsamt der vorhandenen Hardware schon beherzt in die Praxis umsetzen. Sobald nämlich Motordrehzahl und Geschwindigkeit mit dem richtigen Gang korrespondieren, rollt Ihr Astra weder lustlos dahin, noch hängt er nervös am Gaspedal. Falls Sie das Bewusstsein um die Zusammenhänge zwischen Drehzahl und Drehmoment auf Ihre Fahrpraxis übertragen möchten, deuten Sie Ihren modifizierten Fahrstil fortan nicht als nervendes Korsett. Begreifen Sie Ihr Handeln besser als Herausforderung, Ihr Auto mit geringer Motordrehzahl Kraftstoff sparend mit möglichst viel Drehmoment zu fahren.

Mit wenig Gas »dahinrollen« – das senkt die Spritkosten

Beschleunigen Sie daher stets zügig (Gaspedal schnell etwa 2/3 durchtreten) und schalten schon früh in den nächst höheren Gang. Sobald Sie Ihre Wunschgeschwindigkeit erreichen, lassen Sie den Wagen im größtmöglichen Gang und mit wenig Gas dahinrollen. Drehen Sie den Motor lediglich beim Überholen oder Einspuren in den fließenden Verkehr höher aus. Falls Sie die Option »Start/Stopp« nicht nutzen, stellen Sie den Motor zudem während kurzer Stopps, beispielsweise vor Eisenbahnschranken, Ampeln oder im Stau, ab: Das schönt bereits nach 5 bis 7 Sekunden den Kraftstoffkonsum – und die Umwelt profitiert auch davon.
Unsere Tipps, konsequent umgesetzt, senken automatisch Ihre Tankrechnungen: Bis zu 20 Prozent Minderverbräuche sind keine Hexerei – und zwar ohne zu trödeln, bei Überholvorgängen zu verhungern oder die Tachonadel ständig im Keller ausharren zu lassen.

Manuelle Schaltgetriebe – so wechseln die Gänge

Damit Ihr Astra möglichst leichtfüßig aus dem Stand beschleunigt, sind seine Antriebsräder auf ein großes Drehmoment angewiesen. Wie allerdings die Leistungskurven der Benziner belegen: Unterhalb eintausend Umdrehungen halten sich die Newtonmeter noch dezent im Hintergrund. Darum erleichtert der erste Gang, mit einer Übersetzung ins Langsame, den Motoren relativ schnell Drehzahl anzunehmen. Je höher der Gang, umso ausgeglichener wird das Verhältnis. Ab dem vierten Gang ändert sich die Situation: Nun wird eine Übersetzung ins Schnelle wirksam. Mit sechs Gängen im Gepäck, bringt der fünfte Gang die Wende. Die Motorleistung gelangt via Kupplung auf die Getriebeantriebswelle (Eingangswelle) mit ihren schräg verzahnten Gangrädern. Die passenden Pendants dazu sitzen allesamt auf der Abtriebswelle. Als Pärchen stehen zwar alle Gangräder in ständigem Kontakt zueinander, fest verkuppelt ist jedoch immer nur das gerade genutzte Gangradpaar.
Bis die Gangräder der Hauptwelle festen Kontakt zu ihren Konterparts auf der Vorgelegewelle aufnehmen,

Typisch für moderne Frontantriebe: Dreiwellen-Getriebe mit integriertem Achsantrieb. 1 Kupplung, 2 Getriebeantriebswelle, 3 Vorgelegewelle, 4 Hauptwelle, 5 Achsantrieb.

rotieren sie frei ineinander. Erst wenn ein Gang eingelegt wird, ist das betreffende Zahnradpaar kraftschlüssig verbunden. Der Schalthebel wirkt auf eine Schaltgabel, die per Schiebemuffe den Kraftschluss der Gangräder ermöglicht. Damit die Zahnräder während des Schaltvorgangs geräuschlos und schnell zueinander finden, bringen Synchronringe die Getriebewellen auf zueinander passende Drehzahlen: Dazu bremsen sie die schnellere Welle in einem Anlaufkonus so lange ab, bis die Schiebemuffe das neue Gangradpärchen geräuschlos miteinander verkuppelt.

Erst mit drei Zahnrädern komplett – der Rückwärtsgang

In allen Vorwärtsgängen stehen grundsätzlich zwei Zahnräder in festem Kontakt. Lediglich der Rückwärtsgang bemüht ein Zahnradtrio. Das dritte Zahnrad, auch Zwischenrad genannt, läuft unbelastet auf einer eigenen Welle. Es wird jeweils kraftschlüssig, wenn zur Rückwärtsfahrt eine Drehrichtungsänderung der Abtriebswelle ansteht.

Letzte Instanz vor den Antriebsrädern – der Achsantrieb

Als letzte Instanz auf dem Weg zu den Antriebsrädern passiert das Motordrehmoment den Achsantrieb. Die vom Getriebe angelieferten Drehzahlen variiert der Achsantrieb ins Langsame, demzufolge steigt das Drehmoment an den Antriebsrädern.

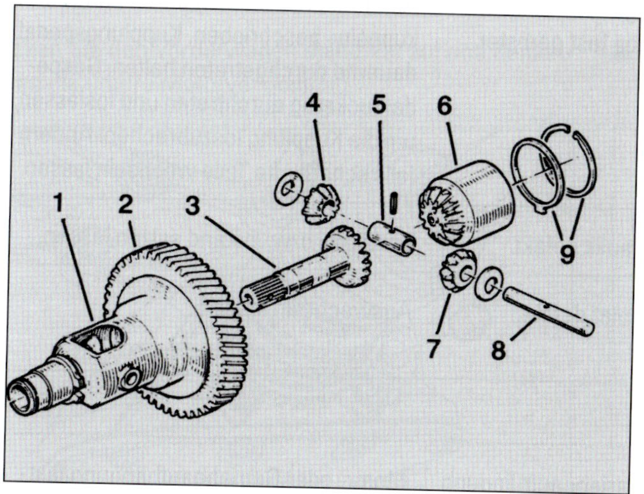

Im Getriebegehäuse montiert: Der Achsantrieb. 1 Differenzialgehäuse, 2 Tellerrad, 3 Getriebeausgangswelle, 4, 7 Satelliten-Kegelräder, 5 Distanzhülse, 6 Planetenrad, 8 Satellitenachse, 9 Distanz- / Sicherungsring.

Trennt Motor und Getriebe – die Kupplung

In Autos mit manuellem Schaltgetriebe unterbricht die Kupplung während jedes Anfahr- oder Schaltvorgangs den Kraftfluss zwischen Motor und Getriebe. Ihre Existenz ermöglicht harmonische Anfahrvorgänge und ruckfreie Gangwechsel – vorausgesetzt die Schaltdrehzahl stimmt. Falls nicht, würgt der Motor ab oder heult im Umkehrschluss laut auf.
Im Astra arbeitet eine Einscheiben-Trockenkupplung – eine gleichermaßen einfache und zweckmäßige Konstruktion. Für Do-it-Yourselfer hat die Trockenkupplung freilich den Nachteil, dass ihre Verschleißteile (Mitnehmerscheibe, Kupplungsdruckplatte, Ausrücklager) nicht ohne Weiteres zugänglich sind. Sie sitzen am Ende der Kurbelwelle zwischen Motor und Getriebe. Um exakte Diagnosen zu erstellen, muss zunächst das Getriebe vom Motor demontiert sein: Eine Arbeit, die solides Know-how gleichwie Spezialwerkzeuge voraussetzt. Falls Sie da für sich und auf Ihrer Werkbank Defizite erkennen sollten, überlassen Sie den Job besser einer Fachwerkstatt.

Getriebeölstand checken

Hoch legierte Getriebeöle halten ein Getriebeleben lang, so auch im Astra. Solange das Gehäuse also nicht nässt, ignorieren Sie unseren Wartungshinweis getrost. Übrigens: Leichter Ölnebel im Umfeld der Getriebeentlüftung muss Sie nicht beunruhigen – völlig normal. Bei staubtrockener Entlüftung seien Sie eher misstrauisch. Meistens hängen jetzt schon dicke Tropfen an den Antriebswellenmanschetten. In besagtem Fall schrauben Sie zunächst das Getriebeentlüfterröhrchen ab, blasen es mit Druckluft frei. Anschließend checken Sie natürlich den Getriebeölpegel und ergänzen die Fehlmenge.

Wichtig für Funktion und Lebensdauer – das richtige Getriebeöl

Synthetische Mehrbereichsöle, im Falle Astra mit der Opel-Teilenummer 09 120 541 (Spezifikation 75W90), halten bei manuellen Schaltboxen die Getriebeinnereien bei Laune. Sollten Sie, beispielsweise nach dem Austausch einer Antriebswelle, den Ölstand ergänzen müssen, bleiben Sie unbedingt der gleichen Ölqualität treu. Ihr Opel-Händler hat die entsprechenden Schmiersäfte auf Lager. Werkstätten pumpen das Öl

tur der Ölstand noch nicht ergänzt bzw. noch kein neues Öl aufgefüllt wurde.

Nicht zu überhören – wenn Antriebswellen Geräusche machen

Die Lebensdauer von Antriebswellen hängt vordergründig von der Fahrweise ab. Vermeiden Sie Sprintstarts, erst recht mit eingeschlagenen Vorderrädern. Geräusche, die einen Defekt signalisieren, treten erfahrungsgemäß von jetzt auf gleich auf. Lassen Sie sich nicht täuschen, auch wenn die Geräusche für geraume Zeit wieder verschwinden. Inspizieren Sie die Wellen dann auf jeden Fall akribisch.

- Rhythmische Schlag- oder Knackgeräusche, die während der Beschleunigung oder im Schiebebetrieb auftreten (können sich beim Lenkeinschlag verändern), entlarven ein defektes Gelenk an der Radseite.
- Sollte Ihnen während der Kurvenfahrt Ihr Lenkrad kräftig in die Hand schlagen gehen Sie gleichfalls von einem defekten äußeren Antriebswellengelenk aus.
- Beim Anfahren mit eingeschlagenen Vorderrädern verraten defekte Antriebswellen auch rhythmische Knackgeräusche.
- Verschlissene Radlager zeigen häufig übrigens die gleichen Symptome.

Antriebswellenmanschetten checken

- Bocken Sie den Vorderwagen standfest auf und ...
- ... kurbeln das Lenkrad von Anschlag zu Anschlag. Das jeweils kurvenäußere Rad drehen Sie mit der Hand und inspizieren dabei die äußeren Manschetten auf feine Risse und glänzende Stellen. Denn wenn sich erst Schmutz und Feuchtigkeit einnisten können, dauert es nicht mehr lange, bis das Gelenk schrottreif ist.
- Zur Kontrolle der inneren Manschetten legen Sie sich unter den Vorderwagen. Ein Assistent dreht derweil langsam an den Rädern.
- Checken Sie gleich auch die Spannbänder mit. Sitzen sie noch fest in Ihrer Gumminut? Sind sie eventuell schon korrodiert?
- Fettspuren an den Manschetten sind ein untrügliches Verschleißindiz: Gehen Sie ihnen auf den Grund und dichten die Manschette(n) schnellstmöglich wieder ab. Andernfalls ist das Antriebsgelenk bald schrottreif. Die Gelenke sind ab Werk mit rund 100 Gramm Spezialfett befüllt – zu einem Manschettentausch reichen ca. 60 Gramm MoS2-Fett. Opel verwendet die Spezifikationen ESP-M1C207-A.

Schauen Sie genau hin: Überprüfen Sie beim Check der Antriebswellenschutzmanschette auch den Sitz des äußeren und inneren Schlauchbinders. Gelockerte Lochbandklemmen spannen Sie mit einem Seitenschneider am Verschluss. Biegen Sie dazu in das Spannband eine Ausbuchtung – in Form einer Delle – und drücken dann mit dem Seitenschneider gerade einmal so fest zu, dass die Antriebsmanschette nicht abgequetscht wird. Am Manschettensitz muss die Antriebswelle peinlich sauber sein.

Notentriegelung – Wählhebelsperre beim Automatikgetriebe

Wenn, trotzt längerer Standzeit, der Wählhebel nicht in Position »P« steht, kann die Batterie entladen. Nachteil: Der Wählhebel lässt sich dann ohne Notentriegelung nicht mehr in Position »P« schalten.

Werkzeug:
Schraubendreher.

- Zur Notentriegelung ziehen Sie zunächst die Wählhebelverkleidung vorn der Mittelkonsole ab.
- Um Platz für die Entriegelung zu schaffen, drehen Sie die Verkleidung um 180° Grad nach links.
- Jetzt fädeln Sie einen Schraubendreher so weit wie möglich in die Serviceöffnung (Pfeil) hinein.
- Wenn Sie mit der anderen Hand zeitgleich noch den Wählhebelsperrknopf eindrücken, ist der Wählhebel entriegelt.

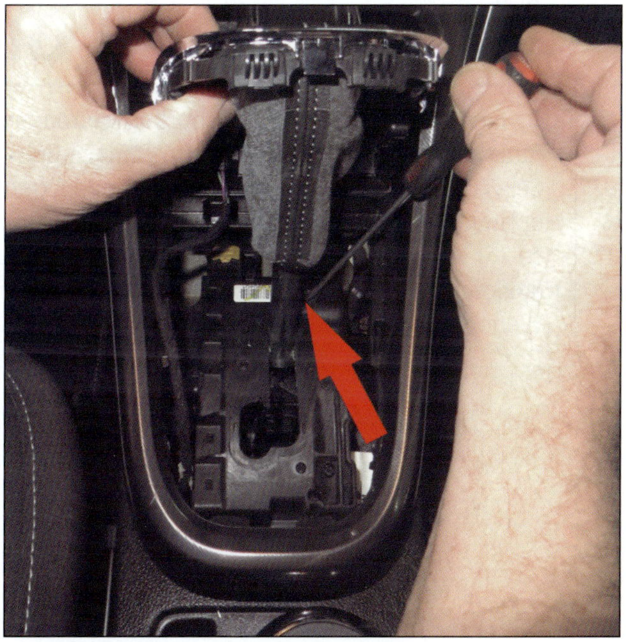

Im Notfall zu lösen: Wählhebel beim Automatikgetriebe.

Kurvengierig und spurtreu, ...

... das Astra-Fahrwerk mit spurkorrigierenden Eigenschaften. Die Fahrschemel-Vorderachse (1) funktioniert nach dem McPherson-Prinzip. Beide Federbeine (2) arbeiten als versetzte Schraubenfeder-/Gasdruckstoßdämpfer-Kombinationen, geführt von achsparallelen Dreiecksquerlenkern (3) mit optimierten Lagerbuchsen und einem Querstabilisator (4). Eine kompakte Verbundlenkerhinterachse (5) mit richtungstabilisierendem Wattgestänge (6) hält 16"-Hinterräder auf Kurs. Gasdruckstoßdämpfer (7) und kompakte Schraubenfedern (8) stützen die Räder gegen die Karosserie ab. Wegen seiner momentanen Einzigartigkeit hat Opel das Astra-Fahrwerk patentieren lassen.

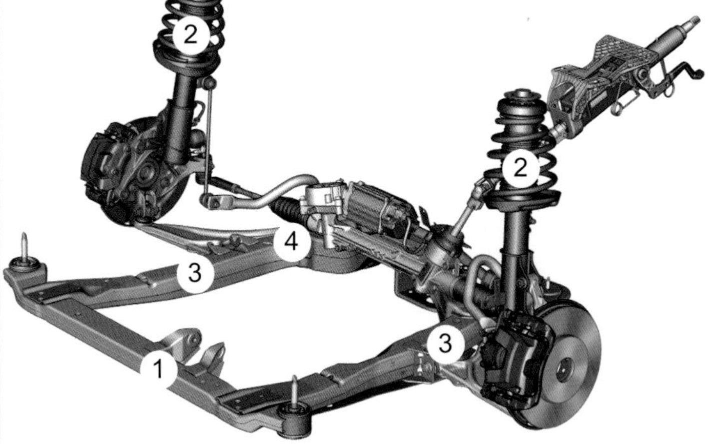

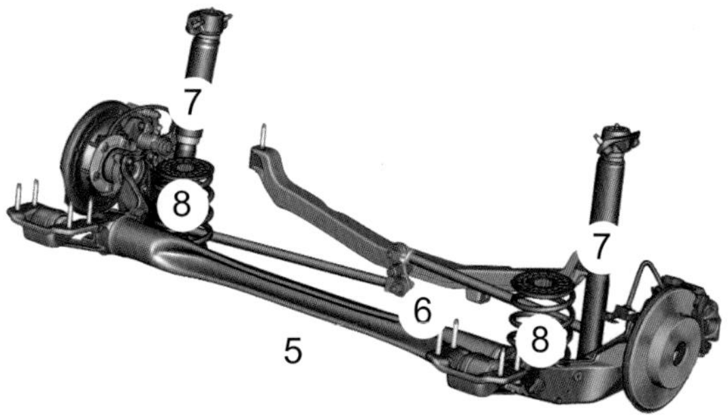

Fahrwerksauslegung

Zum Fahrwerk gehören die Federung und Dämpfung, die Radaufhängungen der Vorder- und Hinterachse, die Lenkung sowie Räder und Reifen. Die Bremsen, ebenfalls Bestandteil des Fahrwerks, handeln wir im darauf folgenden Kapitel ab.

Das Fahrwerk des Astra-J wurde von Anbeginn als voll integriertes mechanisch/elektronisches System entwickelt. Schon in der frühen CAD-Phase stimmten Opel-Ingenieure die mechanischen Funktionen und elektronischen Regelungen gezielt aufeinander ab. Grund: Das Lastenheft des Astra-J nahm die Fahrwerksingenieure dahingehend in die Pflicht, »die Vorgängerbasis hinsichtlich Einlenkverhalten, Agilität und Fahrkomfort in allen Belangen zu übertreffen«.

Dazu kreierten die Macher der J-Baureihe kein gänzlich neues Fahrwerk. Um die aktuelle Aufgabenstellung in die Praxis umzusetzen, perfektionierten sie gekonnt hochwertige Gene des Altvorderen unter dem Bauch des Neuen. Kurzum: Das Zusammenspiel der Vorder- und Hinterachse harmoniert jetzt noch eleganter als beim Vorgänger.

Verringert – ungefederte Masse an der Vorderachse

Die oberen Aufnahmen der McPherson-Federbeine sind im Astra-J als Zweiwege-Lager ausgeführt. Feder- und Dämpferkräfte wirken auf getrennten Pfaden. Um auch die ungefederten Massen zu minimieren und die Gewichtsverteilung zu verbessern, bestehen die Lenkhebel und unteren Querlenker aus Aluminium. Der Frontstabilisator besteht durchgehend aus Hohlprofilstahl.

Zugunsten maximaler Stabilität docken die L-förmigen Querlenker mit jeweils zwei Buchsen am vorderen Hilfsrahmen an. Die Aufhängungsgeometrie und Führungsbuchsen sind so aufeinander abgestimmt, dass sie in Querrichtung steif und in Längsrichtung elastisch wirken. Die gewählte Auslegung fördert die Handling-Eigenschaften bei gleichzeitig hohem Komfortniveau. Zusätzlich filtern die hydraulisch gedämpften hinteren Querlenkerbuchsen nahezu sämtliche Vibrationen aus der Radaufhängung gegen den Unterboden heraus.

Nahezu unsichtbar: In den Federbeinen sind als integrale Bestandteile zwei von außen unsichtbare Zuganschlagfedern montiert. Dank deren Anordnung und Auslegung entstehen am jeweils kurveninneren Rad höhere Federraten in Ausfederrichtung. Vorteil: Die Rollsteifigkeit der Vorderachse wird verstärkt, die Rollneigung des Aufbaus nimmt damit erheblich ab. Schon in den ersten Kurven wird deutlich, der Astra erfreut als Fronttriebler mit einem vergleichsweise neutralen Fahrverhalten.

Patentiert im Astra-J – Verbundlenkerachse mit Wattgestänge

Die Fahrwerksarchitektur des Astra-J rundet eine in der Kompaktklasse bislang noch einzigartige Verbundlenker-Hinterachskonstruktion mit Watt-Gestänge ab. Die gewählte Kombination dämmt unliebsame Fahrgeräusche sowie Vibrationen. Sie bietet zudem ein hohes Maß an Fahrkomfort und gutmütigen Handlingeigenschaften. Dabei bleiben die Vorteile der prinzipiell leichteren und kompakteren Verbundlenkerachse – gegenüber einer Mehrlenker-Konstruktion – in vollem Umfang erhalten: größere Sturzsteifigkeit und Spurtreue der Räder. Außerdem bewirkt das als Stabilisator zweckentfremdete Watt-Gestänge eine deutlich höhere Querstabilität in Kurven.

Das direkt hinter der Mittelachse der Hinterräder am Wagenboden positionierte Gestänge besteht aus einem kurzen, schwenkbaren Ausgleichslenker mit Kugelgelenken, an denen die Querstreben zu den Rädern befestigt sind. So genutzt balanciert das Watt-Gestänge die jeweils von außen einwirkenden Radkräfte aus. Es leitet sie vom stärker betroffenen Rad auf das andere weiter. Die gewählte Anordnung absorbiert gleichermaßen Richtungseinflüsse in Querrichtung wie Fahrbahnunebenheiten. Den Berechnungen der Opel-Ingenieure zufolge schluckt der Ausgleichslenker bis zu 80 Prozent der Querkräfte, die an den Hinterrädern angreifen.

Ein weiterer Griff in die Fahrwerkstrickkiste positioniert den Torsionsstab im Astra-J knapp vor den Hinterrädern zwischen die Längslenker. Sein offenes U-Profil wurde verlängert und die Wandstärke insgesamt vergrößert. Das mindert die Rollneigung um die Längsachse. Die damit gesteigerte Handlingvariabilität überträgt Opel mit individuellen Lösungen auf das gesamte Astra-Programm.

Positiven Einfluss auf die Handling-Eigenschaften haben natürlich auch die vorne um 56 und hinten um 70 Millimeter verbreiterte Spur. Dazu kommt gleichfalls der im Vergleich zum Vorgänger um 71 Millimeter gewachsene Radstand.

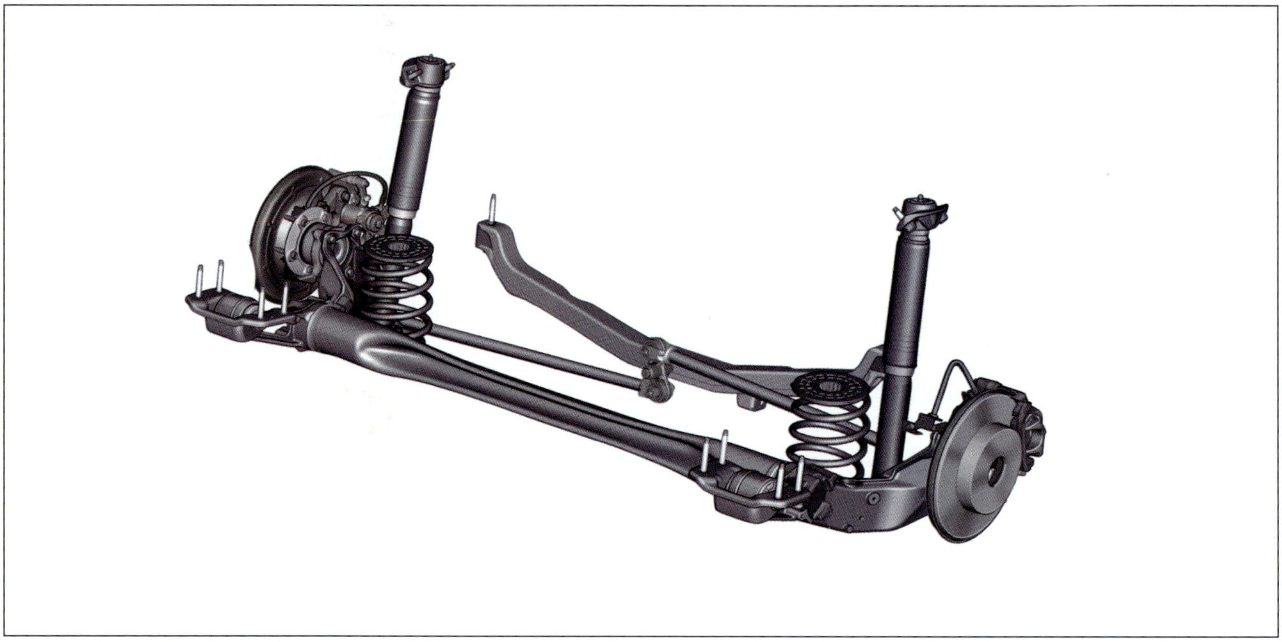

Patentiert: Verbundlenkerachse mit stabilisierendem Wattgestänge im Astra-J.

Natürlich sind es nicht die Einzelleistungen, die unter dem Astra-Bauch überzeugen. Es ist das Resultat eines bislang einmaligen Achsenpuzzles: Der Astra-J durcheilt Kurven weitaus dynamischer und leichtfüßiger als sein von der Fachwelt gleichfalls hochgelobte Vorgänger – und zwar ohne Abstriche an die Fahrstabilität und den Fahrkomfort. Aus Opel-Sicht Grund genug, das Astra-J-Fahrwerk zu patentieren.

FlexRide – auf Wunsch im Edition, Sport und Innovation erhältlich

Sein ohnehin schon hohes Handlingpotenzial spielt der Astra umso mehr mit der optional erhältlichen adaptiven Dämpferregelung FlexRide aus. FlexRide passt die Fahrwerkscharakteristik dem individuell gewünschten Fahrstil an.

Das voll integrierte, mechatronische System debütierte weiland im Opel Insignia. Jenes Grundwissen brachten die FlexRide-Vordenker in die Entwicklung ein. Das Zusammenwirken mechanischer Funktionen und elektronische Regelungen lief beim Astra-J von Anfang an parallel.

Herzstück von FlexRide ist das DMC-Steuergerät (**D**riving **M**ode **C**ontrol). Zur Kontrolle und unverzüglichen Verbesserung der Fahrwerksreaktionen auf die aktuellen Fahrbedingungen nutzt DMC die Informationen der Fahrzeugsensorik. Alle Parameter, die Auskunft über Fahrsituationen und Fahrstil, zum Beispiel Brems-, Lenk- oder Beschleunigungsmanöver geben, sind mit im Spiel. Ihre Signale setzt DMC in einen Gesamtzusammenhang und leitet daraus binnen Millisekunden die bedarfsgerechte Einstellung der vier Stoßdämpfer ab.

Ergänzend zum Standard-Fahrprogramm bietet FlexRide auch die Modi Tour und Sport: Per Druck auf die entsprechende Vorwahl-Taste entscheidet der Fahrer zwischen dem auf maximalen Komfort ausgelegten Tourmodus oder den am anderen Spektrumsende angesiedelten Sportmodus.

Im Sportmodus führt FlexRide zu unmittelbaren Fahrerlebnissen: Die Dämpfung agiert, ähnlich wie das elektronische Gaspedal, wesentlich direkter und progressiver. Auch die elektrische Servolenkung ändert ihr Ansprechverhalten und operiert zudem direkter. Automatikversionen drehen ihre Fahrstufen im Sportmodus höher aus. Selbst das optionale adaptive Fahrlicht AFL+ reagiert in der Stellung schneller als gewohnt. Sollte das ganze Programm denn doch zu sportlich sein, besteht die Möglichkeit zu selektieren. Der Fahrer entscheidet per Knopfdruck, ob die schärferen Kennlinien für Stoßdämpfer, Lenkung und Gaspedal einzeln oder kombiniert gelten sollen.

Serienmäßig an Bord – ESC, TC

Die in allen Astra-Versionen vorhandene elektronische Stabilitätskontrolle (ESC) sorgt im Zusammenspiel mit der Traktionskontrolle TC für ein höheres Sicherheitsniveau. Der in Wagenmitte positionierte ESC-Gierratensensor registriert alle Bewegungen um die Fahrzeughochachse. Diese und die Werte des direkt an der Lenksäule angebrachten Lenkwinkelsensors ergeben – zusammen mit der tatsächlichen Geschwindigkeit – ein Gefahrenspektrum, auf dessen Grundlage die ESC-Regelung arbeitet. Sobald alle Parameter aus dem theoretischen Ruder laufen, wirkt die ESC mit gezielten Bremseingriffen an einem, zwei oder drei Rädern und in letzter Instanz sogar mit verminderter Motorleistung, dem drohenden Unfall entgegen.

Im Detail – dafür steht ESC im Astra

- Die **Kurvenbremskontrolle CBC** kommt zur Geltung, sobald unter Querkrafteinfluss gebremst wird. CBC verteilt die Bremskraft so auf alle vier Räder, dass der Wagen stabil bleibt.
- Die **Kurventraktionskontrolle CTC** verhindert ein Durchdrehen des kurveninneren Antriebsrads und reduziert damit die für Fronttriebler typische Untersteuerneigung beim Beschleunigen in Kurven.
- Die **elektronische Schleppmomentregelung EDC** verhindert den Radschlupf, der bei abrupter Gasrücknahme und/oder unsanftem Rückschalten automatisch entsteht.
- Der **Bremsassistent BAS** unterstützt den Fahrer, indem er den für Notbremsmanöver nötigen erhöhten Druck im Hauptbremszylinder aufbaut. Wichtiger Systemindikator ist die Geschwindigkeit, mit der das Pedal bedient wird.
- Der **hydraulische Fading-Assistent HBFA** gleicht

GEFAHRENHINWEISE

⚠ Lenkung und Fahrwerk

Arbeiten an Fahrwerk und Lenkung setzen Erfahrung, häufig auch Spezialwerkzeuge sowie optische oder elektronische Messgeräte voraus. Wenn Sie darin für sich oder Ihre eigene Werkbank Nachholbedarf erkennen, suchen Sie besser eine Fachwerkstatt auf. Seien Sie sich stets bewusst: Unzulänglich ausgeführte Reparaturen gefährden nicht nur Sie und Ihre Mitfahrer, andere Verkehrsteilnehmer gefährden sie gleichfalls. Erliegen Sie unter keinen Umständen der Versuchung, beschädigte Radaufhängungen zu richten oder zu schweißen. Verbogene, vom Rost zernagte oder gerissene Formteile müssen grundsätzlich Neu- oder brauchbaren Secondhandteilen weichen. Und weil wir gerade den Zeigefinger ausfahren, gleich noch ein Rat: Überlassen Sie die Feineinstellung der Astra-Räder nach tiefer gehenden Fahrwerksreparaturen grundsätzlich einer Fachwerkstatt mit optischem Achsmessstand. Ein vorschriftsmäßig vermessenes und justiertes Fahrwerk hat maßgeblichen Einfluss auf das Fahrverhalten und den Reifenverschleiß. Bereits ein deftiger Bordsteinschubser bringt die Achsgeometrie empfindlich aus dem Lot. Ausgeschlagene Achsgelenke, Spurstangenköpfe oder Gummilager beeinflussen das Fahrverhalten gleichfalls negativ.

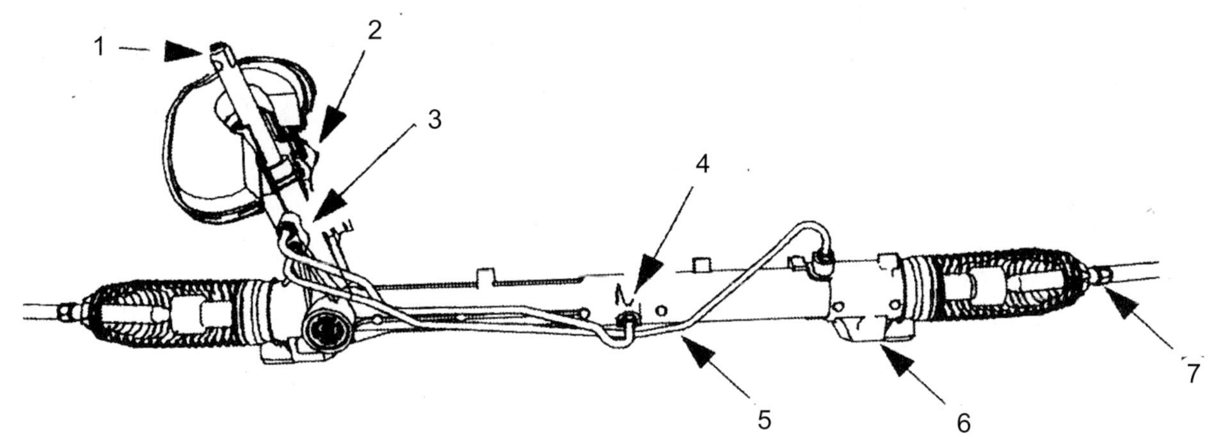

Degressiv unterstützt: EPAS-Servolenkung (Electric Power Assist Steering) im Astra: Arbeitet mit degressiver Unterstützung: EPAS-Lenkung im Focus III. 1 Lenkwelle, 2 induktiver Lenkwinkelsensor, 3 Ventilgehäuse, 4 Hydraulikzylinder, 5 Hydraulikölleitung, 6 Lenkgehäuse, 7 Spurstangen.

WISSENSWERTES

Grundbegriffe der Lenkgeometrie

Vorspur: Die Vorderräder stehen vorne enger zusammen als hinten – sie rollen aufeinander zu. Diese Eigenart minimiert den Reibkoeffizienten zwischen Radaufstands- und Straßenoberfläche: Demnach drängte das linke Rad nach links und das Rechte nach rechts. Zur Unterstützung der Lenkbewegung und der Lenkkräfte schwenkt bei Kurvenfahrt das kurveninnere Rad stärker ein als das kurvenäußere (Spurdifferenzwinkel) – die Vorspur geht in Nachspur über. Im Fall von Nachspur stehen die Räder hinten enger zusammen als vorn.

Sturz: Der Sturz beschreibt die Radneigung zu einer theoretisch gedachten Senkrechten. Er vermindert Fahrbahnstöße in die Lenkung, reduziert die Lenkkräfte und Reibung der Räder auf der Straße. Die Astra-Vorderräder haben ab Werk leicht negativen Sturz – sie stehen oben im Radkasten geringfügig enger beieinander als unten am Boden.

Spreizung: Neigung der Lenkungsdrehachse zu einer Senkrechten. Denkt man sich eine Linie dieser Achse zum Boden und misst den Abstand zur Mittellinie durch das Rad (Mittelpunkt der Reifenaufstandsfläche), ergibt das den Lenkrollradius. Um die Störkräfte in der Lenkung zu verringern, soll der Lenkrollradius möglichst gering sein. Zusammen mit dem Nachlauf bewirkt die Spreizung außerdem, dass sich das Auto bei eingeschlagenen Rädern vorne etwas anhebt. Sobald das Lenkrad während der Fahrt lockerer geführt wird, stellen sich die Räder selbst in die Mittelstellung zurück (Rückstellmoment).

Nachlauf: Abstand (in Fahrtrichtung) zwischen der gedachten Verlängerungslinie der Lenkdrehachse zum Boden und dem Mittelpunkt der Reifenaufstandsfläche. Durch den Nachlauf werden die Räder gezogen (und nicht geschoben). Vorteil: Gezogene Räder um die Lenkdreh-achse neigen dazu, sich selbstständig zu stabilisieren (Teewageneffekt) und somit automatisch die Geradeauslaufstellung beizubehalten.

automatisch den nach mehreren hintereinander folgenden Bremsmanövern nachlassenden Systemdruck aus.

- Das **Anhänger-Stabilitätsprogramm TSA** macht Gespannfahren sicherer. Es korrigiert Pendelbewegungen des Gespanns mit gezielter Gasrücknahme und beruhigenden Bremsimpulsen.

Zusammengehörig – Lenkung und Fahrsicherheit

Wenn allerdings die Lenkung nicht zielsicher arbeitet, sind alle theoretischen und praktischen Fahrwerkslayouts für die Katz': Ein gutes Fahrverhalten setzt möglichst stoisch reagierende Vorderräder und eine feinfühlige Lenkelastizität voraus. Anders gesagt: Die Vorderräder sollen möglichst exakt einlenken und den ein-

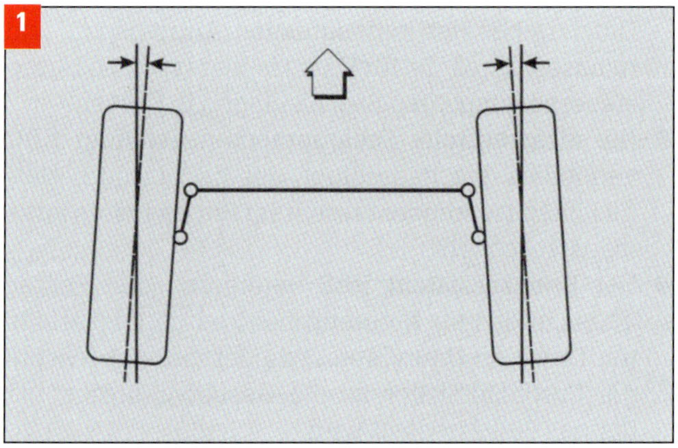

Vorspur: Die an Vorder- und Hinterachse gegeneinander eingeschlagenen Räder verbessern den Geradeauslauf.

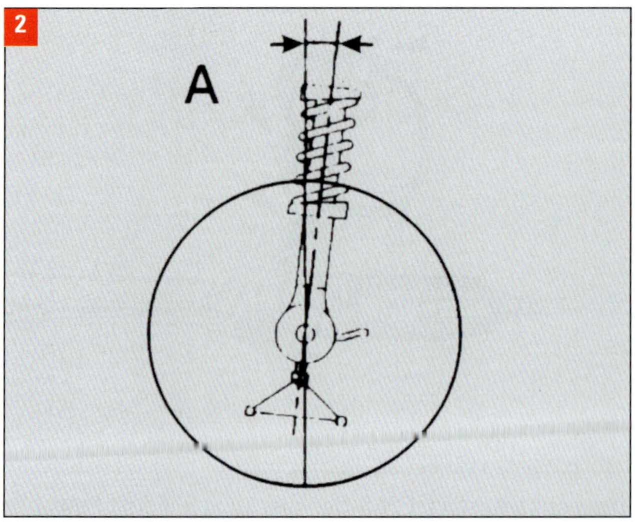

Teewageneffekt: Durch den Nachlauf an der Vorderachse zentriert sich das Rad in seiner Mittelachse selbst.

3

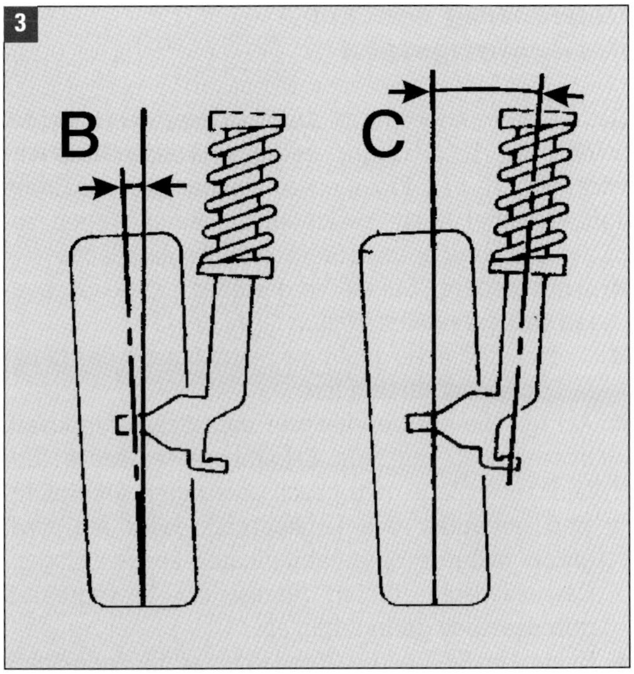

Die Radeinstellungen: Der Radsturz (B) beträgt ca. 2° an der Hinterachse und sorgt für ein besseres Kurvenverhalten. Die Spreizung (C) dient der Radzentrierung.

geschlagenen Kurs halten. Demzufolge ist natürlich das Ansprechverhalten der Lenkung exakt auf die Vorderachskinematik, das Fahrzeuggewicht, die Lenkgeometrie und die Lenkelastizität der Räder abgestimmt. Den Astra dirigiert übrigens eine geschwindigkeitsabhängige, elektrische Servolenkung EPAS (Electric Power Assist Steering). Vorteil: Elektrische Lenksysteme fordern nur dann Energie, wenn sie auch tatsächlich arbeiten. In mehr als 85 Prozent aller Fahrsituationen sind das nur 4 Ampere, die maximale Stromaufnahme der EPAS beträgt 60 Ampere. Das erspart in Summe rund zwei bis fünf Prozent Kraftstoff auf 100 Kilometer.

Außerdem ist die Servokraft elektrisch unterstützter Lenkgetriebe feinfühliger zu programmieren als bei rein hydraulischen Lenksystemen. Als Fahrer bemerken Sie das spätestens beim Einparken. Nämlich dann, wenn Ihnen das Lenkrad im Schritttempo leicht durch die Hände gleitet. Je zügiger Sie allerdings unterwegs sind, umso geringer wird die Servowirkung des unterstützten Getriebes.. Das macht Sinn: In höheren Geschwindigkeitsbereichen wenden Sie ohnehin weniger Lenkkraft auf – die tatsächlichen Lenkkräfte nehmen mit zunehmender Geschwindigkeit ab. Techniker sprechen in dem Fall von einer degressiven Servowirkung.

Von Fall zu Fall sinnvoll – do it yourself am Fahrwerk

Als aufmerksamer Fahrer kommen Sie verstellten Vorderrädern meistens auch ohne Achsmessstand auf die Schliche: Ihr Astra irrt mit einer veränderten Achsgeometrie nämlich nicht nur in Kurven, gleichfalls auch auf ebener Strecke oder langen Autobahngeraden nervös auf der Straße umher. Die von Ihnen vorgegebene Fahrtrichtung will laufend korrigiert sein –auch mit gleicher Bereifung, vergleichbarer Profiltiefe und vorgeschriebenem Reifenluftdruck.

Mit vorschriftsmäßig eingestellten Vorderrädern steht das Lenkrad in Geradeausfahrt grundsätzlich geradeaus. Ein urplötzlich schief stehendes Lenkrad ist untrügliches Indiz für Unregelmäßigkeiten an den Vorderrädern.

In dem Fall prüfen Sie, ob Ihr Auto auf ebener Straße von allein in der Spur bleibt. Vielleicht drängelt es während der Fahrt sogar an den linken oder rechten Straßenrand. Oder das Lenkrad kommt am Kurvenausgang nicht mehr von allein in die Geradeausstellung zurück. Checken Sie in den geschilderten Fällen auch die Vorderreifen. Nutzt das Profil gleichmäßig ab? Oder waschen die Profilkanten gar unterschiedlich aus?

Nehmen Sie all die beschriebenen Symptome nicht auf die leichte Schulter, sondern gehen Sie ihnen aufmerksam nach. Wenn Sie ganz auf Nummer sicher gehen möchten, lassen Sie Ihren Wagen von Ihrem Opel Händler optisch neu vermessen.

Stoßdämpfer prüfen – nur bedingt ohne Prüfequipment möglich

Damit Stoßdämpfer möglichst wenig Fahrgeräusche in den Innenraum übertragen, sind sie elastisch mit der Karosserie und dem Fahrwerk verbunden. Nach etwa zwei verschlissenen Reifensätzen arbeiten die Dämpfer noch mit etwa 50 Prozent ihres ursprünglichen Leistungsvermögens. Da die Dämpferwirkung jedoch langsam und nicht abrupt nachlässt, fällt der Verlust meistens erst in Extremsituationen auf: Sie haben nämlich unbewusst, wie übrigens die meisten Autofahrer, Ihren Fahrstil längst den alternden Stoßdämpfern angepasst. Lassen Sie Stoßdämpferfunktionen darum einmal jährlich auf dem Prüfstand eines Automobilklubs, vom TÜV oder Dekra checken. Die Wippmethode, bei der Sie Ihren Wagen an den Kotflügeln möglichst kräftig aufschaukeln, um sein Nachschwingverhalten zu testen, ist kein ernst zu nehmender Check. Sie entlarven damit allenfalls total verschlissene Stoßdämpfer.

Achten Sie sinnvollerweise auf folgende Symptome:

- Flattert die Lenkung? In diesem Fall tanzen die Räder über dem Boden oder sie sind falsch ausgewuchtet.
- Wie verhält sich Ihr Auto in Kurven? Taucht es schwammig ein oder wankt gar jeder Straßenunebenheit hinterher?
- Schwingt Ihr Auto nach Bodenwellen kräftig nach?
- Nutzen die Reifen ungleichmäßig ab (partiell ausgewaschene Lauffläche)?
- Sind die Stoßdämpfer dicht? Geringe Ölschwitzspuren am Gehäuse sind durchaus normal.

Lenkmanschetten checken – Sichtprüfung reicht

Auf beiden Seiten schützt die aus dem Lenkgetriebegehäuse austretende Zahnstange je eine Gummimanschette. Beide Manschetten müssen staubtrocken sein. Ersetzen Sie feuchte Manschetten unmittelbar: Schmutz oder Feuchtigkeit verwandeln das Schmiermittel im Lenkgetriebe in kürzester Zeit zu einer Schleifpaste, die der Lenkung den Garaus macht.

- Leuchten Sie mit einer Taschenlampe die Faltenbälge ab.
- Schlagen Sie die Lenkung voll nach rechts und links ein und ziehen dann den Faltenbalg Stück um Stück auseinander. Sind Risse zu erkennen?
- Spannbänder müssen auf beiden Manschetten festsitzen.

Relativ gut gegen Beschädigungen geschützt: die Lenkmanschetten oberhalb des Achsträgers.

Regelmäßig checken – das Lenkungsspiel

Das Lenkungsspiel Ihres Astra ist eine feste Größe. Sollten Sie der Meinung sein, die Vorderräder entwickelten zu viel Eigenleben, machen Sie die Probe aufs Exempel. Dazu parkieren Sie Ihren Wagen zunächst auf einer ebenen Stein- oder Asphaltfläche.

- Dann justieren Sie die Vorderräder geradeaus, stellen sich neben den Wagen und …
- … drehen durchs geöffnete Seitenfenster das Lenkrad ruckartig hin und her.
- Achten Sie währenddessen aufs linke Vorderrad, besser noch auf sein Felgenhorn: es muss Ihre Lenkausschläge rhythmisch übertragen. Falls nicht, sind entweder das Lenkgetriebe oder ein bzw. gleich mehrere Spurstangenköpfe ausgeschlagen. Der elastische Reifen bremst die Bewegungen grundsätzlich geringfügig ab.
- Bemerken Sie um die Geradeausstellung kein Spiel, bei stärkerem Lenkeinschlag jedoch ein Klemmen, ist die Zahnstange verschlissen. In dem Fall sehen Sie von einer Reparatur in Eigenregie ab. Überlassen Sie den Wagen einem Fachmann zur Reparatur.

Von Zeit zu Zeit prüfen – die Querlenkerlager

Beide Lager und das Kugelgelenk der vorderen Querlenker sind wartungsfrei. Das äußere Kugelgelenk sitzt in einer Kunststoffschale mit Fettdauerfüllung. Dennoch inspizieren Sie die Querlenker regelmäßig. Dazu drücken Sie das Spiel mit einem Montierhebel ab. Den Hebel setzen Sie außen zwischen Achsschenkel und Querlenker an. Bei zu viel Spiel, suchen Sie eine Fachwerkstatt auf.

Zum Check …

- … schlagen Sie die Lenkung mehrmals ruckartig nach links und rechts ein.
- Inspizieren Sie beide Kugelgelenke auf Beschädigungen.
- Setzen Sie danach einen Montierhebel an die Querlenker an und wippen die Gelenke gefühlvoll hin und her. Beachten Sie allerdings, dass die Lager von Haus aus eine gewisse Elastizität haben (müssen). Sobald sich der Montierhebel jedoch widerstandslos schwenken lässt, sind die Lager verschlissen.

Versierte Schrauber werden jetzt zur Selbsthilfe greifen wollen. Wir raten Ihnen eindeutig davon ab. Die Arbeit ist nicht allein mit dem Tausch eines Lagers oder Kugelgelenks beendet. Stattdessen müssen Sie den kompletten Querlenker demontieren und die Vorderachse, nach beendeter Reparatur, optisch neu vermessen lassen. In der Fachwerkstatt sind Sie damit von vornherein besser aufgehoben.

Spurstangenköpfe und Manschetten – von Zeit zu Zeit prüfen

Die Spurstangenköpfe sind jeweils links und rechts mit den Spurstangenenden verschraubt. Bei defekten Spurstangenköpfen reicht es darum, nur den verschlissenen Kopf und nicht etwa die gesamte Spurstange zu erneuern. Die stählernen Spurstangenköpfe sitzen in einer selbstschmierenden Kunststoffschale – eine mit Spezialfett gefüllte Manschette schützt sie vor Schmutz und Feuchtigkeit. Und so kommen Sie verschlissenen Köpfen auf die Spur:

- Checken Sie die Kunststoffmanschetten der Spurstangenköpfe auf äußere Beschädigungen (z. B. Haarrisse).
- Vergessen Sie bei der Gelegenheit auch nicht das Spiel innerhalb der Gelenke zu prüfen. Sinnvollerweise machen Sie das über einer Grube oder auf einer Vierstempel-Hebebühne – die Räder müssen dazu nämlich satten Bodenkontakt haben.
- Lassen Sie das Lenkrad dazu ruckartig von einem Helfer hin und her bewegen. Währenddessen fassen Sie die Gelenkpfannen an. Verschlissene Gelenke spüren Sie ganz deutlich in Ihren Fingerkuppen – intakte Gelenke gleiten geräuschlos und spielfrei in den Kunststoffschalen.
- Sollten Sie in Ihren Fingerkuppen leichte Stöße verspüren, tauschen Sie das betreffende Gelenk schnellstens aus.

Staubtrocken und ohne Spiel: So sehen unversehrte Spurstangenköpfe (Pfeil) aus.

Spurstangenköpfe erneuern – zählen Sie die Gewindegänge

Die Spurstangenköpfe sind jeweils links und rechts mit den Spurstangen verschraubt. Vorteil: Bei defekten Spurstangenköpfen reicht es, den verschlissenen Kopf und nicht die komplette Spurstange auszutauschen. Wechseln Sie Spurstangenköpfe möglichst nur paarweise und achten auf die richtige Spezifikation für Ihren Astra.

Werkzeug:
Wagenheber, Unterstellbock, Ratsche, 17er-Nuss, 17er-Maulschlüssel, Spurstangenabzieher.

- Bocken Sie den Wagen standfest auf und bauen die Vorderräder ab.
- Lösen Sie am Lenkhebel des Lenkschwenklagers die selbstsichernde Mutter des Spurstangenkopfs und …

Ohne Abzieher gibt's Probleme: Der Spurstangenkopf sitzt nämlich bombenfest im Konus.

- ... pressen den Spurstangenkopf mit einem Klauen- oder Kugelgelenkabzieher aus dem Lenkhebel.
- Schrauben Sie die Mutter dann ganz ab und ziehen den Spurstangenkopf aus dem Konus.
- Lösen Sie jetzt die Klemmmutter am Spurstangenkopf und schrauben das Endstück von der Spurstange ab.
- Nicht jedoch, ohne vorab die »freien« Gewindegänge außerhalb der Spurstange exakt zu zählen.
- Den neuen Kopf montieren Sie mit gleicher Einbaulänge (Gewindegänge). Wenn Sie das präzise hinbekommen, erübrigt sich eventuell die sonst fällige Spurkorrektur.

Schnell gemacht – das Radlagerspiel prüfen

Die Räder drehen sich um wartungsfreie Doppelkugellager. An der Hinterachse halten moderne Radlager heutzutage gut und gerne rund 150.000 Kilometer. Ihre Pendants an der Vorderachse sind naturgemäß stärker belastet, sie überleben häufig nicht ganz so lange. Radlager wie Opel sie montiert, sind bereits mit der Montage eingestellt. Bei Schäden bleibt Ihnen übrigens nur der komplette Radnabentausch übrig. Aufmerksamen Ohren kündigt sich die anstehende Reparatur rechtzeitig an: Verschlissene Radlager nerven mit monotonen Geräuschen. Mahlgeräusche in Rechtskurven signalisieren Verschleiß am linken Lager, in Linkskurven disqualifizieren sie das rechte Radlager.

Bevor Sie Hand anlegen, machen Sie noch folgenden Test:

- Stellen Sie den Wagen auf einer Stein- oder Asphaltfläche ab. Greifen Sie das Rad im oberen Radlauf und kippen es rhythmisch im Radlauf kräftig hin und her. Einwandfreie Lager verkraften das lautlos und ohne Spiel.
- Sollten Sie an den vorderen Radlagern zu viel Spiel feststellen, lassen Sie einen Helfer die Bremse treten – Sie ruckeln derweil am betreffenden Rad. Bleibt das Spiel unverändert, haben Sie auf diese Art und Weise zufällig ein defektes Achsgelenk entdeckt.

Oben mit beiden Händen ans Rad greifen und kräftig rütteln: zur Kontrolle des Radlagerspiels.

Lenkgetriebemanschetten auswechseln – das schaffen Sie locker

Werkzeug:
Seitenschneider, Wasserpumpenzange.

- Demontieren Sie zunächst das Spurstangenendstück wie beschrieben. Vergessen Sie auf keinen Fall die sichtbaren Gewindegänge vorher exakt zu zählen (siehe Spurstangenköpfe erneuern).

- Falls an Ihrem Astra verbaut, demontieren Sie die untere Motorabdeckung, …

- … säubern die Spurstange und lösen die Kontermutter des Spurstangenendstücks.

- Danach lösen Sie die Klemmschellen (1, 2) von der Lenkmanschette und ziehen die Manschette von der Spurstange ab.

- Bevor Sie die neue Manschette montieren, fetten Sie die Öffnungen gut ein und schieben die Manschette vorsichtig auf die Spurstange. Achten Sie darauf, die Manschette nicht zu verdrehen.

- Richten Sie die Manschette in den Spurstangen- sowie den Lenkgehäusenuten spannungsfrei aus. Falls Sie das nur lässig erledigen, wird die Manschette verspannen und früher oder später reißen. Das führt zwangsläufig zu vorzeitigem Verschleiß des Lenkgetriebes.

- Alles o. k.? Sichern Sie die Manschette mit einem neuen Halteband oder einer Klemmschelle und …

- … lassen in einer Fachwerkstatt die Vorderachsgeometrie neu vermessen.

Spannungsfrei montieren: den Faltenbalg am Lenkgetriebe.

Federbein demontieren und montieren – mit Helfer machbar

Wechseln Sie die Federbeine immer nur paarweise und achten auf die richtige Spezifikation für Ihren Astra. Arbeiten Sie immer nur an einer Achsseite – niemals gleichzeitig an beiden. Da die Arbeiten für beide Seiten nahezu gleich sind, beschreiben wir die Arbeit am rechten Federbein.

Werkzeug:
Ratsche, diverse Nüsse, 17er-, 19er-Maulschlüssel, Wasserpumpenzange, Opel-Spezialwerkzeug »CH 49375«.

- Bocken Sie den Vorderwagen standfest auf und demontieren das betreffende Rad sowie den Windlauf.
- Ziehen Sie den Bremsschlauch (1) aus der Bremsschlauchhalterung und ...
- ... lösen die Pendelmutter (2) am Federbein (3). Kontern Sie das Pendel mit einem Inbusschlüssel.
- Danach schrauben Sie beide Befestigungsschrauben (4) vom Federbein los und schwenken den Achsschenkel vorsichtig nach außen ab.
- Lösen Sie nun mit dem Spezialschlüssel »CH 49375« die Mutter des oberen Federbeinlagers und ziehen die Montageplatte vom Federbein ab.
- Sobald die Montageplatte gelöst ist, nehmen Sie das Federbein aus dem Radhaus.

Montage

- Stellen Sie das an der Werkbank vormontierte Federbein zentrisch im Federbeindom auf und beenden die Montage in umgekehrter Reihenfolge.
- Verwenden Sie nur neue Schrauben und Muttern. Die Schraubverbindungen am Achsschenkel ziehen Sie mit 90 Nm + 65 Grad an. Der oberen Pendelschraubenmutter reichen 65 Nm. Das Federbein wird mit 45 Nm gegen den Dom gezogen.
- Kontrollieren Sie nach einer besonnenen Probefahrt erneut sämtliche Schraubverbindungen.
- Vergessen Sie auch nicht, die Vorderachsgeometrie auf einem optischen Achsmessstand vermessen bzw. neu einstellen zu lassen.

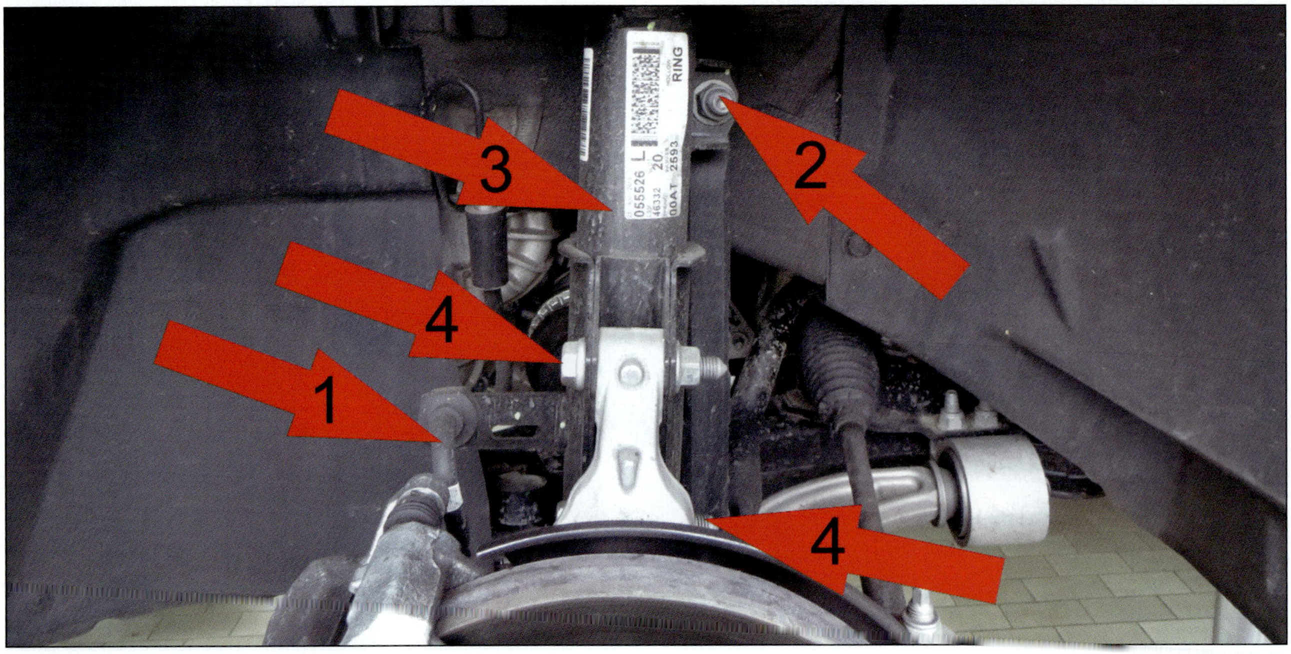

Vom Federbein lösen: 1 Bremsschlauch, 2 Pendelmutter, 3 Federbein, 4 Halteschrauben.

Stoßdämpfer hinten erneuern – grundsätzlich nur paarweise

Wechseln Sie die Stoßdämpfer grundsätzlich nur paarweise. Achten Sie zudem auf die richtige Spezifikation für Ihr Auto. Arbeiten Sie beide Seiten unbedingt nacheinander ab.

Werkzeug:
Ratsche, Verlängerung, 10er/15er-Nuss, hydraulischer Rangierwagenheber.

- Sichern Sie die Vorderräder mit einem Unterlegkeil, bocken den Hinterwagen rüttelsicher auf und demontieren die Hinterräder.
- Jetzt platzieren Sie einen Rangierwagenheber unter den Hinterachskörper und heben die Achse so weit an, dass die Stoßdämpferschrauben später gut zu lösen sind.
- Lösen Sie die Stoßdämpferschrauben (Pfeile) auf beiden Seiten und ziehen die Dämpfer nach unten aus der Halterung.

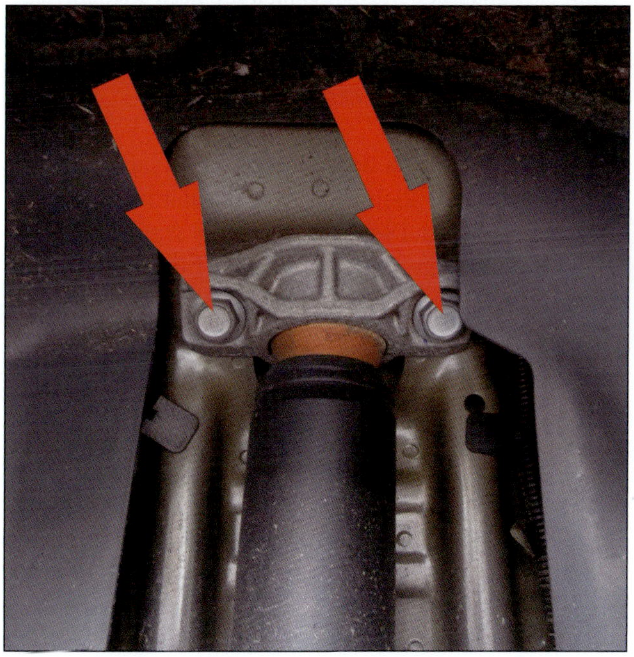

Oben und unten lösen: die Stoßdämpferschrauben.

- Beenden Sie die Arbeit in umgekehrter Reihenfolge. Die oberen beiden Schrauben ziehen Sie mit 100 Nm an. Damit Sie das Arbeitsspiel der Stoßdämpfergummis minimieren, stellen Sie den Wagen wieder auf die Räder und ...
- ... ziehen die untere Schraube mit 150 Nm + 65 fest.

Räder und Reifen

Auf einer – je Rad – etwa postkartengroßen Aufstandsfläche tragen die Reifen Ihren Astra über Stock und Stein, parieren die unterschiedlichsten Fahrbahnen und übertragen sämtliche Antriebs-, Brems- und Fliehkräfte. Ist Ihnen das eigentlich bewusst? Reifen leisten einen immensen Beitrag zum guten Fahrverhalten und somit zur aktiven Sicherheit. Die Karkasse, die Gummimischung, deren Silikatanteil und das Computer-berechnete Reifenprofil machen heutige Radialreifen zu Hightechprodukten. Bei durchschnittlicher Belastung müssen Sie Ihren Astra etwa alle 30.000 – 40.000 Kilometer auf der Vorder- und nach rund 50.000 – 60.000 Kilometern auf der Hinterachse neu besohlen.

Unabhängig von der Laufleistung – nach spätestens sieben Jahren gehören Reifen erneuert

Sollten Sie zu den Wenig-Fahrern gehören, wechseln Sie die Reifen – unabhängig von der Laufleistung und Restprofiltiefe – nach sechs, spätestens jedoch nach sieben Jahren. Winterreifen geben Sie am besten schon nach sechs Jahren den Laufpass. Das verbliebene Restprofil fahren Sie ins Frühjahr hinein ab.

Warum die generelle Empfehlung?
In den angegebenen Zeiträumen setzen Straßendreck, chemische Umwelteinflüsse, interne Alterungsprozesse und nicht zuletzt die Sonne den Pneus dermaßen zu, dass sie verhärten und spröde sind. Trauen Sie übrigens auch keinem alten, wie neu aussehenden, Ersatzrad: Die neuwertige Optik ist nämlich nur Fassade – darunter sieht's mitunter gefährlich brüchig aus. Reifen altern übrigens auch im Kofferraum, im dunklen Keller oder in der Garage. Ein Großteil ihrer Ingredienzien diffundiert an die Oberfläche – der Pneu härtet künstlich von innen nach außen aus.

Das sollten Sie kennen – die Bezeichnungen auf der Reifenflanke

Auf den Reifenflanken sind eine Reihe von Ziffern und Buchstaben eingeprägt, die Fachleuten als verschlüsselte Visitenkarte dient. Die meisten Fahrer interessiert ohnehin nur das Reifenformat. „205/60 R 16“ bedeutet zum Beispiel, dass die Reifenbreite 205 Millimeter beträgt. Die zweite Zahl bestimmt das Verhältnis von Höhe und Breite des Reifens. Im Beispiel beträgt es 60 Prozent. Je kleiner dieses Verhältnis, umso flacher ist der Reifen. Der Buchstabe »R« steht für Radialbauweise (Gürtelreifen) und die Zahl hinter der Kombination (16) beschreibt den Felgendurchmesser in Zoll.

WISSENSWERTES: Ultra-Light-Weight-Reifen (ULW-R)

In der Rennszene sind **U**ltra-**L**ight-**W**eight-**R**eifen (ULW-R) längst ein alter Hut. Auch unter normalen Straßenautos werden die Superleichtgewichte schon seit geraumer Zeit immer aktueller – und das aus gutem Grund: Gegenüber einem herkömmlichen Stahlgürtelreifen bringen ULW-Reifen etwa drei Kilogramm weniger Gewicht auf die Waage.

Wie das? Anstelle von Stahlcord-Gürteleinlagen fesseln ULW-Karkassen ultraleichte Aramidfasern. Die Hightech-Kunststofffaser wiegt etwa sechsmal weniger als Stahl, übertrifft seine Zugfestigkeit jedoch um das Zehnfache. Das erfreut landauf landab nicht nur Reifenbäcker, sondern gleichermaßen auch Bremsenkonstrukteure. Denn mit geringeren rotierenden Radmassen sind höhere ABS-Regelfrequenzen möglich. Im Klartext: Ultra-Light-Weight-Reifen können schneller stoppen – auch auf rutschigen Pisten. Und weil Aramidfasern zudem weniger verletzlich als Stahlfäden sind – sie oxidieren beispielsweise nicht nach Reifenpannen – haben sie auch gute Chancen, als Runderneuerte ein zweites Leben zu erleben. Darüber hinaus spielen die Pneus über die Zeit den Aufpreis beim Kauf wieder ein: Ultra-Light-Weight-Reifen senken die Kraftstoffkosten.

Synonym für die Höchstgeschwindigkeit – der Großbuchstabe hinter der letzten Ziffer
Der Großbuchstabe hinter der letzten Ziffer auf der Reifenflanke verrät die zulässige Höchstgeschwindigkeit des Reifens. Ein 205/60 R16 Reifen mit dem Kennbuchstaben »S« ist für einen Topspeed bis 180 km/h, mit »T« bis 190 km/h zugelassen. Maximal 210 km/h vertragen Reifen mit dem Kennbuchstaben »H«, »V« steht für 240 km/h, »W« reicht bis 270 km/h und »Y« bis 300 km/h. Herkömmliche M+S-Reifen mit dem Kürzel »Q« sind bis 160 km/h freigegeben.

Reifengeburtstermin – die DOT-Nummer
Das tatsächliche Herstellungsdatum verrät Ihnen die vierstellige »DOT-Nummer« (DOT – **D**epartment of

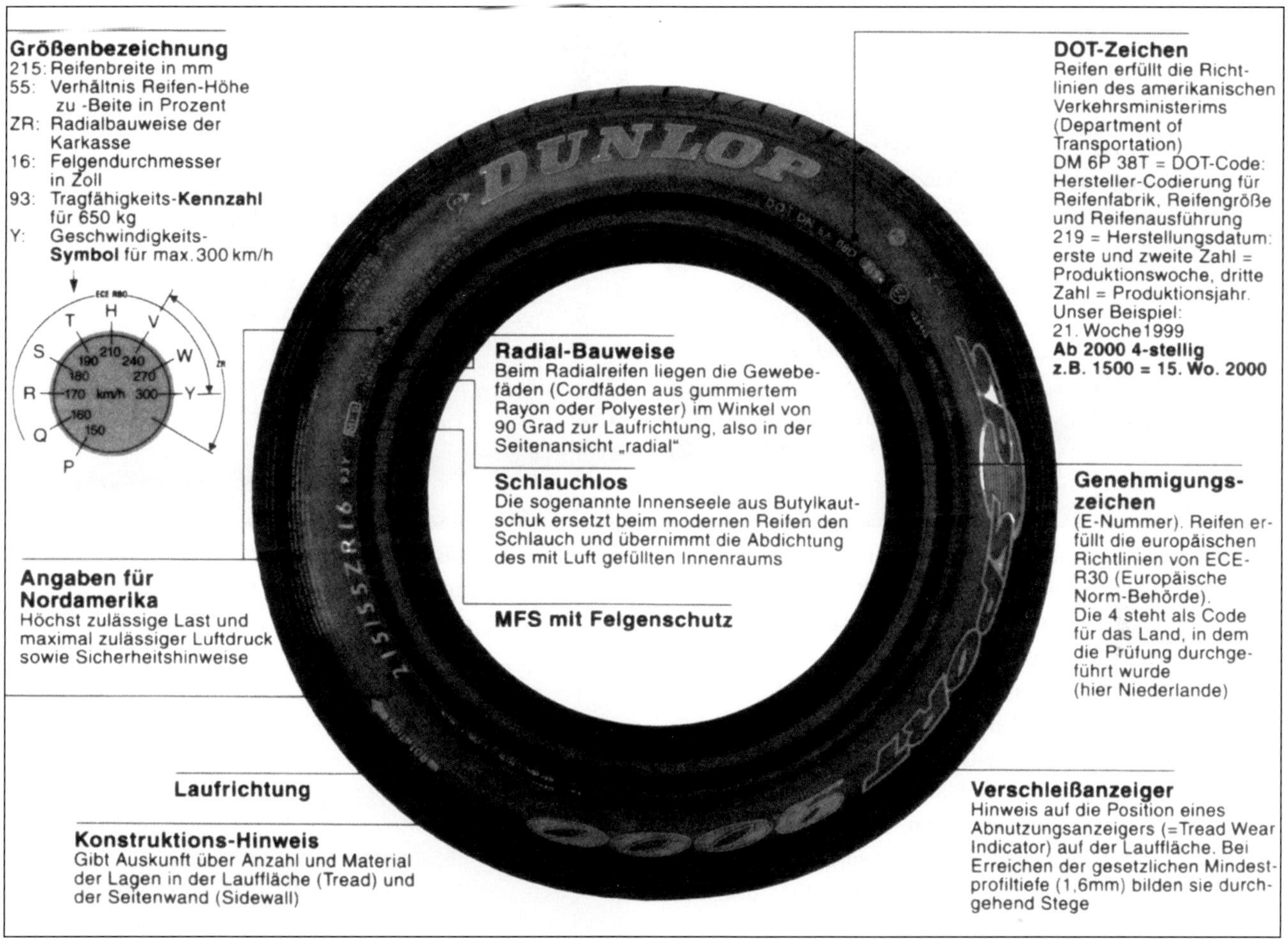

Bringen sichtbar Transparenz: Reifendaten auf der Flanke. Damit der neue Reifen Ihrem Auto wirklich passt.

Transportation, amerikanisches Verkehrsministerium) auf der Reifenflanke: Die beiden ersten Ziffern nennen die Produktionskalenderwoche, die folgenden beiden Zahlen das Produktionsjahr. Lautet die DOT-Nummer beispielsweise 4213, wurde der Pneu in der 42. Woche des Jahres 2013 produziert. Neureifen, die nach dem 01. Oktober 1998 gebacken wurden, tragen eine ECE-Prüfnummer auf der Reifenflanke. Die Prüfnummer garantiert ein typgeprüftes Bauteil, entsprechend dem Qualitätsstandard der Economic Commission of Europe (ECE-R 30). Sollten Sie Ihren Wagen mit Neureifen ohne ECE-Prüfnummer bestücken, fahren Sie fortan ohne Allgemeine Betriebserlaubnis.

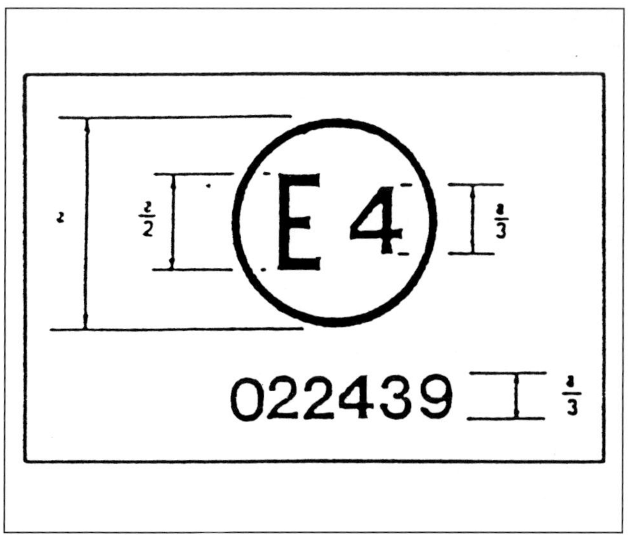

Am großen »E« erkennbar: Die ECE-Prüfnummer mit der Kennzahl für den Ländercode. Die »4« steht im Beispiel für die Niederlande, »1« stünde für Deutschland.

Winterreifen – Profis bei Wind und Wetter

Winterreifen, reden Sie besser von Schlechtwetterreifen, sind bereits auf herbstlichen Straßen unangefoch-

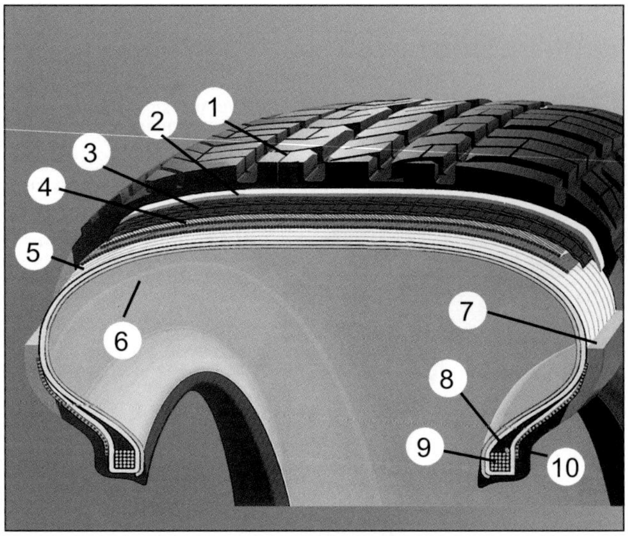

Lage für Lage: Das vielschichtige Innenleben eines Pkw-Reifens. (1) Laufstreifen: Profil und Gummimischung beeinflussen die Eigenschaften, (2) Base: senkt den Rollwiderstand, (3) Nylon-Spulbandagen: erhöhen die Hochgeschwindigkeitstauglichkeit, (4) Stahlcord-Gürtellagen: steigern die Fahrstabilität, (5) Karkasse: Form- und Festigkeitsträger des Reifens, (6) Innenseele: gasdichte Innenschicht ersetzt den Schlauch, (7) Seitenteil: schützt die Karkasse vor Beschädigungen, (8) Kernprofil: unterstützt Lenk- und Fahrpräzision, (9) Kern: sorgt für festen Sitz auf der Felge, (10) Wulstverstärker: für präzises Lenkverhalten und hohe Fahrstabilität.

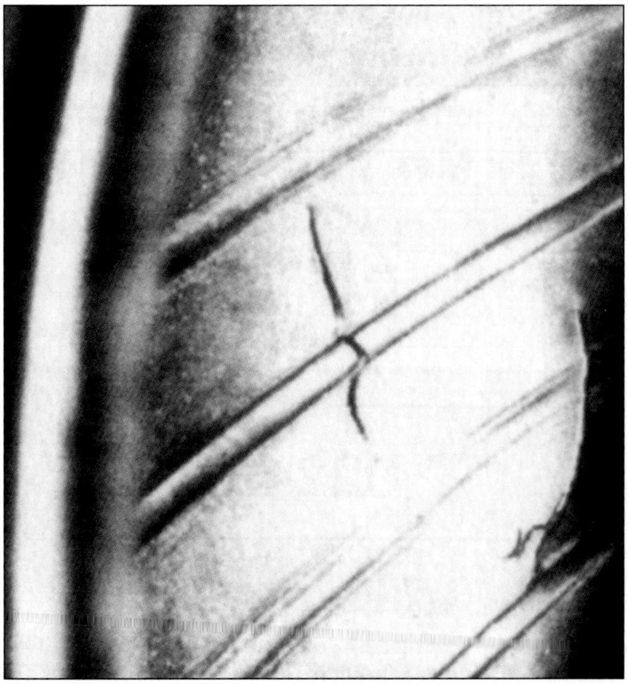

Karkassenbruch: Häufig nur im Reifeninneren erkennbar.

Profilmitte verschlissen: Nach häufigen Fahrten im Hochgeschwindigkeitsbereich oder gleichfalls bei viel zu hohem Reifendruck.

Einseitig abgefahren: Folgeschaden von falsch eingestellter Achsgeometrie.

ten erste Wahl. Bei Eis und Schnee sind Sie ohnehin unschlagbar.

Warum das? Die Laufflächen moderner Winterreifen bestehen aus einem extrem filigranen Lamellenprofil und einer speziellen Gummirezeptur, die Naturkautschuk und Silikat in besonderer Konzentration miteinander vermischt. Diese spezielle Kombination baut auf feuchten, glitschigen Straßen und bei Temperaturen unter 7 °C eine bessere Haftfähigkeit als herkömmliche Sommerreifen auf.

Grundvoraussetzung dafür, dass Schlechtwetterreifen

die Antriebs- und Bremskräfte sicher auf die Straße übertragen, ist jedoch eine Mindestprofiltiefe von vier Millimetern – weniger Profil disqualifiziert den Pneu als Winterprofi. Bestücken Sie in jedem Fall alle vier Räder mit gleichwertigen Reifen – eine Kombination aus Sommer- und Winterpneus provoziert in Gefahrensituationen ein schlechtes Fahrverhalten. Da die Entwicklungsfortschritte bei Winterreifen immens sind, achten Sie bitte auch darauf, dass die Reifen Ihres Autos möglichst dem gleichen Produktionsjahr entstammen, zumindest jedoch als gleichaltriges Pärchen auf einer Achse laufen.

Laut StVO dürfen Führer eines Kraftfahrzeugs hierzulande bei Glatteis, Schneeglätte, Schneematsch, Eis- oder Reifglätte nur noch mit Winterreifen fahren. Die Winterreifenverordnung trifft alle Auto-, Lkw-, Bus- und Motorradfahrer. Auch Fahrzeuge, die im Ausland zugelassen wurden, müssen bei Fahrten in Deutschland die vorgeschriebenen Reifen tragen. Im Ernstfall drohen Haftungsentzug und empfindliche Strafen.

Besser auf eigene Felgen montieren – Schlechtwetterreifen

Schlechtwetterreifen müssen nicht unbedingt breit sein: Das kleinste freigegebene Reifenformat reicht, um Ihren Astra auf winterlichen Straßen mobil zu halten. Außerdem: Standardpneus sind allemal preisgünstiger als üppige Breitreifen. Die gesparten Euro investieren Sie sinnvoller in einen zusätzlichen Felgensatz, der im Laufe der Jahre die anfänglichen Mehrkosten mehr als einspart: Das alljährliche Montieren und Auswuchten der Räder entfällt damit. Fahren Sie Winterreifen ruhig mit 0,3 bar höherem Luftdruck als Sommerreifen. Liegt die zulässige Höchstgeschwindigkeit Ihrer Winterpneus unter dem Speedlimit Ihres Autos, ist hierzulande ein Warnaufkleber im Sichtbereich des Armaturenbretts vorgeschrieben. Übrigens, servicefreundliche Reifenhändler oder Fachwerkstätten lagern Ihre Reifen gegen eine geringe Gebühr auch fachgerecht bis zum nächsten Wechsel ein.

Untauglich für den kommenden Winter: Winterreifen mit weniger als vier Millimetern Reifenprofil. Machen Sie nach jeder Saison den Euro-Test – sobald Sie den Goldrand an der Profiloberkante erkennen, fahren Sie das Restprofil auf..

Reifenwechsel: Mit Spezialmaschinen bei Ihrem Reifenhändler ist das eine Sache von Minuten. Es empfiehlt sich, vor allem bei Jahreszeitenwechsel, einen Termin abzusprechen – oft sind in Stoßzeiten die Lager geräumt.

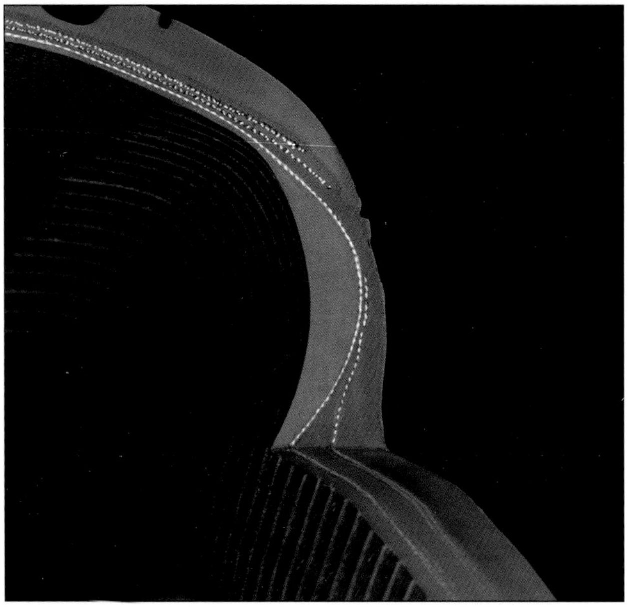

In 85 Prozent aller Pannenmöglichkeiten »unkaputtbar«: die selbst heilende Schutzschicht des ContiSeal. Er passt übrigens auch auf normale Felgen

Häufigster Grund für Reifenplatzer: Zu geringer Luftdruck. Unter hoher Belastung wird die Karkasse zu heiß und stößt die Reifenlauffläche abrupt ab.

Notlaufreifen - ersetzen das Reserverad

WISSENSWERTES

Nach dem ersten verschlissenen Reifensatz können Sie Ihren Astra alternativ mit Notlaufreifen (Run Flat Tyres) bestücken. RFT's haben verstärkte, selbsttragende Reifenflanken, die den Pneu auch luftleer eingeschränkt fahrbar halten. Notlaufreifen tragen auf der Flanke entsprechende Bezeichnungen: Goodyear stempelt seine Notlaufreifen auf der Flanke mit »ROF« (RunOnFlat), Continental tituliert sie »SSR« (Self Supporting Runflat) und nennt den Pneu ContiSeal. Der Seal ignoriert etwa 85 Prozent aller auftretenden Reifenschäden: Seiner Laufflächeninnenseite haftet eine selbstheilende Schutzschicht an, die eindringenden Fremdkörpern bis etwa fünf Millimeter standhält. Der Reifen benötigt zudem keine Spezialfelge, wie die meisten anderen RunFlat Tyres.

RFT's sind im Pannenfall nicht mit herkömmlichen Reifenreparatursets, wie etwa dem ContiComfortKit, instand zu setzen. Liefern Sie den platten Reifen bei Ihrem Opel- oder einem Reifenhändler zur Reparatur ab. Wenn Sie nicht zu lange ohne Luft gefahren sind, stehen die Chancen nicht schlecht, dass der RTF problemlos zu reparieren und dementsprechend wieder verwendbar ist. Lassen Sie im eigenen Interesse die Unversehrtheit der Flanken jedoch genauestens in einem Fachbetrieb checken.

Rad wechseln – sichern Sie vorab den Arbeitsplatz

Nach einer Reifenpanne auf öffentlichen Straßen schalten Sie den Warnblinker ein, ziehen Ihre Signalweste über und stellen in gebührendem Abstand hinter dem Havaristen ein Warndreieck auf. Ansonsten verstoßen Sie gegen die StVZO. Ein vollwertiges Reserverad suchen Sie im Astra allerdings vergeblich, alle Modelle halten für den Ernstfall ein Notlaufersatzrad mit beschränkter Einsatztauglichkeit im Kofferraum bereit. Sollten Sie dem Rad misstrauen, deponieren Sie halt nachträglich ein richtiges E-Rad in den Kofferraum. Achten Sie nach einem Reifenplatzer unbedingt auf den richtigen Luftdruck im Reserverad, ansonsten könnte Ihr Ersatzreifen schon recht bald nach der Montage die Segel streichen.
Wenn Sie sowohl auf das Notrad als auch auf ein vollwertiges E-Rad verzichten möchten, versorgen Sie sich prophylaktisch mit einem soliden Pannenreparaturset. Die Betonung liegt auf »solide«. Das trifft auf einen Großteil der Pannensprays in Sprühflaschen nicht unbedingt zu. Wir empfehlen Reifenreparatursets bestehend aus Dichtschaum inklusive Kompressor, so zum Beispiel das Conti-Pannenset. Es ist durchaus geeignet, kleinere Reifenschäden direkt vor Ort zu kurieren. Schadstellen größer als vier Millimeter, oder eine beschädigte Reifenflanke, überfordern es allerdings maßlos.

Werkzeug:
Wagenheber, Radkreuzschlüssel, eventuell Schlitzschraubendreher.

- Ziehen Sie zunächst die Handbremse an und legen sicherheitshalber noch den ersten- oder Rückwärtsgang ein.
- Rollt Ihr Auto auf Stahlfelgen, ziehen Sie jetzt die Radzierblende mit den Händen von den Felgen ab.
- Sobald das erledigt ist, lösen Sie die Radmuttern zunächst nur um eine Umdrehung und …
- … heben den Wagen an. Den Wagenheber setzen Sie bitte nur waagerecht in Höhe der vorgesehenen Aufnahmepunkte unter die Seitenschweller. Der richtige Platz hat eine Aussparung in der Presskante. Dort ist der Holm stabiler gehalten.
- Um Zeit zu sparen, drehen Sie den Heber zunächst per Hand auf die richtige Grundhöhe und setzen den Adapter nun möglichst senkrecht unter den Ansatzpunkt des Seitenschwellers an.
- Achten Sie darauf, dass auch der Wagenheberfuß möglichst senkrecht unter dem Schweller und satt auf dem Untergrund steht.
- Erst wenn der Wagen stabil auf drei Rädern steht, drehen Sie die Radmuttern ganz ab, …
- … ziehen das zu wechselnde Rad von der Nabe und setzen das Neue provisorisch wieder an.
- Erledigt? Ziehen Sie die Radmuttern handfest vor.
- Lassen Sie den Wagen ab und ziehen die Muttern endgültig fest. Spätestens jetzt drängt sich ein Radkreuzschlüssel auf, damit können Sie nämlich die Muttern gefühlvoller anziehen. Das Anzugsdrehmoment soll 140 Nm nicht übersteigen. Anders gesagt: Ziehen Sie die Radmuttern mit Fingerspitzengefühl an und knallen sie nicht mit einem verlängerten Radschlüssel bombenfest.
- Wenn Sie die Radabdeckung (Stahlfelge) ansetzen, achten Sie darauf, dass die Ventilöffnung dem Ventil zu beiden Seiten Platz lässt.
- Nach etwa 50 Kilometern ziehen Sie die Muttern noch einmal kurz nach.

Möglichst senkrecht im Ansatzpunkt ansetzen: den Wagenheber mit Holzauflage unter dem Seitenschweller.

Breitreifen/Felgen – Opel lässt sich nicht lumpen

Ab Werk rollt der Astra auf 6,5 X 16"-Stahlfelgen mit 205/60 R 16"-Reifen durch die Lande. Alternativ dazu gibt's ab »Selection« bis hin zu »Innovation« Leichtmetall- oder Designfelgen im 17"-, 18"- oder 19"-Format. Das Design variiert zwischen 5, 7 oder 10 Speichen, bzw. auch Doppelspeichen. Ähnlich üppig wie das Felgenangebot sind auch Alternativreifen verfügbar. Die Serie kommt auf 205/60 R16-Reifen daher. Doch wer möchte, kann das Räderspiel im Astra »Innovation« auf bis zu 19" und 8J breite Felgen mit 235/40 R 19"-Reifen steigern.

Mehr geht nicht ab Werk – obwohl theoretisch mehr gehen könnte: Hardcore-Reifenfreaks schöpfen ihr Grundwissen zu ausgefallenem Astra-Schuhwerk aus dem Internet. So zum Beispiel unter http://www.astra-forum.de. Sie stehen darüber hinaus in direktem Kontakt mit anderen Astra-Fahrern und Opel-Fans.

Wir beschränken uns in der Tabelle unten auf das Angebot ab Werk.

WISSENSWERTES

So lagern Sie Reifen richtig

- Nehmen Sie die Räder ab, reinigen Sie zunächst mit Wasser und danach gründlich einem guten »Schuss« Geschirrspülmittel. Trocknen Sie die nassen Reifen gut ab und vergessen auch nicht, sämtliche Fremdkörper vor dem Einlagern aus den Profilrillen zu entfernen.
- Nach der Wäsche zeichnen Sie die Position der Reifen mit Ölkreide auf der Reifenlauffläche (VR = vorne rechts, HR = hinten rechts, usw.). Der Hinweis erspart Ihnen im Frühjahr oder im Herbst unsicheres Rätselraten um die tatsächliche Laufrichtung Ihrer Pneus.
- Pausierende Pneus lagern am besten in einem dunklen, kühlen und trockenen Raum.
- Wenn Sie eigene Lagermöglichkeiten nutzen, halten Sie Benzin, Öl, Fett und andere Chemikalien von den Reifen fern.
- Komplette Räder stapeln Sie liegend übereinander – am besten auf einer Holzpalette. Die im Fachhandel und in Baumärkten angebotenen Reifenbäume sind natürlich bequem, doch den Rädern geht's darauf nicht besser...
- Reifen ohne Felgen stellen Sie einfach nebeneinander auf. Doch in dem Fall denken Sie bitte daran – drehen Sie die Pneus von Zeit zu Zeit.

Räder und Reifen – so kombinieren Sie ab Werk

	Serie		Sonderwunsch	
	Räder	**Reifen**	**Räder**	**Reifen**
Astra Selection& Edition	6.5 J x 16 Stahl	205 (215) /60 R 16	6½ J x 16 7 J x 17 Leichtmetall	205 (215)/60 R 16 215 (225)/50 R 17
Astra Sport	7½ J x 18* 8 J x 18* Leichtmetall	225/45 R 18* 235/45 R 18*	8 J x 19 Leichtmetall	235/40 R 19

Reifenluftdruck Astra-J

Fahrzeugtyp Motor	Reifenbezeichnung	Reifenluftdruck in bar				Felge		Schneeketten	
Astra-J		bis 3 Personen		ECO / > 3 Personen			ET	zulässig	
Fließheck		vorn	hinten	vorn	hinten			vorn	hinten
A 14 XEL,	205/60 R 16-92 H	2,20	2,20	2,70	2,70	6 1/2 Jx16	39	ja	nein
A 14 XER,	215/60 R 16-95 H							nein	
A 13 DTE	205/55 R 16-91 H							ja	
	215/50 R 17-91 V					7 Jx17	42		
	225/45 R 17-91 V								
A 14 NET,	205/60 R 16-92 H	2,20	2,20	2,70	2,70	6 1/2 Jx16	39	ja	nein
A 14 NET LPG,	215/60 R 16-95 H							nein	
A 14 NEL,	205/55 R 16-91 H							ja	
A 16 XER	215/50 R 17-91 V					7 Jx17	42		
	225/45 R 17-91 V								
	225/45 R 18-91 V					7 1/2 Jx18		nein	
	235/40 R 19-92 W					8 Jx19	46		
A 20 DTH,	205/60 R 16-92 T (Winter)	2,50	2,30	–	–	6 1/2 Jx16	41	ja	nein
A 20 DTR	205/60 R 16-92 V								
	215/60 R 16-95 V							nein	
	215/50 R 17-95 T (Winter)	2,40		2,70	2,70	7 Jx17	44	ja	
	225/50 R 17-94 V	2,30	2,30	2,70	2,70			nein	
	235/45 R 18-94 W					8 Jx18	46		
	235/40 R 19-92 W					8 Jx19			
A 17 DTE,	215/60 R 16-95 H	2,30	2,30	2,70	2,70	6 1/2 Jx16	41	nein	nein
A 17 DTF	205/55 R 16-91 H	2,40	2,20	–	–			ja	
	205/60 R 16-92 T (Winter)	2,50	2,30						
	205/60 R 16-92 V								
	215/60 R 16-95 V							nein	
	215/50 R 17-95 T (Winter)	2,40	2,20	–	–	7 Jx17	44	ja	
	215/50 R 17-91 T (Winter)								
	225/45 R 17-91 V								
	225/50 R 17-94 V	2,30	2,30	2,70	2,70			nein	
	235/45 R 18-94 W					8 Jx18	46		
	235/40 R 19-92 W					8 Jx19			
A 14 XER	205/60 R 16-92 H	2,20	2,20	2,70	2,70	6 1/2 Jx16	39	ja	nein
	215/60 R 16-95 H							nein	
	205/55 R 16-91 H							ja	
	215/50 R 17-91 V					7 Jx17	42		
	215/50 R 17-91 V								

Reifenluftdruck Astra-J

Fahrzeugtyp / Motor	Reifenbezeichnung	Reifenluftdruck in bar				Felge		Schneeketten	
Astra-J Fließheck		bis 3 Personen		ECO / > 3 Personen			ET	zulässig	
		vorn	hinten	vorn	hinten			vorn	hinten
A 14 NEL,	205/60 R 16-92 H	2,20	2,20	2,70	2,70	6 1/2 Jx16	39	ja	nein
A 14 NET,	215/60 R 16-95 H							nein	
A 16 XER	205/55 R 16-91 H							ja	
	215/50 R 17-91 V					7 Jx17	42		
	225/45 R 17-91 V								
	225/45 R 18-91 V					7 1/2 Jx18		nein	
	235/40 R 19-92 W					8 Jx19	46		
A 20 DTH	205/60 R 16-92 T (Winter)	2,50	2,30	–	–	6 1/2 Jx16	41	ja	nein
	205/60 R 16-92 V								
	205/65 R 16-95 V	2,30	2,30	2,70	2,70			nein	
	215/50 R 17-95 T (Winter)	2,40		2,70	2,70	7 Jx17	44	ja	
	225/50 R 17-94 V	2,30	2,30	2,70	2,70			nein	
	235/45 R 18-94 W					8 Jx18	46		
	235/40 R 19-92 W					8 Jx19			
A 17 DTJ,	215/60 R 16-95 H	2,30	2,30	2,70	2,70	6 1/2 Jx16	41	nein	nein
A 17 DTR	205/55 R 16-91 H	2,40	2,20	–	–			ja	
	205/60 R 16-92 T (Winter)	2,50	2,30						
	205/60 R 16-92 V								
	215/60 R 16-95 V							nein	
	215/50 R 17-95 T (Winter)	2,40	2,20	–	–	7 Jx17	44	ja	
	215/50 R 17-91 T (Winter)								
	225/45 R 17-91 V								
	225/50 R 17-94 V	2,30	2,30	2,70	2,70			nein	
	235/45 R 18-94 W					8 Jx18	46		
	235/40 R 19-92 W					8 Jx19			

Eco: Zum Erreichen eines möglichst geringen Kraftstoffverbrauchs. Nicht bei Bereifung mit Notlaufeigenschaften.

Bis die Funken fliegen ...

...rein physikalisch gesehen wandeln Bremsen kinetische Energie in Wärme um. Je nach Gefahrenmoment geht's in der Praxis genauso heiß zur Sache, wie beim Probelauf auf dem gezeigten Bremsenprüfstand: So zum Beispiel mit Caravan am Haken, bei zügigen Bergabfahrten oder Vollbremsungen aus hohen Geschwindigkeiten. Zumindest die vorderen Bremsscheiben können dabei glutrot anlaufen. Die entstehende Wärme heizt allerdings nicht nur die Scheiben, sondern auch die Bremszangen inklusive der Bremshydraulik auf. In Extremsituationen überschreitet sogar die Bremsflüssigkeit ihren Siedepunkt: Das Bremspedal fällt dann wirkungslos auf den Boden. Moderne Bremssysteme verzögern freilich nicht nur die beschleunigte Fahrzeugmasse, sie beeinflussen zudem das aktive Fahrverhalten. Wie die Astra-Bremsen eine Symbiose mit den elektronischen Fahrwerkskomponenten eingehen und wie Sie die mechanisch-/hydraulischen Komponeten warten und inspizieren, beschreiben wir auf den folgenden Seiten.

Die Straßenverkehrs-Zulassungsordnung (StVZO) schreibt Kraftfahrzeugen zwei unabhängig voneinander wirkende Bremssysteme (Fuß- und Feststellbremse) vor. Die Betriebsbremse Ihres Astra ist übrigens nicht nur zwei-, sondern auch diagonal geteilt: Ihre Bremskreise wirken jeweils auf ein Vorder- und das gegenüberliegende Hinterrad. Fällt ein Bremskreis aus, bleiben Vorder- und Hinterrad des anderen Kreises weiterhin intakt. Der Astra verzögert in dem Fall natürlich nur mit halbierter Bremsleistung. Sei's drum – die Chance noch rechtzeitig vor einem Hindernis abzubremsen, ist dennoch realistisch. Realistischer zumindest, als bei einer einfachen Bremskreisteilung zwischen der Vorder- und Hinterachse. Den Ausfall eines Bremskreises bemerken Sie übrigens nicht nur am längeren Bremsweg, auch der Bremspedalweg wird etwa doppelt so lang. Zudem signalisiert Ihnen im Instrumententräger die brennende Bremskontrollleuchte: Gefahr in Verzug!

Bremsencheck – beim geringsten Selbstzweifel ein Fall für die Werkstatt

Grundsätzlich sind Wartungsarbeiten an der Bremsanlage kein Parc Fermé für Do-it-Yourselfer. Dennoch legen Sie besser nur dann Hand an die Bremse an, wenn Sie die anstehende Reparatur auch routiniert beenden können: Ansonsten nutzen Sie das aktuelle Know-how einer Fachwerkstatt. Schließlich entscheiden die Bremsen ja auf jedem Meter nicht nur über Ihre, sondern auch über die Sicherheit Anderer.

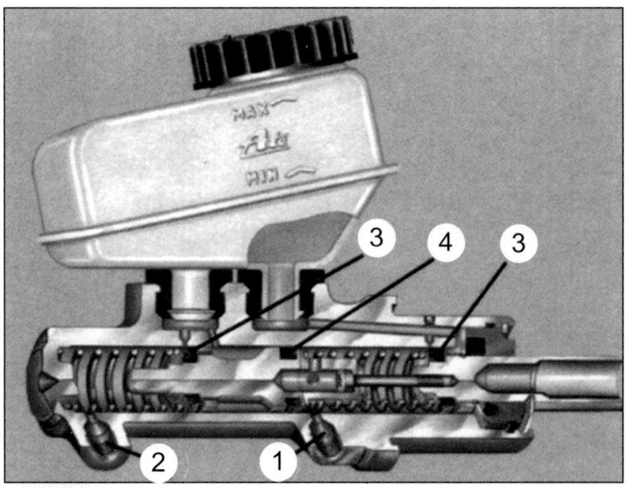

Jobsharing: In einem Tandem-HBZ wirken zwei Bremskolben hintereinander.. 1 Druckstangenbremskreis, 2 »schwimmender« Hauptbremskreis, 3 Primär-, 4 Trennmanschette.

Die Besonderheiten der Betriebsbremse

Opel hat im Astra die Bremse zwar nicht neu erfunden, doch das Gesamtsystem weist durchaus Besonderheiten auf, die Sie kennen sollten.

Jeder Astra stoppt zum Beispiel mit einem diagonal geteilten Antiblockierbremssystem (**ABS**), elektronischer Bremskraftverteilung (**EBD**) und Kurvenbremskontrolle (**CBC**). Auch **ESP**^{Plus}, das elektronische Stabilitätsprogramm, **TC**^{Plus}, die Traktionskontrolle und **BAS**, der automatische Bremsassistent, sind grundsätzlich mit von der Partie.

ABS und **ESP**^{Plus} steigern die aktive Fahrsicherheit. Als interaktives System unterstützt ESP^{Plus} den Fahrer in gefährlichen Situationen. Es reduziert mit progressiver Kennung die Motorleistung und bremst einzelne Räder gezielt ab. ESP^{Plus} provoziert mit seinen Eingriffen ein Giermoment, welches den Wagen automatisch stabilisiert. Das System arbeitet mit einem aktiven Bremskraftverstärker völlig autonom. Zur Euphorie besteht allerdings kein Anlass: ESP^{Plus} hält in Grenzbereichen der Fahrdynamik den Wagen zwar auf Kurs, eine ab Werk montierte Lebensversicherung ist ESP^{Plus} jedoch keinesfalls: Wenn übermütige Chauffeure erst einmal die Grenzen der Fahrphysik überfordern, stehen alle elektronischen Helferlein auf verlorenem Posten, der Abflug in die Botanik ist unausweichlich – mit und ohne ESP^{Plus}!

TC^{Plus} hindert die Vorderräder auf glatten Straßen am Durchdrehen. **CBC** wacht darüber, dass der Vorderwagen nicht führerlos aus der Kurve schiebt. **EBD** ersetzt den mechanischen Bremskraftregler an der Hinterachse. **BAS** erkennt anhand der Trittgeschwindigkeit aufs Bremspedal das tatsächliche Gefahrenpotenzial und leitet, je nach Situation, automatisch eine Vollbremsung ein.

Voll diagnosefähig – modulares Bremssystem

Das modulare Bremssystem des Astra ist diagnosefähig: Fehlercodes archiviert ein permanenter Speicher bis auf Abruf. Um die Möglichkeiten von ABS, ESP^{Plus}, TC^{Plus}, CBC, BAS und EBD bis zur Gänze auszuschöpfen, hat Ihr Astra noch einen Gierraten- und Lenkwinkelsensor an Bord. Der Gierratensensor erkennt instabile Fahrsituationen und der Lenkwinkelsensor analysiert den tatsächlichen Lenkeinschlag der Vorderräder.

Kompakt und leistungsstark: Das 4-Kanal-ABS-Steuergerät im Astra. Es verteilt unter anderem auch die Bremskraft zwischen Vorder- und Hinterachse (EBD). Außerdem nimmt das Gerät vor jedem Neustart einen Selbstcheck vor.

Zapfstation für den Systemtester: der Diagnoseanschluss des Fehlerspeichers.

Wertet die Raddrehzahlsignale aus – ABS-Steuergerät

Das ABS-Steuergerät überwacht alle elektronischen Komponenten und speichert Fehlerdaten. Bei eingeschalteter Zündung initiiert es vor jedem Fahrtbeginn einen Systemselbsttest. Auch während des Fahrbetriebs unterliegen die ABS-Komponenten der ständigen Aufsicht des Steuergeräts. Das funktioniert mit Polaritätenchecks bzw. über Durchgangsprüfungen der einzelnen Stromkreise.
Gleichfalls unterliegen auch sämtliche Magnetventile einer regelmäßigen Funktionskontrolle: Das Steuergerät schickt hierzu einen Prüfimpuls ins System. Eventuelle Störungen archiviert ein elektronischer Speicher, den Ihr Opel-Händler – spätestens bei der nächsten Inspektion – per Systemtester ausliest. Der erforderliche Diagnoseanschluss liegt auf der Fahrerseite neben dem Motorhauben-Entriegelungshebel.

Begrenzt den Hinterradschlupf – EBD

EBD ersetzt im Astra den mechanischen Bremskraftregler. Die EBD-Sensorik begrenzt den Hinterradschlupf um Millisekunden vor dem Hauptsystem. Dazu vergleicht die Systemsensorik ständig den Schlupf an den Vorder- und Hinterrädern und dosiert bzw. verteilt die Bremskraft entsprechend. Die EBD-Funktion bleibt gewöhnlich unwahrnehmbar. Sie realisiert jedoch, unabhängig vom Beladungszustand des Wagens, kürzeste Bremswege.

Verkürzt den Bremsweg – EBA

Jeder Astra hat einen automatischen Bremsassistenten (EBA) an Bord. Der elektronisch gesteuerte Bremshelfer erkennt, anhand Ihrer Trittgeschwindigkeit aufs Bremspedal, die aktuelle Gefahrensituation und leitet in Sekundenbruchteilen notfalls eine Vollbremsung ein. Das verkürzt den Bremsweg ohne Ihr eigenes Zutun im Ernstfall um die alles entscheidenden letzten Zentimeter. Nachfolgende Fahrer warnt die pulsierende Bremsleuchte mit vier bis fünf Lichtimpulsen vor dem Vollbremsmanöver.

Maßgeschneidert – die Bremsscheiben für die 15"- und 16"-Versionen

Abhängig von der Motorisierung kommen im Astra zwei Bremsscheiben-Kombinationen zum Einsatz. Die 15-Zoll-Spezifikation für die Benziner mit 1,4 und 1,6 Liter Hubraum sowie für den 1,3 CDTI umfasst vorn

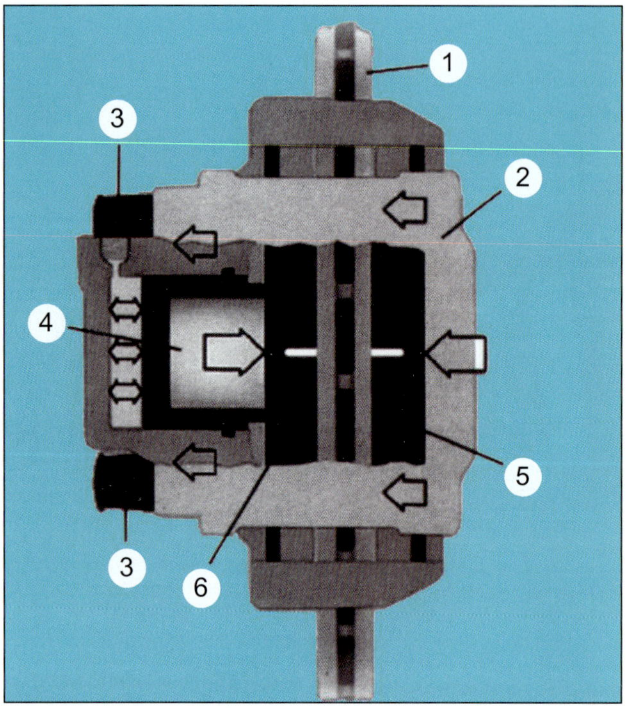

Umkrallt die Bremsscheibe 1*:* der Faustbremssattel 2 im Schnitt. Der Sattel schwimmt auf den Gleitstiften 3 und presst bei jedem Bremsvorgang mit nur einem Bremskolben 4 das äußerere Bremssegment 5 automatisch gegen die Scheibe. Faustsättel gleichen den Bremsbelagverschleiß automatisch aus.

Leuchtet beim Neustart für etwa zwei Sekunden: die ABS-Kontrollleuchte (Pfeil) im Armaturenbrett.

innen belüftete Bremsscheiben mit 276 Millimeter Durchmesser. Hinten nehmen Einkolbensättel 268 Millimeter große Massivscheiben in die Zange. In Kombination mit der 16-Zoll-Version (1,6 Turbo, 1,7 CDTI, 2,0 CDTI) verzögern vorne innen belüftete 300-Millimeter-Scheiben und hinten in dem Fall 292 Millimeter große Massivscheiben.

Signalisiert Störungen am ABS-Bremssystem – Kontrollleuchte im Cockpit

Bei eingeschalteter Zündung leuchtet während des automatischen Systemchecks die Kontrollleuchte des ABS-Bremssystems auf. Soweit der Check negativ bleibt, erlischt die Leuchte bei laufendem Motor nach spätestens zwei Sekunden. Falls nicht, liegt eine Systemstörung vor. Meistens bleiben Sie trotzdem mobil – allerdings ohne elektronische Bremsassistenten. Lassen Sie den Fehler schnellstmöglich von Ihrem Opel-Händler auslesen und korrigieren.
Heimwerker sind damit erfahrungsgemäß schnell überfordert: Ohne spezielles Prüfequipment checken sie allenfalls den korrekten Sitz der Steckverbindungen zum Steuergerät, zu den Relais, den Radsensoren und zur Hydraulikeinheit. Immerhin – doch meistens streiken irgendwelche Sensoren.

Bremsflüssigkeitsstand prüfen – von Zeit zu Zeit angemessen

Den Bremsflüssigkeitspegel checkt Ihr Astra während der Fahrt automatisch. Dennoch schauen Sie ab und an besser selbst unterhalb der Motorhaube nach dem Bremsflüssigkeitsstand. Der Bremse sind im Armaturenträger insgesamt drei Kontrollleuchten zugehörig. Während der Fahrt leuchten sie normalerweise nicht. Falls doch, liegt ein Systemfehler vor. Im harmlosesten Fall haben Sie einfach den Handbremshebel nicht vollständig gelöst.
Haben Sie doch? In dem Fall checken Sie zunächst den Bremsflüssigkeitsstand im Vorratsbehälter.

- Der Bremsflüssigkeitsvorratsbehälter (Pfeil) sitzt in Höhe der Spritzwand in Fahrtrichtung links.
- Selbst bei intakter Bremsanlage bleibt der Flüssigkeitspegel nicht konstant. Grund: Analog zum Verschleiß der Bremsbeläge wandern die Bremskolben weiter aus den Bremszangen in Richtung Bremsscheibe. Das hinter den Kolben entstehende größe-

An der Spritzwand vorne links: der Bremsflüssigkeitsvorratsbehälter im Astra-J.

re Zylindervolumen ergänzt die aus dem Vorratsbehälter nachfließende Bremsflüssigkeit.

- Solange die Bremsflüssigkeit im Vorratsbehälter zwischen »min.« und »max.« pendelt, ist die Funktion beider Bremskreise gesichert.
- Falls Ihr Informationsdisplay die Meldung »Bremsflüssigkeitsstand niedrig, Service« anzeigt, hat mindestens ein Regelkreis zu wenig Bremsflüssigkeit. Auf den fast trockenen Kreis ist kein Verlass mehr! Der zweite Kreis bleibt davon unbeeindruckt. Sie können mit defensiver Fahrweise noch die nächste Werkstatt anfahren, um dort die Flüssigkeit zu ergänzen.

Bremsanlage prüfen – schauen Sie mit wachen Augen

Damit eventuelle Leckagen eindeutig zu lokalisieren sind, muss der Autobauch trocken sein. Inspizieren Sie die Bremsen also nicht unbedingt unmittelbar nach einer Regenfahrt.

- Prüfen Sie sämtliche Schlauchanschlüsse und Verbindungsleitungen sowie die Bremssättel. Dunkle Flecken und feuchte Stellen sind ein sicheres Indiz für Undichtigkeiten.
- Inspizieren Sie Leitungen und Bremsschläuche auch auf etwaige Scheuerstellen. Bremsschläuche dürfen weder feucht noch gequollen sein. Falls doch: Erneuern Sie die Schläuche schnellstens.
- Aus Korrosionsschutzgründen tragen die Bremsleitungen im Astra eine Kunststoffschicht. Reinigen Sie die Leitungen von außen nur mit einem Pinsel, Kaltreiniger oder Waschbenzin: Kratzen Sie unter keinen Umständen an verschmutzten Leitungen mit einem Schraubendreher, Schmirgelleinen oder einer Drahtbürste. Sollte die Schutzschicht schon leicht beschädigt sein, retten Sie den Bereich mit einer Rostschutzgrundierung und schützen ihn erneut mit Decklack. Sobald sich allerdings schon Rostnarben, Verformungen oder Steinschlagspuren eingenistet haben, ersetzen Sie die angefressenen Leitungen umgehend.
- Sind auf den Entlüftungsventilen noch Staubschutzkappen vorhanden? Falls nicht, beschaffen Sie schnellstens Ersatz.
- Machen Sie regelmäßig eine (provisorische) Bremsdruckprobe. Dazu treten Sie das Bremspedal wie zur Vollbremsung, also mit voller Beinkraft, etwa eine Minute lang durch. Das Pedal darf dabei nicht in Richtung Bodenblech wandern. Falls doch, sind die Manschetten im Hauptbremszylinder oder in den Bremszangen verschlissen. Suchen Sie die Leckagen und tauschen Sie die schadhaften Komponenten aus. Richtig funktioniert eine Bremsdruckprobe freilich nur mit einem Druckstandsanzeiger – ein typischer Fall für die Werkstatt.

Bremskraftverstärker prüfen – so wird's gemacht

- Treten Sie bei abgestelltem Motor das Bremspedal mehrmals durch und halten es dann in der tiefsten Stellung fest.
- Jetzt starten Sie den Motor. Das Pedal muss dann noch ein paar Millimeter weiter nachgeben. Falls nicht, hat das folgende Ursachen:
  - Unterdruckschlauch vom Ansaugrohr zum Bremskraftverstärker undicht: In diesem Fall ersetzen Sie unbedingt den Schlauch und prüfen die Anschlussflansche.
  - Rückschlagventil im Unterdruckschlauch defekt: Nehmen Sie zur Ventilkontrolle den Unterdruckschlauch am Bremskraftverstärker ab und lassen den Motor mit Leerlaufdrehzahl laufen. Falls Sie keine rhythmischen Ansauggeräusche hören, verschließen Sie das freie Schlauchende mit einer Fin-

gerkuppe. Wird im Schlauch kein Vakuum wirksam, ist das Ventil defekt.

- Gummidichtung zwischen Hauptbremszylinder und Bremskraftverstärker porös: Zum Austausch Hauptbremszylinder vom Bremskraftverstärker demontieren und Dichtring erneuern.
- Luftfilter am Druckstößel des Bremskraftverstärkers verdreckt: Den Filter mit einem Drahthaken von der Druckstange abziehen. Neuen Filter bis zum Mittelpunkt aufschneiden und um den Druckstößel in seinen Sitz drücken. Achten Sie darauf, dass der Filter um den Stößel geschlossen ist, ansonsten gelangt ungefilterte Luft in den Bremskraftverstärker.
- Verstärkermembrane defekt: Eine Reparatur ist nicht möglich. Freunden Sie sich mit einem komplett neuen Bremskraftverstärker an.

Bremsscheibenverschleiß – mit der Schublehre messen

Bocken Sie die entsprechende Achse auf einer ebenen Fläche standfest auf und nehmen die Räder ab. Bei der Gelegenheit checken Sie natürlich auch die Bremssegmente. Übrigens: Leicht bläulich angelaufene Bremsscheiben sind kein Grund zur Sorge. Sollte die Scheibenstärke dagegen um rund drei Millimeter (gemessen am Neuzustand, siehe technische Daten) abgenommen haben, ist die Verschleißgrenze erreicht. Erneuern Sie die Bremsscheiben dann grundsätzlich paarweise. So messen Sie richtig:

- Achten Sie auf tiefe Riefen in den Scheiben. Sie sind ein Indiz für verklemmte Fremdkörper in den Bremsbelägen, groben Straßenschmutz bzw. verhärtete oder verschlissene Bremssegmente. Bis zu drei Millimeter tiefe Riefen müssen Sie noch nicht beunruhigen. Demontieren Sie jedoch auf jeden Fall die Beläge und reinigen die Reibflächen mit Schmirgelleinen (80er-Körnung).
- Die Scheibenstärke messen Sie am besten mit einer Schublehre (Messschieber) und zwei Euromünzen. Legen Sie jeweils eine Münze auf jeder Scheibenseite zwischen Schublehre und Bremsscheibe. Von Ihrem tatsächlichen Messwert müssen Sie natürlich die Münzenstärke (rund vier Millimeter) vom Messwert subtrahieren.
- Unter Mindestmaß abgeschrubbte Scheiben sind Schrott. Riefige Scheiben können Sie durchaus planen lassen. Erneuern oder planen Sie Bremsscheiben stets paarweise.

Ablesen und subtrahieren: Um die tatsächliche Scheibenstärke zu ermitteln, ziehen Sie nach der Messung einfach die Stärke beider Münzen vom Messwert ab.

Bremsanlage entlüften – ein Assistent muss her

Wie kommt Luft ins Bremssystem? Zum Beispiel nach allen Arbeiten, bei denen Sie die Bremsschläuche abnehmen oder Bremsleitungen öffnen mussten. Außerdem, wenn ein Bremsschlauch porös ist oder ein von der Straße aufgewirbelter Fremdkörper eine Bremsleitung irreparabel verletzt.

In der Praxis reicht es häufig, nur den Bremskreis zu entlüften, an dem Sie gearbeitet haben. Ganz auf Nummer sicher gehen Sie natürlich, wenn Sie beide Bremskreise entlüften. Verwenden Sie immer nur neue Bremsflüssigkeit (Spezifikation DOT4 +), einen sauberen, transparenten Behälter mitsamt Kunststoffschlauch (etwa von der Scheibenwaschanlage oder Aquarienbelüftung). Außerdem sollte Ihnen ein Helfer assistieren. Ihren Astra bocken Sie auf einer ebenen Fläche standfest auf. Während des gesamten Entlüftungsvorgangs halten Sie den Bremsflüssigkeitsvorratsbehälter stets gut gefüllt. Lassen Sie den Flüssigkeitspegel auf keinen Fall unter »min.« absinken. Falls doch, kann über die Nachfüllbohrungen des HBZ wieder neue Luft ins System gelangen.

Achten Sie darauf, dass keine Bremsflüssigkeit auf die Lackoberfläche kommt. Andernfalls spülen Sie die Flächen umgehend mit klarem Wasser ab. Ansonsten wird der Lack stumpf oder löst sich auf.

Werkzeug:
Radkreuz, 8-mm-Ringschlüssel, Wagenheber, Unterstellböcke, transparenter Behälter und transparenter Kunststoffschlauch.

Material:
Ca. 1 Liter Bremsflüssigkeit (Spezifikation DOT4 +).

- Öffnen Sie den Verschlussdeckel des Bremsflüssigkeitsbehälters und halten die Arbeitsschritte in der beschriebenen Reihenfolge ein.

- Beginnen Sie zunächst an den Bremszangen hinten rechts und hinten links.

- Setzen Sie die Arbeit an der vorderen rechten und danach an der linken Bremszange fort.

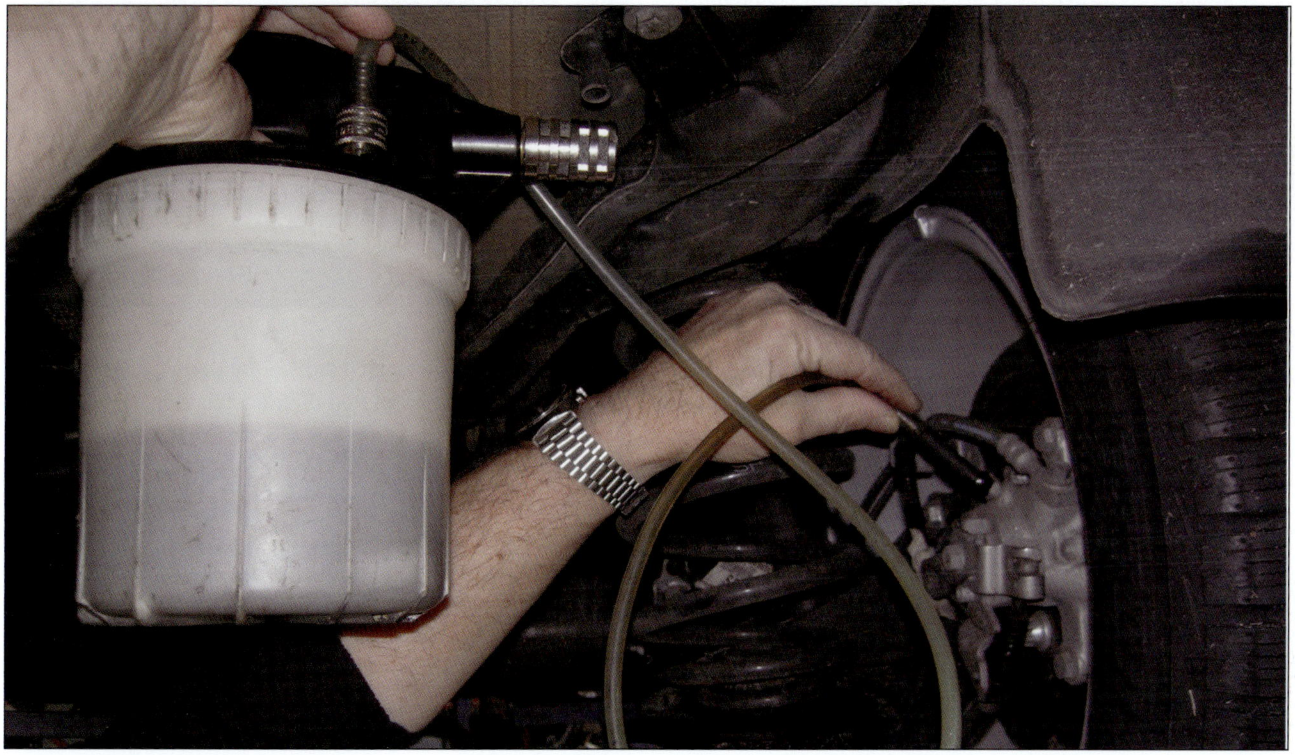

Darauf müssen Sie achten: Platzieren Sie den Auffangbehälter etwa 30 Zentimeter oberhalb des Entlüfternippels.

- Bevor Sie beginnen, ziehen Sie zunächst die Staubschutzkappen von allen Entlüftungsventilen ab und reinigen die Ventilköpfe möglichst mit Pressluft.
- Danach schieben Sie den Kunststoffschlauch auf das jeweilige Entlüftungsventil und tauchen das freie Schlauchende in einen knapp mit Bremsflüssigkeit gefüllten Behälter.
- Lösen Sie das Ventil etwa eine Umdrehung. Ihr Helfer tritt das Bremspedal langsam durch und zieht den Fuß danach zügig beiseite.
- Vor dem nächsten Pedaltritt wartet er etwa drei Sekunden – der HBZ füllt sich währenddessen mit neuer Bremsflüssigkeit.
- Wiederholen Sie den Vorgang an allen Entlüfternippeln so lange, bis im Auffangglas keine Luftbläschen mehr aufsteigen und reine Bremsflüssigkeit austritt.
- In dem Fall hält der Assistent das Bremspedal am Boden, Sie schließen den Entlüfternippel, ziehen den Schlauch ab und wenden sich dem nächsten Rad zu.
- Ergänzen Sie regelmäßig die Flüssigkeit im Ausgleichsbehälter bis »max.« und drehen die Verschlusskappe fest.
- Vergessen Sie anschließend bitte nicht, die Bremsfunktion auf einer vorsichtigen Probefahrt zu überprüfen.

Die Bremsflüssigkeit

WISSENSWERTES

Hauptbestandteile der Bremsflüssigkeit sind Glykol und Polyglykolether: Bremsflüssigkeit bleibt im Neuzustand bis ca. -40 °C dünnflüssig und siedet erst bei etwa 270 °C.

Die Betonung liegt auf Neuzustand: Der Saft ist nämlich hygroskopisch. Das heißt, Bremsflüssigkeit nimmt aus der Luft begierig Wasser auf. Jährlich so etwa zwei Prozent – und das auch im Bremsflüssigkeitsvorratsbehälter unter der Motorhaube.

Das hat negative Auswirkungen auf den Siedepunkt. Bei einem Wassergehalt von rund 2,5 Prozent sinkt er schon auf rund 150 °C. Die Betriebssicherheit ist dann bei stark beanspruchten Bremsen, etwa im Gebirge, bei Vollbremsungen oder mit Hänger am Haken nicht mehr unbedingt gegeben. Sobald Bremsflüssigkeit siedet, bildet sie Blasen im System.

Der Bremspunkt wandert dann aufs Bodenblech: Die Flüssigkeit kann sieden und Dampfblasen im System bilden. Mit verheerenden Auswirkungen – das Bremspedal lässt sich bis auf die Bodenplatte durchtreten. Ihre Bremse hat dann allenfalls noch die Wirkung einer Luftpumpe.

Wechseln Sie daher die Bremsflüssigkeit konsequent im Zwei-Jahres-Rhythmus.

In jeder Gebindegröße verfügbar. Bremsflüssigkeitsreste nicht aufbewahren – Lebensgefahr!

Alte Bremsflüssigkeit entsorgen

WISSENSWERTES

Bremsflüssigkeit ist giftig: Vermeiden Sie direkte Kontakte mit der Haut und offenen Wunden. Die Flüssigkeit greift zwar keine Metall- und Gummiteile an, wirkt jedoch aggressiv auf Autolacke. Einmal gewechselte Bremsflüssigkeit ist unbrauchbar. Trauen Sie auch keiner Bremsflüssigkeit, die längere Zeit in einem offenen oder angebrochenen Behälter gestanden hat. Der Siedepunkt ist dann undefinierbar. Behandeln Sie gebrauchte Bremsflüssigkeit konsequent als Sondermüll und entsorgen sie entsprechend bei öffentlichen Sondermüllsammelstellen, beim Verkäufer der Flüssigkeit oder bei Ihrem hilfsbereiten Vertragshändler.

Bremsflüssigkeit wechseln – verfahren Sie ähnlich wie beim Entlüften

Wechseln Sie Bremsflüssigkeit etwa alle zwei Jahre. Fachwerkstätten erledigen das mit einem speziellen Bremsenfüllgerät. Sie können sich aber auch selbst ans Werk machen – die Arbeit ist nahezu gleich wie beim Entlüften. Für das gesamte System benötigen Sie rund einen Liter Bremsflüssigkeit (achten Sie auf die richtige Spezifikation: DOT 4+).

- Lösen Sie zunächst den Verschlussdeckel des Bremsflüssigkeitsbehälters.
- Entfernen Sie mit einer Pipette oder einer sauberen Injektionsspritze die Bremsflüssigkeit aus dem Vorratsbehälter oberhalb des HBZ.
- Die folgenden Arbeitsschritte sind bereits unter »Bremsanlage entlüften« beschrieben.
- Ältere Bremsflüssigkeit ändert ihr Aussehen: Sie wird milchiger. Spülen Sie also jeden Radzylinder so lange durch, bis tatsächlich klare Flüssigkeit austritt.

Bei der Gelegenheit sollten Sie zudem gleich die Kupplungsflüssigkeit mit wechseln. Öffnen Sie dazu den Verschlussdeckel des Vorratsbehälters und verfahren danach wie unter »Bremsanlage entlüften« bzw. »Bremsflüssigkeit wechseln« beschrieben.

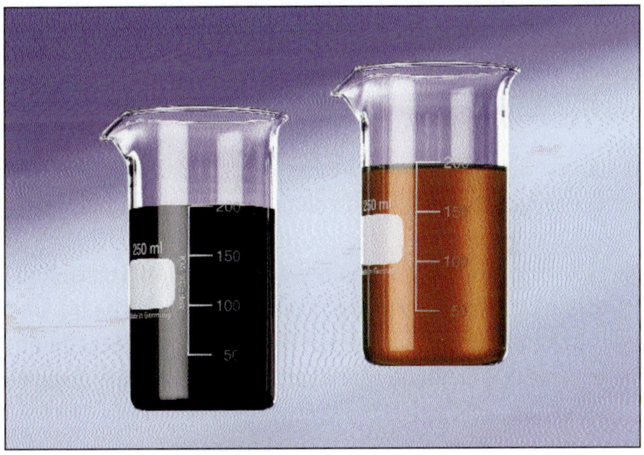

Regelmäßig wechseln: Bei alter Bremsflüssigkeit (links im Bild) hilft auch die beste Bremsanlage nichts.

Bremssegmente erneuern – achten Sie auf Erstausrüsterqualität

Tauschen Sie Bremsbeläge grundsätzlich nur paarweise auf beiden Achsseiten. Ansonsten entstehen an den Bremsscheiben unterschiedliche Reibkoeffizienten, die auch ein ABS, spätestens bei einer Vollbremsung, nicht völlig ausgleicht.
Thermisch bedingt ändern neue Bremsbeläge während der ersten 500 Kilometer ihre Materialstruktur: Vermeiden Sie währenddessen also häufige Vollbremsungen. Ansonsten könnten die Beläge schnell verhärten (verglasen). Achten Sie zudem peinlich genau darauf, dass Bremsenersatzteile eine Herstellerfreigabe für Ihren Astra und eine gültige ABE haben müssen. Ignorieren Sie im Zweifelsfall dubiose Wühltischschnäppchen, obskure Sportbremsbeläge oder Sportbremsscheiben ohne Prüfnummer. Die Internetmarktplätze sind voll davon – wir warnen dringlich davor. Lassen Sie gleichfalls die Finger von No-Name-Bremsschläuchen und Bremsleitungen. Auf der sicheren Seite sind Sie, wenn Ihr Astra mit Originalersatzteilen verzögert.

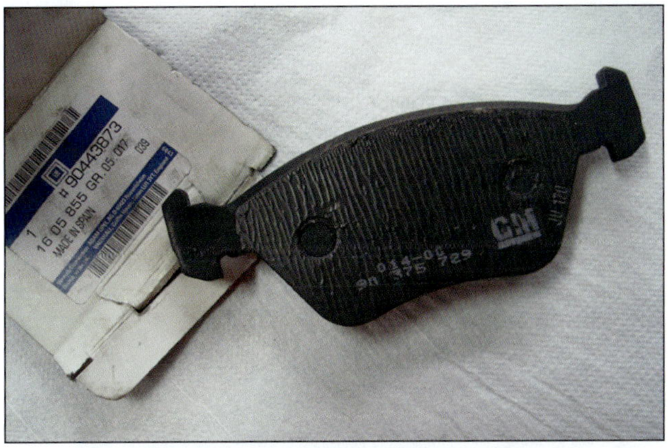

Damit sind Sie generell auf der sicheren Seite: Bremsersatz- oder Austauschteile von Markenherstellern und mit gültiger Prüfnummer.

Vorderachse

Werkzeug:
Radschlüssel, Wagenheber, Unterstellbock, Ratsche, Sechskantnuss, Maulschlüssel, Schlitzschraubendreher, Wasserpumpenzange.

- Bocken Sie den Vorderwagen standfest auf und demontieren beide Räder.
- Um bequemer an die Bremszangen zu gelangen, schlagen Sie die Lenkung jeweils zu einer Seite ein. Falls vorhanden, ziehen Sie den Bremsbelagverschleißsensor vom inneren Bremsbelag und beide Staubkappen von den Führungsbolzen ab.
- Lösen Sie den Führungsbolzen (Pfeil) und klappen den Bremssattel einfach nach oben.
- Falls erforderlich bringen Sie einen stabilen Schraubendreher zwischen Bremsscheibe und Bremsbelag und drücken den Gleitkolben ein wenig zurück. Das erleichtert die Demontage bei stark verschlissenen Bremsscheiben.
- Damit Sie der Bremssattel bei der weiteren Montage nicht stört, fixieren Sie ihn mit einem stabilen Stück Schweißdraht.
- Jetzt ziehen Sie die alten Bremssegmente aus dem Bremssattel.
- Bevor Sie die neuen Segmente montieren, setzen Sie den Gleitkolben mit einem Hammerstiel oder einer Schraubzwinge vollständig in den Zylinder zurück.
- Beschädigen Sie weder den Kolben noch die Staubmanschette. Vorsicht: Beim Zurücksetzen des Gleitkolbens kann Bremsflüssigkeit aus dem Vorratsbehälter austreten. Spülen Sie sofort gründlich mit klarem Wasser nach.
- Mit einem Schlitzschraubendreher hebeln Sie beide Sicherungsfedern des Bremsbelags aus dem Bremssattel.
- Entfernen Sie den alten Belagabrieb auf den Bremsbelagführungen (Pfeile) mit Bremsenreiniger, Alkohol oder Brennspiritus und einem harten Putztuch bzw. mit einer Flaschen- oder harten Zahnbürste. Festgebackene Staubkrusten kratzen Sie vorsichtig mit einem flachen Schraubendreher ab. Achten Sie darauf, die Staubmanschette des Gleitkolbens nicht zu beschädigen.
- Werfen Sie einen Blick auf die Bremsscheibe – haben sich Fett, Straßenschmutz oder tiefe Riefen eingenistet?
- Prüfen Sie im gleichen Aufwasch auch die Scheibenstärke (Verschleißgrenze).
- Danach setzen Sie die gereinigten Sicherungsfedern in den Bremssattelhalter und …
- … reiben anschließend die Kontaktflächen der Bremsbeläge sparsam mit wärmebeständigem Gleitmittel

Damit der Bremssattel frei wird: zunächst den Führungsbolzen lösen.

Vor dem Belagwechsel säubern: den Bremssattel.

(Kupferpaste) ein. Die Paste darf auf keinen Fall auf die Bremsflächen gelangen.

- Die vorbereiteten Bremssegmente schieben Sie in den Bremssattel, setzen den Bremssattel auf den Bremsenträger und schrauben ihn mit rund 30 Nm fest.

- Vergessen Sie anschließend nicht, das Bremspedal so lange durchzutreten, bis Widerstand im Bremspedal spürbar wird. Die Beläge liegen nun an der Scheibe an.

- Checken Sie noch schnell den Bremsflüssigkeitsstand im Vorratsbehälter. Überschüssige Flüssigkeit saugen Sie mit einer Pipette bis »max.« ab, fehlende Flüssigkeit ergänzen Sie bis »max.«.

- Montieren Sie die Räder und lassen das Auto ab.

- Bremsen Sie nun auf einer Nebenstraße die neuen Beläge vorsichtig ein. Verzögern Sie einige Male ganz sachte von etwa 100 km/h auf 50 km/h.

- Zwischendurch lassen Sie die Bremsbeläge immer wieder gut auskühlen.

Hinterachse

Werkzeug:
Radschlüssel, Wagenheber, Unterstellbock, Maulschlüssel, Schlitzschraubendreher, Schraubzwinge, evtl. Spezialadapter CH-6007-B und Adapter CH-6007-50.

- Bocken Sie den Hinterwagen standfest auf und demontieren beide Räder. Jetzt demontieren Sie den Bremssattelführungsbolzen. Kontern Sie den Bolzen kurz mit einem Gabelschlüssel.

- Schwenken Sie jetzt den Sattel nach oben und ...

- ... drehen im Bremssattel den Kolben zurück. Opel-Monteure benutzen einen Spezialadapter (KM 6007-B und KM-6007-50), versuchen Sie es mit einem Schraubendreher oder einer Schraubzwinge – das klappt erfahrungsgemäß auch.

- Achten Sie jedoch darauf, dass die Aussparung im Bremskolben gradlinig zum Bremssattelsichtfenster verläuft. Vorsicht: Die im Sattel verdrängte Bremsflüssigkeit fließt in den Vorratsbehälter zurück. Falls erforderlich, saugen Sie überflüssige Flüssigkeit aus dem Behälter ab. Bereits ausgelaufenen Saft spülen Sie umgehend mit viel klarem Wasser ab.

- Ziehen Sie die Bremssegmente inklusive der Gleitbleche aus dem Halterahmen. Alte Beläge entsorgen Sie als Sondermüll.

- Im nächsten Schritt schrubben Sie die Anlageflächen am Bremsenträger mit einer Drahtbürste ab. Beschädigen Sie dabei weder die Lackschicht auf den Bremsbelagplatten noch die Staubmanschetten am Bremskolben.

- Damit die neuen Beläge beim Bremsen nicht quietschen, bestreichen Sie die Gleitflächen des Belagträgers sparsam mit Kupferpaste.

- Montieren Sie nun die Gleitbleche, setzen anschließend die neuen Segmente in den Bremsenträger und beenden die Montage in umgekehrter Reihenfolge. Den Führungsbolzen ziehen Sie mit rund 30 Nm an.

- Montieren Sie die Räder, pumpen das Bremspedal auf Druck und ziehen dann einige Male die Handbremse an.

- Checken Sie noch schnell den Bremsflüssigkeitsstand im Vorratsbehälter.

- Überschüssige Flüssigkeit saugen Sie mit einer Pipette bis »max.« ab, fehlende Flüssigkeit ergänzen Sie bis »max.«.

Sattel hochschwenken und Bremskolben zurückpressen: vor der Montage neuer Segmente.

Bremsscheibe demontieren – mit Erfahrung durchaus machbar

Erneuern Sie Bremsscheiben grundsätzlich immer nur paarweise. Falls nicht, arbeiten die Scheiben mit unterschiedlichen Reibkoeffizienten – die Bremse funktioniert so nicht optimal.

Werkzeug:
Radschlüssel, Wagenheber, Unterstellbock, Ratsche, 17er-Sechskantnuss, Schlitzschraubendreher, Wasserpumpenzange.

Vorderachse

- Bocken Sie den Vorderwagen rüttelsicher auf
- Demontieren Sie die Bremssättel mitsamt Bremssegmenten und fixieren sie provisorisch mit Bindedraht an den Federbeinen.
- Jetzt lösen Sie beidseitig die Befestigungsschrauben (1) des Bremsenträgers (2) vom Lenkschwenklager und legen den Träger beiseite.
- Lösen Sie die Arretierschrauben an den Scheiben ...
- ... und treiben sie mit einem Gummihammer gefühlvoll von den Radnaben. Vergessen Sie nicht, die Scheiben währenddessen zu drehen.
- Vor der Bremsscheibenmontage säubern Sie die Anlageflächen der Radnaben sowie der Bremsscheiben gründlich mit einer Drahtbürste und setzen die Scheiben erst dann wieder auf die Radnaben auf. Wenn Sie die Anlageflächen gut gesäubert haben, ist die Chance groß, dass beide Scheiben ohne Taumelschlag auf Anhieb rund laufen.
- Beenden Sie die Montage in umgekehrter Reihenfolge und ziehen die neuen Schrauben des Halterahmens mit 100 Nm+60° +15°gegen das Lenkschwenklager.

Hinterachse

- Bocken Sie den Hinterwagen standfest auf, nehmen beide Räder ab und demontieren die Bremssättel inklusive der Bremsbelege wie beschrieben.
- Ziehen Sie die Sättel von den Bremsenträgern und fixieren sie mit Schweißdraht in den Radläufen. Knicken Sie dabei die Bremsschläuche nicht zu stark ab.
- Lösen Sie am Bremsträger beidseitig die Schrauben (1) und legen die Träger beiseite.
- Jetzt lösen Sie die Arretierschrauben an den Scheiben ...
- ... und treiben sie mit einem Gummihammer gefühlvoll

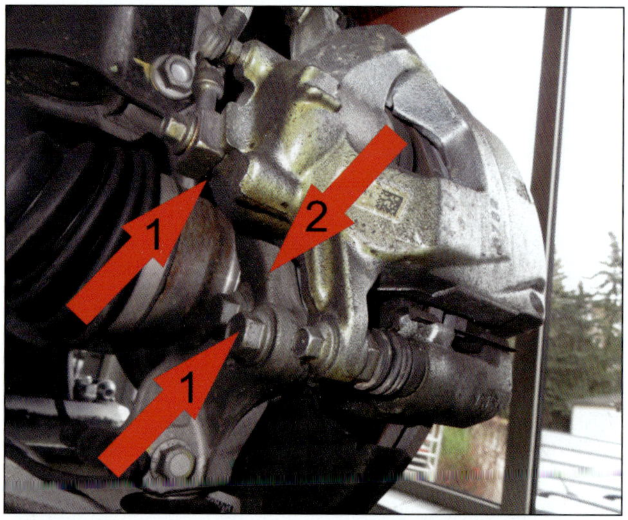

Zweimal am Lenkschwenklager verschraubt: Der Bremsträger.

Zweimal verschraubt: Der Hinterachsbremsträger

Fest mit zwei Schrauben: Der Bremsträger an der Astra-Hinterachse.

von den Radnaben. Vergessen Sie nicht, die Scheiben währenddessen zu drehen.

- Vor der Bremsscheibenmontage säubern Sie die Anlageflächen der Radnaben und Bremsscheiben gründlich mit einer Drahtbürste und setzen die Scheiben dann wieder auf die Radnaben auf. Wenn die Anlageflächen gut gesäubert sind, laufen beide Scheiben meist auf Anhieb rund.

- Beenden Sie die Montage in umgekehrter Reihenfolge und ziehen die neuen Schrauben des Halterahmens mit 100 Nm+60° +75°gegen den

Bremssattel und Bremskolben gängig machen

Bei porösen oder mechanisch beschädigten Staubmanschetten dringen Schmutz und Feuchtigkeit in den Bremszylinder ein. In der Folgezeit korrodiert der Gleitkolben langsam aber sicher. Folge: hoher Bremsbelag- und Scheibenverschleiß, ungleichmäßig ansprechende Bremse. Wenn Ihr Astra die Symptome zeigt, gehen Sie folgendermaßen vor.

- Demontieren Sie die Bremsbeläge wie beschrieben und überprüfen zuerst den tadellosen Belagfreigang in den Belagschächten.

- Wenn nötig, reinigen Sie die Schächte mit einer harten Zahnbürste oder einem passenden Schlitzschraubendreher. Zerstören Sie dabei nicht die Staubmanschetten oder lösen sie aus ihrem Sitz.

- Bevor Sie die Bremsbeläge wieder einsetzen, bestreichen Sie alle Kontaktflächen mit hitzefester Kupferpaste.

- Selbstverständlich müssen auch die Bremssättel freigängig sein. Falls Sie dort Arbeitsbedarf entdecken, reinigen und bestreichen Sie die Gleitflächen sparsam mit hitzebeständiger Kupferpaste.

Bremskolben auf Freigang prüfen – mit Montierhebel möglich

- Demontieren Sie den inneren Belag der betreffenden Bremszange.

- Bevor Sie den Bremskolben auf Freigang prüfen, fixieren Sie mit einer Schraubzwinge oder Feststellzange ein etwa sechs Millimeter starkes Distanzstück (evtl. Holzbrettchen) als Endanschlag zwischen Bremskolben und Bremsscheibe. Die Maßnahme begrenzt den Kolbenweg und schützt den Bremskolben mitsamt Dichtring vor Beschädigungen.

- Selbstverständlich muss der gegenüberliegende Bremssattel noch komplett montiert sein.

- Schieben Sie jetzt einen Montierhebel zwischen Kolben und provisorischem Endanschlag. Ein Helfer tritt derweil vorsichtig das Bremspedal durch.

- Falls der Kolben klemmt, pumpt der Assistent so lange, bis der Kolben dem Druck weicht und aus dem Zylinder wandert. Sobald er den Montierhebel gegen den provisorischen Endanschlag presst, drücken Sie den Kolben per Hebel in den Zylinder zurück. An Hinterradbremszangen muss der Kolben mitunter mit einem Spezialwerkzeug in den Zylinder zurückgedreht werden. Wiederholen Sie die Prozedur so lange, bis der widerborstige Bremskolben leichtgängig im Zylinder gleitet.

- **Achtung:** Bleiben Sie damit erfolglos, oder sollte der Bremszylinder danach undicht sein, lassen Sie den Sattel in einer Fachwerkstatt überholen oder tauschen ihn gegen ein Neuteil aus.

STÖRUNGSBEISTAND

Checkliste – Bremse

Störung	Was kann das sein?	Was muss ich tun?
C Schwache Bremsleistung bei hohem Bremspedaldruck	**1** Siehe A2 bis 6	Bremsanlage prüfen lassen.
	2 Siehe B1 bis 4	
D Bremspedalweg schwammig	**1** Luft in der Anlage.	Bremsanlage prüfen, entlüften (lassen).
	2 Bei überbeanspruchter Bremse (Gebirgsfahrt, Anhängerbetrieb) Dampfblasenbildung (Bremsfading).	Anhalten, Bremse abkühlen lassen. Verhalten fahren und bremsen, häufiger einen Gang herunterschalten (Motorbremse).
	3 Hauptbremszylinder nicht richtig befestigt.	Befestigung prüfen. Evtl. Muttern vor dem Bremskraftverstärker nachziehen.
E Bremspedal lässt sich ganz durchtreten, keine Bremswirkung	**1** Hauptzylinder ausgefallen.	Austauschen.
	2 Bremsschlauch oder Leitung gerissen, Bremssättel undicht.	Ersetzen.
	3 Bremsflüssigkeit zu alt oder überhitzt (Dampfblasenbildung).	Erneuern.
F Pedalweg zu lang	**1** Scheiben unrund	Scheiben und Beläge prüfen und evtl. ersetzen lassen.
	2 Bremsflüssigkeit läuft aus.	Hydrauliksystem auf Dichtheit prüfen, Mangel beheben lassen.
G Bremsflüssigkeitsstand zu gering	**1** Bremsscheiben oder Beläge verschlissen.	Bremsscheiben bzw. Beläge prüfen, evtl. ersetzen (lassen).
	2 Leck in der Hydraulik.	Hydraulik auf Leck prüfen und Mangel beheben lassen.
H Bremsen ziehen einseitig	**1** Bremsscheiben verschlissen oder unterschiedliche Beläge montiert. Siehe A2 und 6.	Prüfen, evtl. ersetzen (lassen).
	2 Falsche Reifen oder falscher Reifendruck.	Prüfen; richtige Reifen aufziehen, Reifendruck kontrollieren.
	3 Lenkung defekt.	Prüfen lassen.
	4 Stoßdämpfer verschlissen.	Prüfen, evtl. ersetzen (lassen).

Checkliste – Bremse

	Störung	Was kann das sein?	Was muss ich tun?
I	**Beläge stark oder ungleichmäßig verschlissen**	**1** Bremsscheiben sind korrodiert oder weisen Riefen auf.	Prüfen, evtl. ersetzen (lassen).
		2 Siehe A5	
J	**Handbremse zieht nicht**	**1** Bremsbeläge hinten abgenutzt oder verglast.	Bremsbeläge tauschen und dabei die Bremsanlage genau inspizieren.
		2 Handbremsseile verstellt.	Prüfen, evtl. einstellen lassen.

Spannungsgeladen

Ohne aktuelle Schalt- bzw. Stromlaufpläne sind Sie bei Störungen im Bordnetz mit Ihrem Latein schnell am Ende: Ihr Astra ist unbedingt auf elektrische Energie angewiesen. Ohne Generator oder die Batterie wäre er allenfalls eine blecherne Immobilie. Bevor Sie tiefer gehende Reparaturen an der Bordelektrik in Angriff nehmen möchten, studieren Sie zunächst besser die spezifischen Astra-Stromlaufpläne. Ihr Opel-Händler oder auch Bosch Car-Service-Dienste helfen Ihnen damit erfahrungsgemäß weiter.

Schon der erste Benz-Patenmotorwagen hätte anno 1886 ohne elektrische Energie keinen Mucks gemacht. 127 Jahre später täte es ihm der Astra-J immer noch gleich. Ohne Bordspannung blieben seine präzise aufeinander abgestimmten Subsysteme wirkungslos: Erst Batterie, Anlasser, Motor, Generator, CAN-Busse und rund ein Kilometer Kupferkabel machen Ihren Wagen zum Automobil. Mit leerer Batterie streikt der Anlasser, ohne Anlasser schweigt der Motor, ohne Motor pausiert der Generator – und ohne die per CAN-Bus angelieferten »Datencocktails« blieben die Global-Player ohnehin mucksmäuschenstill.
Ist es da verwunderlich, dass nahezu jeder zweite Autofahrer unangenehme Erinnerungen mit dem Trio Batterie, Anlasser und Generator verbindet? Die Ursache dafür liegt unter der Motorhaube, also dem Arbeitsplatz der drei Akteure. Die dort vorherrschenden Arbeitsbedingungen sind nicht gerade ideal. Mal ist es ihnen zu kalt, mal zu warm, vielfach feucht, mitunter sogar triefend nass. Außerdem sitzen viele Stromverbraucher an exponierten Plätzen. Da sind Störungen in der Bordelektrik über die Zeit erfahrungsgemäß unvermeidbar. Zudem setzt bei Batterien ab dem ersten Tag ihrer Inbetriebnahme konstruktionsbedingt die Selbstzerstörung ein.

Kleinkraftwerk unter der Motorhaube: Der Generator im Astra leistet bis zu 125 Ampere.

WISSENSWERTES

Die Grundbegriffe der Elektrik

Elektrische Spannung (Strom) fließt nur in geschlossenen Stromkreisen. Stromkreise bestehen aus Erzeuger (z. B. Batterie, Generator), Verbraucher (z. B. Glühlampe, Leuchtdiode, Anlasser, Elektromotor) und den Kabelsträngen mit ihren einzelnen Leitungen. Stromkabel sind gewissermaßen die Nervenstränge zwischen Erzeuger und Verbraucher.

Das folgende Beispiel veranschaulicht Ihnen die Grundfunktion eines elektrischen Stromkreises. Stellen Sie sich bitte eine Wasserleitung vor, in der unter bestimmtem Druck eine definierte Menge Wasser von A (Erzeuger) nach B (Verbraucher) fließt. Nichts anderes passiert in den Stromkreisen Ihres Autos. Zum Beispiel dann, wenn beim Öffnen der Tür automatisch ein Licht angeht.

Spannung: Entspricht dem Druck in der Wasserleitung. Die Maßeinheit für Spannung ist Volt (V).

Strom: Entspricht der Wassermenge, die in einer definierten Zeit die Leitung passiert. Die Maßeinheit für Strom ist Ampere (A).

Leistung: Entspricht dem Produkt aus Spannung und Strom. Die Maßeinheit für Leistung ist Watt (W).

Widerstand: Entspricht in unserem Beispiel einem Wasserhahn. Ist der Hahn voll geöffnet, strömt ungehindert Wasser in die Leitung (Widerstand 0). Ein verschlossener Hahn erhöht den Widerstand kontinuierlich, bis schließlich kein Wasser mehr fließt (Widerstand ∞). Die Maßeinheit für Widerstand ist Ohm (Ω).

Kabel: Entspricht der Wasserleitung. Die erforderliche Stärke der Leitung (Querschnitt) bestimmt der Verbraucher: Ein Kontrolllämpchen kommt mit einer Kabelstärke von 0,5 mm² aus. Der Anlasser verlangt dagegen ein starkes 16-mm²-Kabel: In unserem Beispiel der Wasserleitung entspräche das dem Hauptwasseranschluss vor der Wasseruhr.

Multiplex / CAN-Bustechnik

WISSENSWERTES

Dort wo im Auto große Datenmengen zu koordinieren sind, markieren Datenübertragungssysteme mit »zentraler Intelligenz« schon seit geraumer Zeit den Stand der Technik. Da erscheint es nur logisch, dass CAN-Datenbusse (**C**ontroller **A**rea **N**etwork) den Datenaustausch im Astra gewissermaßen von der Quelle bis zur Mündung in Multiplextechnik lancieren.
Vorteil: Multiplexkonfigurationen stehen über eine einzige Ringleitung mit ihren Adressaten in Kontakt. Im Idealfall steuert den Datentransfer eine Kommandozentrale – deren Drei sind's im Astra. Elektroniker sprechen von **B**ody **C**ontrol **M**odulen (BCM), die Daten an die Endabnehmer verteilen, bzw. an die Zentrale zurück transferieren. BCM verwalten digitale Datensätze, die mit konventioneller Technik selbst baumdicke Kabelbäume überfordern würden – von der Übertragungsgeschwindigkeit ganz zu schweigen.
CAN-Bus-Installationen nutzen zur Kommunikation lediglich zwei digitale Signalleitungen – eine schickt, ausgehend vom Rechner, über den Controller chiffrierte Informationen ins Netz, die andere transportiert zur Analyse chiffrierte Daten via Controller an den Rechner zurück (CAN-Low, CAN-High).
Als Spediteur bzw. Dolmetscher fungiert ein CAN-Transceiver. Der Transceiver bekommt vom Controller aufbereitete Daten angeliefert, wandelt sie in elektrische Signale um und speist sie als Steuerbefehle ins Netz. Auf der anderen Leitung schickt der Transceiver aktuelle Situationsbeschreibungen der Empfänger an den CAN-Controller zurück. Von hier geht's, zum Plausibilitätscheck, weiter ins Steuergerät. Plausibilitätscheck bedeutet: Wenn die Abgänge nicht mit den Eingängen korrespondieren, schaltet das System automatisch auf Notversorgung.
Eine Kontrollleuchte im Armaturenbrett teilt Ihnen die Missfunktion mit. Selbst als ausgewiesener do it Yourselfer stehen Sie dann wahrscheinlich hilflos vor dem Problem. Nicht so Ihr Opel-Händler: Er liest den »Bug« mittels Diagnoseequipment aus und ersetzt das malade Modul gegen ein funktionstüchtiges.
CAN-Bussysteme managen in Ihrem Astra den Datentransfer vom ABS-Bremssystem bis hin zur Zünd- oder Glühkerze – vom Armaturenbrett bis zur Zentralverriegelung – von der Getriebesteuerung bis zum Motormanagement: Kurzum, in Ihrem Auto gehen binnen kürzester Zeit zigtausende von Steuerimpulsen auf den Daten-Highway. Ob, wo, wie und wer die Informationen tatsächlich nutzt, hängt allein von der Aufbereitungsart bzw. vom Chiffre ab. Anders gesagt: Jeder Empfänger spricht, versteht, antwortet und reagiert nur auf seinen Dialekt, die anderen Daten rauschen ungenutzt weiter in die nächste Station. Ist dort dann etwas Verständliches dabei, wird's genutzt – der Rest kursiert so lange auf dem Highway, bis der richtige Empfänger gefunden ist.

Einfach zu beheben – kleine Störungen im Bordnetz

Nach der Lektüre dieses Kapitels sollte Ihnen freilich kein triftiges Argument mehr einfallen, um sich tatenlos einem toten Schalter oder einer dunklen Lampe zu ergeben. Oft schießt dahinter nämlich nur ein Kabelstecker oder ein korrodierter Kontakt quer.
Viele kleine Unpässlichkeiten an der Bordelektrik heilen Sie mit dem nötigen Grundwissen locker selber. Doch lassen Sie Ihren Werkzeugwagen konsequent immer dann verschlossen, wenn es um substanzielle Fehlersuche geht: Die Astra-Bordelektrik ist nämlich kein Tummelplatz für Do-it-Yourselfer mit verstaubtem Fachwissen und klobigen Schraubendrehern.
Selbst ausgewiesene Experten stünden der Astra-Elektrik/Elektronik ohne Funktions- und Schaltpläne sowie einem speziellen Diagnose-Equipment hilflos gegenüber. Darum vergeben Sie tiefer greifende Eingriffe an der Bordelektrik besser sofort an Ihren Opel-Händler oder an einen ausgewiesenen Fachbetrieb wie zum Beispiel Bosch Car-Service-Dienste.

Energielieferant für alle elektrischen und elektronischen Systeme – die Batterie

Sechs in Reihe geschaltete Zellen sind das Herz einer 12-Volt-Starterbatterie. Eine Zelle besteht aus einer Kombination positiver und negativer Platten, die in einer Art chemischen Teamworks jeweils etwa zwei Volt Spannung produzieren. Die Platten bestehen aus Hartbleigittern, die mit einer aktiven Masse gefüllt sind. Auf der positiven Plattenseite ist das Bleidioxid, reines Blei dagegen auf der negativen Platte. Zwischen beiden Platten sitzt ein Separator, der die Batterieflüssigkeit (Elektrolyt) durch mikroskopisch feine Poren zirkulieren lässt.

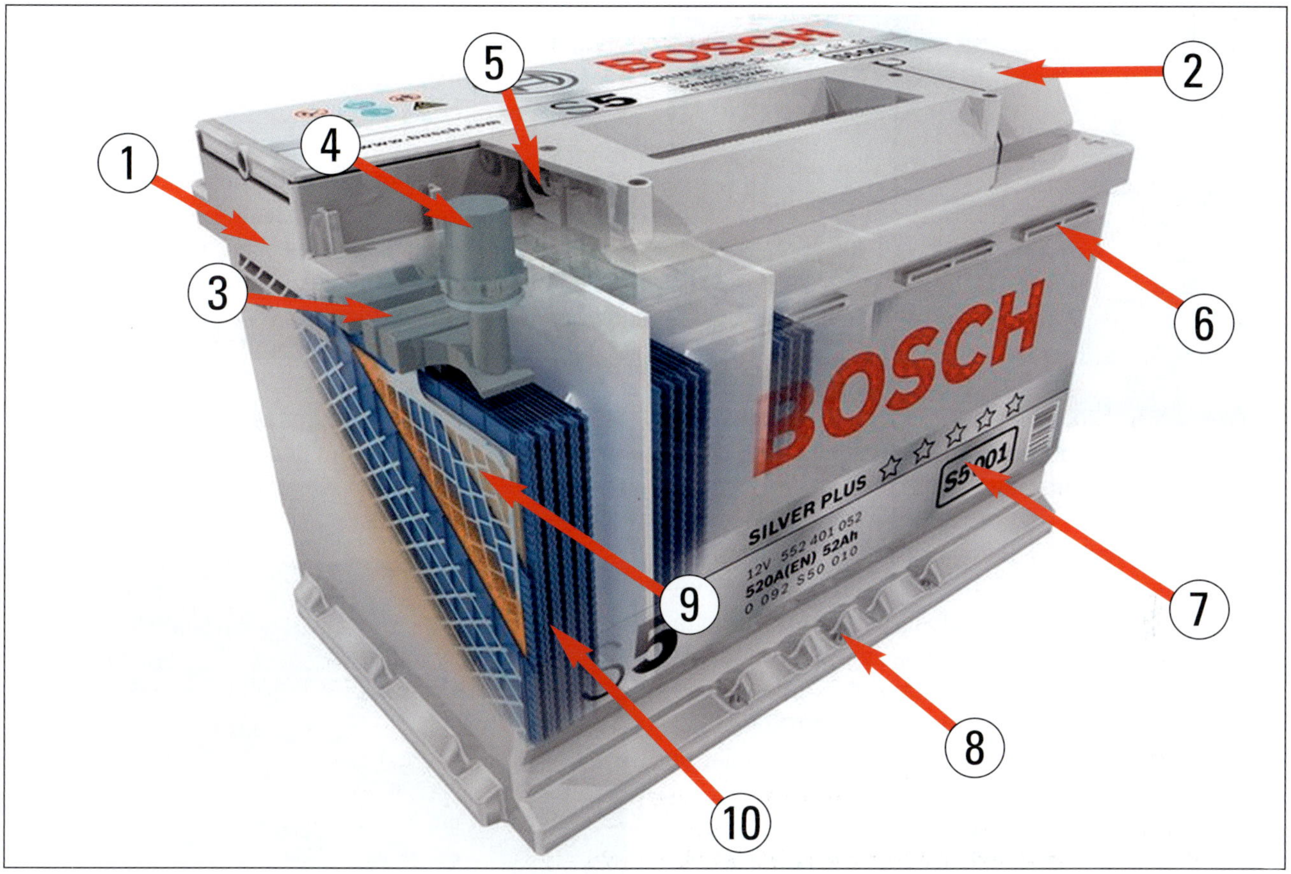

Kompaktes Kraftpaket: wartungsfreie Batterie. (1) Blockdeckel, (2) Polabdeckkappe, (3) Direktzellenverbinder, (4) Endpol, (5) Zellenverschlussstopfen (unter der Abdeckplatte), (6) Plattenverbinder, (7) Blockkasten, (8) Bodenleiste, (9) in Folienseparatoren »eingetaschte« Plusplatten, (10) Minusplatten.

Speichert elektrische Energie – die Batterie

Im abgeschotteten Batterieinneren laufen energetische Prozesse ab – Batterien wandeln chemische – in elektrische Energie. Der hungrigste Abnehmer dafür ist der Anlasser. Seine Durchzugskraft ist abhängig von dem Energiepolster, das die Batterie zum Startzeitpunkt angesammelt hat: Je nach Motor und Anlassertyp fordert der Starter während eines Kaltstarts kurzzeitig bis zu 2000 Watt – dafür muss die Batterie in Höchstform sein.

Mit Sodawasser oder »Neutralon« reinigen – oxidierte Batteriepole

Ab Werk versteckt Ihr Astra seine weitgehend wartungsfreie Batterie im Motorraum unter einer isolierenden Kunststoffabdeckung. Sobald Sie die Abdeckung liften, schauen Sie, je nach Modell, in ein »magisches Auge«. Leuchtet es Ihnen grün entgegen, geht's der Batterie gut. Bei gelber Färbung gehen Sie entweder von einer unzureichend geladenen oder überalterten Batterie aus.

Die Lebensdauer einer Batterie hängt natürlich stark von den Einsatzbedingungen ab: Jeder Kaltstart, überwiegende Kurzstrecken mit vielen Ampelstopps, jeder zusätzliche Bordverbraucher (AC, beheizbare Heckscheibe, Innenraumgebläse, Infotainment, Fahrlicht, etc.), stressen den Stromspeicher mehr als regelmäßiger Langstreckenbetrieb. Dennoch – sechs bis acht Jahre sollten einer wartungsfreien Batterie vergönnt sein.

Während langer Stillstandszeiten entlädt sich die Batterie automatisch. Dabei vergast der Wasseranteil in der Batterieflüssigkeit – übrigens ähnlich wie bei Überbeanspruchung von externen Stromverbrauchern (z. B. Kühlbox, Kleinkompressoren, Zusatzheizungen etc.). Da Ihr Astra eine wartungsfreie Batterie an Bord hat, kondensiert das vergaste Wasser im

Visuell im Bilde: Die Farbe des magischen Auges (Pfeil) signalisiert den Batterieladezustand.

Gehäuse oberhalb der Batteriezellen. Von dort tropft es in das Reservoir zurück. Der Kreislauf ist nahezu unendlich. Falls allerdings eine Nachrüstbatterie mit offener Zellstruktur montiert ist, checken Sie etwa alle sechs Monate den Flüssigkeitsstand der Zellen. Gegebenenfalls ergänzen Sie den Pegel der unterfüllten Zellen bis etwa 1,5 Zentimeter oberhalb der Bleiplatten mit destilliertem Wasser.

Einerlei ob wartungsfrei oder nicht, achten Sie generell auf die Polanschlüsse – sie korrodieren gerne. Falls Sie dort weiße oder milchig grüne Kristalle entdecken, reinigen Sie die Kontaktflächen gründlich.

- Dazu waschen Sie an den Batterieklemmen die Oxidkristalle mit warmem Sodawasser ab. Noch intensiver reinigen Sie die Pole mit einem speziellen Reiniger, zum Beispiel »Neutralon«.
- Danach fetten Sie die Batteriepole und Kabelklemmen leicht mit Säureschutzfett (Bosch) ein, normales Fett ist dafür denkbar ungeeignet. Seine nicht säurefreien Ingredienzen würden die Kontaktflächen angreifen und im Laufe der Zeit ungewollt ihre elektrische Leitfähigkeit verringern.

Batteriespannung messen – mit Multimeter schnell erledigt

Macht die Batterie einen schlappen Eindruck, prüfen Sie die Ruhespannung der Zellen mit einem Multimeter. Sollte vor dem Check der letzte Ladevorgang mehr als sechs Stunden zurückliegen, schalten Sie vorab für etwa 30 Sekunden das Abblendlicht ein. Das weckt die Batterie aus dem Momentanschlaf und nivelliert etwaige Spannungsspitzen.

Nach weiteren vier bis fünf Minuten Wartezeit prüfen Sie die Batteriespannung. Schalten Sie zur Messung alle Stromverbraucher aus. Besser noch, Sie klemmen dazu den Batterieminuspol kurz entschlossen ab (siehe Batteriedemontage).

- Stellen Sie das Multimeter auf Volt (V) und klemmen es an die Batteriepole an.
- Die rote Klemme verbinden Sie mit dem Pluspol …
- … und die schwarze mit dem Minuspol der Batterie.
- Lesen Sie die Ruhespannung ab und entscheiden Ihre nächsten Schritte.

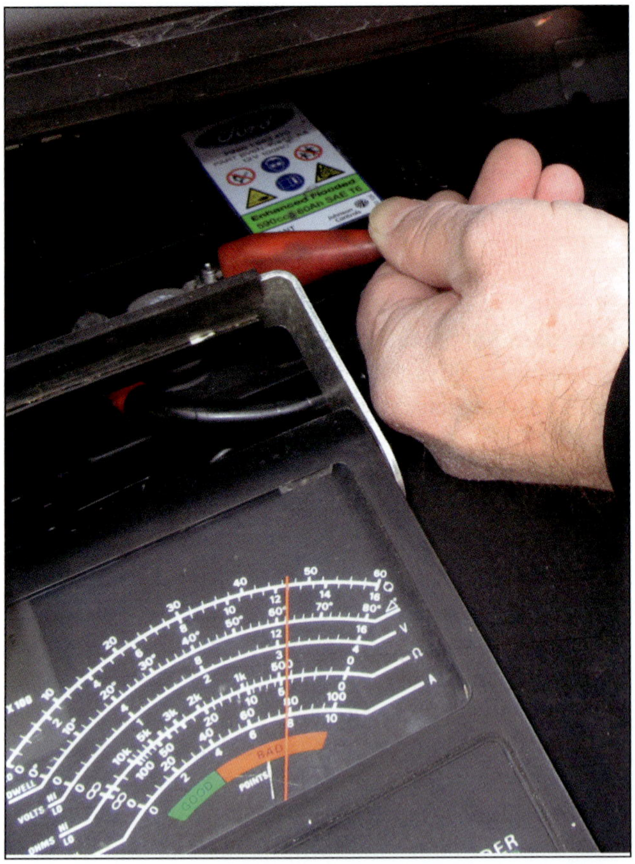

Einfach zu checken: die Batterieruhespannung mit dem Multimeter. Unter 12,1 Volt laden Sie die Batterie schnellstens nach.

Spannung (V)	12,66 (und mehr)	12,48	12,3
Zustand der Batterie	100 % geladen	75 % geladen	50 % entladen

Batterie demontieren – vorab unbedingt diverse Bedienungscodes notieren

Bevor Sie die Batterie abklemmen, notieren Sie auf jeden Fall sämtliche Bedienungscodes. Sollten Sie das vergessen, ist hernach die Überraschung groß: Das Radio zum Beispiel bleibt dann stumm, die elektrischen Fensterheber müssen gleichfalls neu codiert werden. Weit ärgerlicher: Auch das Motormanagement vergisst einen Großteil seiner Informationen und schaltet nach dem ersten Neustart für einige Kilometer ins Notprogramm. Danach brummt der Motor meistens wieder reibungslos. Falls nicht, lassen Sie das Motormanagement bei Ihrem Opel-Händler resetten. Bereits nach wenigen Minuten ist der Bordrechner wieder auf Kurs. Mit etwas Fortune sogar besser als vorher – Ihr Händler verwendet nämlich stets vom Hersteller aktualisierte Datensätze.

»Sobald die Batterie abgeklemmt oder tief entladen war, gilt der Hinweis grundsätzlich.«

Werkzeug:
Ratsche, 10er- und 13er-Nuss, Verlängerung.

- Clipsen Sie die Batterieabdeckung vom Batteriepluspol und lösen anschließend das Massekabel (1).
- Lösen Sie anschließend den Batteriehaltebügel (2) und legen ihn beiseite.
- Um die Plus-Kabel zu lösen, öffnen Sie den Deckel vom Batteriesicherungskasten und schrauben zunächst das Anlasserkabel (3) ab.
- Danach schrauben Sie beide Muttern (4) von der Batterieplusplatte ab und ziehen den Pluspolschuh(5) ab.
- Hat Ihr Astra eine kompakte Batterie an Bord, müssen Sie nun die Halteclipse des Batteriesicherungsdeckels lösen und den Deckel im Verbund mit dem Batteriepluskabel nach oben abziehen.
- Jetzt drücken Sie den Akku aus der hinteren Haltenase und ziehen ihn aus dem Motorraum.
- Zur Montage achten Sie darauf, dass die Batterie fest auf der Konsole steht. Ansonsten könnten die Batterieplatten während der Fahrt zerbröseln.
- Schließen Sie zuerst das Pluskabel und danach erst das Minuskabel an. Die Kabelklemmen können Sie nicht vertauschen, da Batteriepole und Kabelfarben unterschiedlich sind.
- Streichen Sie die Polschuhe äußerlich leicht mit Säureschutzfett (z. B. Bosch) oder Vaseline ein. Sie wirken damit einem vorzeitigen Sulfatieren entgegen.
- Im nächsten Schritt geben Sie die Funktionscodes neu ein und lassen den Motor etwa drei Minuten mit leicht erhöhter Leerlaufdrehzahl vor sich hin brummen. Das gibt dem Motormanagement die Gelegenheit einen Großteil seiner Daten zu regenerieren. Das finale Feintuning erfolgt auf den ersten Fahrkilometern nach der Montage oder beim Opel-Händler.

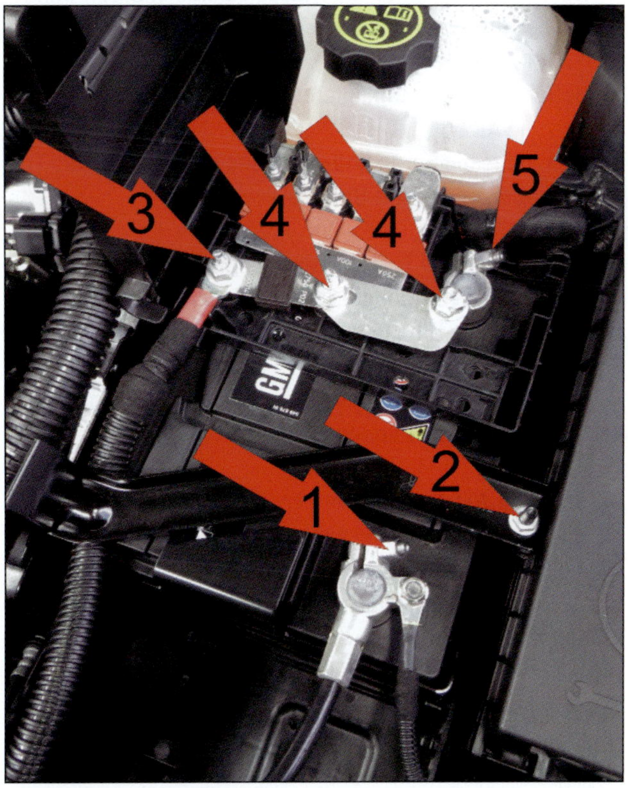

Zunächst den Massepol lösen: Das verhindert Funkenüberschlag an der Batterie.

Mit dem Multimeter aufzuspüren – stille Bordverbraucher

Macht eine völlig intakte Batterie plötzlich schlapp, verköstigt sich ein stiller Verbraucher an ihrem Stromvorrat. Ähnlich wie Stand-by-Schaltungen bei Haushaltsgeräten konsumieren stille Verbraucher auch dann Strom, wenn der eigentliche Verbraucher längst vom Netz ist.

Stille Verbraucher sind überwiegend Schalter, Relais und elektronische Steuergeräte. Nachdem der Stromkreis »Klemme 15« abgeschaltet ist, schalten die bordinternen Steuergeräte in den Ruhemodus. Jedoch nicht alle gleichzeitig, einige nippen noch 30 Minuten und länger an der Batterie. So zum Beispiel die Steuergeräte für Heizung/Lüftung/Klima. Das Steuergerät »ON Star« sowie die schlüssellose Zentralverriegelung aktivieren sich in periodischen Abständen sogar selbstständig. Nur so können sie ihren erforderlichen Stand-by-Betrieb aufrechterhalten.

Anlässlich der Suche nach ungebetenen stillen Verbrauchern gehen Sie strukturiert vor:

- Demontieren Sie das Batteriemassekabel und setzen ein Multimeter zwischen die Masseklemme und den Minuspol der Batterie (Reihenanschluss).
- Schalten Sie das Multimeter auf »A« (Ampere).
- Öffnen Sie die Türen und schließen den Kontakt des Türschließer/Angelehnt-Schalters.
- Bei verriegelten Türen ist die Diebstahlwarnanlage aktiviert, sofern vorhanden. Falls nicht, wird möglicherweise eine defekte Diebstahlwarnanlage während des Tests nicht erkannt.
- Schalten Sie die Zündung AUS.
- Sollte Ihr Astra nicht über »keyless go« verfügen, ziehen Sie den Zündschlüssel ab.
- Deaktivieren Sie jetzt den Lichtsensor. Die Scheinwerfer schalten Sie aus.
- Schalten Sie auch die »verzögerte Innenraumbeleuchtung« die Motorraumbeleuchtung und die Nachlauffunktion der Klimaanlage aus.
- Die meisten Steuerungen schalten nun binnen 30 Minuten in den Ruhezustand, bei einigen wenigen kann es jedoch bis zu 2 Stunden dauern.
- Derweil ist ein gelegentlicher An- und Abstieg (± 1 Sekunde) des gemessenen Nebenstroms normal.
- Signalisiert Ihr Multimeter jedoch einen dauerhaften Stromfluss über 40 mA, mit gelegentlichen Spitzen von bis zu 80 mA, haben Sie einen stillen Verbraucher im Bordnetz bereits entlarvt.
- In dem Fall schließen Sie das Massekabel wieder an, öffnen den Sicherungskasten und ziehen die erste Sicherung. Klemmen Sie das Multimeter zwischen die freien Sicherungskontakte. Bleibt der Zeiger auf Null, ist der betreffende Stromkreis o. k. Geringe Ströme (etwa 25 mA) sind übrigens noch kein Alarmsignal für Sie: Der Bordcomputer, die Zeituhr, das Radio oder auch die Alarmanlagen hängen ständig an der Batterie. Ihr Ruhestromverbrauch ist freilich viel geringer als der eines defekten Verbrauchers.
- Wiederholen Sie die Messung, bis Sie in einem Stromkreis fündig sind. Jetzt müssen Sie nur die einzelnen Verbraucher des Kreises inspizieren.
- Dazu klemmen Sie erneut den Masseleiter direkt am Verbraucher ab und setzen das Multimeter dazwischen.

Entlarvt stille Verbraucher: das Multimeter als Strommesser in den einzelnen Stromkreisen.

Batterie regelmäßig nachladen – verlängert die Lebensdauer

Laden Sie eine demontierte oder über längere Zeit pausierende Batterie regelmäßig nach: Das verlängert ihre Lebenserwartung. Andernfalls verglasen die Batteriezellen und werden unbrauchbar. Zudem frieren entladene Batterien bei Minusgraden ein. Unterhalb – 4 °C. können die Zellwände sogar platzen. Randvoll geladenen Batterien macht Kälte dagegen weniger zu schaffen. Sollte die Batterie noch montiert sein, klemmen Sie vor der Erhaltungsladung auf jeden Fall das Minuskabel (Masseanschluss) ab.

- Zunächst klemmen Sie das schwarze Minuskabel (Masseanschluss) an der Batterie ab. Danach klemmen Sie das Pluskabel des Ladegeräts (rot) an den Batteriepluspol und das Minuskabel (schwarz) an den Batterieminuspol an.

- Der Ladestrom sollte anfänglich etwa 10% der Batteriekapazität betragen (z. B. 8,6 A bei einem 86-Ah-Akku) und während des Ladevorgangs automatisch abnehmen. Moderne Batterieladegeräte passen, nach einem automatischen Batterietest, ihren Ladestrom dem Batteriezustand an.

- Während des Ladevorgangs bilden sich oberhalb der Zellen winzige Gasbläschen aus Wasser- und Sauerstoff. Das Gasgemisch entweicht aus den Entlüftungsbohrungen oder der Zentralentlüftung in die Atmosphäre. Vorsicht! Die Rede ist von Knallgas.

- Entlüften Sie den Arbeitsplatz darum großzügig. Das gilt vor allem, wenn hohe Ladeströme fließen. Um Knallgas zu entzünden, reicht bereits ein kleiner Funke, der beim Ab- oder Anklemmen des Ladegeräts bzw. der Batteriekabel entstehen kann.

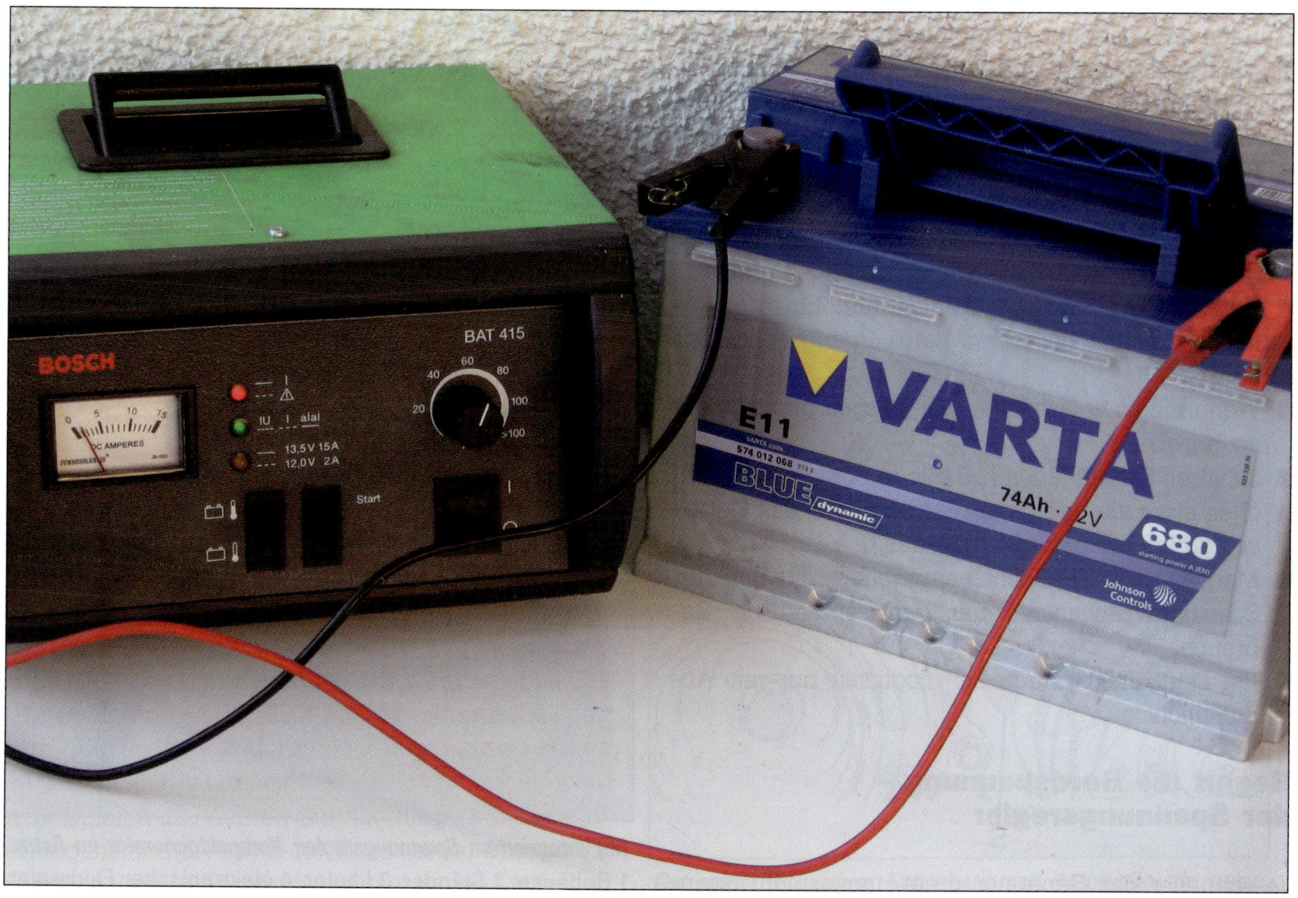

Berücksichtigen automatisch den Batteriezustand: moderne Batterieladegeräte.

- Danach lösen Sie die Schrauben (3) und legen den Halter beiseite.
- Schrauben Sie das Massekabel (1) direkt am Motorblock und die Kabelanschlüsse (2) vorne am Magnetschalter los.
- Jetzt lösen Sie die Schrauben an der Kupplungsglocke (1, 2) und ziehen den Starter dann seitlich aus der Glocke heraus.
- Beenden Sie die Montage in umgekehrter Reihenfolge. Die Einlasskrümmerstütze ist mit 8 Nm und der Anlasserflansch mit 25 Nm fest.

Die Außenbeleuchtung

Zur Außenbeleuchtung Ihres Astra gehören die Hauptscheinwerfer, Rück- und Bremsleuchten, Rückfahrscheinwerfer, Nebellampen, Nebelschlussleuchten sowie Blink- und Kennzeichenleuchten.
Hauptscheinwerfer bestehen aus drei Komponenten: der Lichtquelle, dem Reflektor und der vorgelagerten Abdeckscheibe (Streuscheibe). Als Lichtquelle in den Haupt- und Nebelscheinwerfern sind im Astra serienmäßig Halogengaslampen installiert. Die restlichen Lichtquellen bedienen normale Glühwendellampen.

Alles in einem Gehäuse: Einerlei ob Xenon- oder Halogen-Leuchten, ab Werk sitzen alle Fahrlichtquellen in einem Gehäuse. Die optionalen Nebelleuchten strahlen aus der vorderen Stoßfängerblende.

WISSENSWERTES

Gasentladungslampe (Xenon-Licht) – das Wichtigste in Kürze

In Xenon-Scheinwerfern leuchtet, anstatt einer herkömmlichen Glühlampe mit Leuchtfaden, eine mit Xenongas befüllte Gasentladungslampe. Das Xenongas im Lampenkolben entzündet zunächst ein Funken. Nach der Zündung entsteht innerhalb des Lampenkolbens ein ionisierter Gasschlauch, den ein 12-Volt Gleichstrom erleuchtet. Den Zündvorgang startet je Scheinwerfer ein elektronisches Hochspannungs-Vorschaltgerät.
Erblindete Xenonlampen sollten Sie, beim geringsten Selbstzweifel, besser in einer Fachwerkstatt tauschen lassen: Der unsachgemäße Umgang mit den Vorschaltgeräten kann lebensbedrohende Verletzungen verursachen. Doch keine Skepsis: Praxiserfahrungen belegen – Xenon-Licht funktioniert nahezu verschleißfrei.
Wegen der hohen Lichtintensität lässt der Gesetzgeber hierzulande Gasentladungslampen ausschließlich mit dynamischen Leuchtweitenreglern zu. Somit ist das hartnäckige Gerücht vom gleißend blendenden Xenon-Licht technisch unbegründet, gewöhnungsbedürftig ist allein die Lichtfärbung: Autos mit Xenon-Licht kommen leicht blauäugig daher…

Sinnvoll – Ersatzlampenset an Bord

Hierzulande gilt die Vorschrift: Alle äußeren Beleuchtungskörper müssen ständig funktionieren. Vorausschauende Fahrer haben darum ein Ersatzlampenset an Bord. Im Astra leuchten generell 12 V-Lampen:

Einbauort	ECE-Norm
Halogen-Abblendlicht	H7
Halogen-Fernlicht	H7
Tagfahrlicht	W21/5W
Bremslicht	W16W
Nebelscheinwerfer	H10

Für den Fall der Fälle: Ein auf den Wagen abgestimmtes Ersatzlampenset ist eine lohnende Investition. Discounter bieten komplette Sets, inklusive Ersatzsicherungen, als Aktionsware fast zum Preis einer normalen H4-Lampe an.

Welche Lampe sitzt wo? Standlicht/Tagfahrlicht 1, Abblendlicht 2, Fernlicht 3.

Nummernschild	W5W
Parkleuchten vorne	W21/5W
Parklicht hinten	W5W
Rückfahrleuchte	H21W
Seitenblinker	WY5W
Blinker vorn	PSY24W HP
Standleuchten hinten	W5W
Abbiegelicht (AFL+)	H11
Kofferraumleuchte	W5W 12V 8W
Handschuhfachbeleuchtung	W5W 12V 8W
Innenleuchte vorne	W5W 12V 5W
Leseleuchten vorne	W5W 12V 5W (2x)
Leseleuchten hinten	W5W 12V 5W (2x)

Scheinwerferlampen wechseln – kein großes Problem

Die Fahr-, Fern-, Stand- und Blinklichtlampen sitzen allesamt im Scheinwerfergehäuse. Zu deren Tausch demontieren Sie an der betreffenden Leuchte einfach die hintere Lampenabdeckung im Motorraum mit einem Linksdreh. Hört sich zunächst komplizierter an, als es in der Praxis ist. Achten Sie generell darauf, dass während des Lampenwechsels die Scheinwerfer ausgeschaltet sind.

Wichtig: Neue Glühlampen fassen Sie mit möglichst sauberen Händen am Sockel und niemals am Glaskolben an. Falls nicht, verdampfen Ihre Fingerabdrücke mit dem ersten Licht am heißen Glaskolben und trüben den Reflektor zwangsläufig für den Rest seines Autolebens völlig unnötig ein.

Getrübte Reflektoren schlucken Licht, anstatt es zu reflektieren. Sollten Sie dennoch nicht umhinkommen, die neue Lampe am Glaskolben in die Fassung zu bugsieren, säubern Sie anschließend den Lampenkolben mit einem in Alkohol oder Brennspiritus getränkten fusselfreien Tuch. Verwenden Sie nur Ersatzlampen mit einem UV-Filter. Nach jedem Lampenwechsel vergessen Sie bitte auch nicht den fälligen Funktionscheck an Ihrem Astra.

- Anschließend lösen Sie beide Flügelmuttern des Lampengehäuses und ziehen die Rückleuchte aus der Aussparung. Achten Sie darauf, dass dabei der Kabelkanal nicht knickt.
- Bugsieren Sie das Anschlusskabel aus der Halterung und lösen den Anschlussstecker von der Leuchte.
- Ziehen Sie die defekte Lampe, inklusive Lampenfassung, mit einer leichten Linksdrehung aus dem Lampengehäuse und erneuern sie.
- Beenden Sie die Montage in umgekehrter Reihenfolge.
- Vergessen Sie den anschließenden Funktionscheck nicht.

Lampengehäuse in der Hecktür

- Öffnen Sie die Heckklappe, demontieren die entsprechende Lampenverkleidung und legen sie beiseite.
- Ziehen Sie die defekte Lampe mit einer leichten Linksdrehung aus dem Lampengehäuse und erneuern sie.
- Beenden Sie die Montage in umgekehrter Reihenfolge.
- Vergessen Sie den anschließenden Funktionscheck nicht.

Sports Tourer

- Öffnen Sie die Heckklappe, demontieren die entsprechende Lampenverkleidung und legen sie beiseite. Falls vorhanden, müssen Sie auf der linken Seite das Sonnenrollo demontieren.
- Anschließend lösen Sie beide Flügelmuttern des Lampengehäuses und ziehen die Rückleuchte aus der Aussparung. Achten Sie darauf, dass dabei der Kabelkanal nicht knickt.
- Bugsieren Sie das Anschlusskabel aus der Halterung und lösen den Anschlussstecker von der Leuchte.
- Ziehen Sie die defekte Lampe mit einer leichten Linksdrehung aus dem Lampengehäuse und erneuern sie.
- Beenden Sie die Montage in umgekehrter Reihenfolge.
- Vergessen Sie den anschließenden Funktionscheck nicht.

Lampengehäuse in der Hecktür

Werkzeug: Mittlerer Schlitzschraubendreher.

- Öffnen Sie die Heckklappe und hebeln, auf der entsprechenden Seite, beide Blindstopfen mit einem Schlitzschraubendreher aus der Karosserie.
- Jetzt lösen Sie beide Halteschrauben des Lampengehäuses und ziehen die Rückleuchte vorsichtig aus der Heckklappe.
- Ziehen Sie die defekte Lampe mit einer leichten Linksdrehung aus dem Lampengehäuse heraus und erneuern sie.
- Beenden Sie die Montage in umgekehrter Reihenfolge.
- Vergessen Sie den anschließenden Funktionscheck nicht.

Schalter-Funktionsprüfung – mit Multimeter machbar

Manchmal bringen die Ströme defekte Schalter völlig durcheinander. Im Astra arbeiten übrigens die unterschiedlichsten Schaltertypen. Die Funktionsprüfung erledigen Sie schnell mit einem Multimeter. Stellen Sie dazu den Multimeter-Funktionsschalter auf Volt (V) und messen jeweils den Spannungsfluss an den Schalteranschlussklemmen. Tauschen Sie defekte Schalter ausschließlich gegen originale Opel-Ersatzteile.

- Besorgen Sie sich den aktuellen Schaltplan zu Ihrem Opel Astra.
- Zuerst erkunden Sie an dem betreffenden Schalter das (die) spannungsführende(n) Kabel. Tasten Sie dazu mit der roten Klemme alle Kabelanschlüsse ab – die schwarze Klemme schließen Sie währenddessen an Masse (Klemme 31) an.
- Vor dem Spannungstest schalten Sie noch schnell die Beleuchtung oder die Zündung ein.
- An intakten Schaltern kommt die Eingangsspannung auch am Schalterausgang an.

Mitunter sehr verschlungen – die Wege der Stromkabel

Auf Laien wirken Ströme häufig sehr geheimnisvoll – ihre Wege sind mitunter recht sonderbar. Oder doch nicht?
Im Astra kontakten die meisten konventionellen Stromverbraucher mit Doppelklemmen. Doch durchgängig bis zur Batterie oder zum Generator lässt sich häufig nur ein Kabel zurückverfolgen. Das andere Kabel endet unterwegs an einem Massekontakt im Irgendwo der Karosserie, des Motors, am Getriebe oder, das ist im Astra auch nicht ausgeschlossen, an irgendeinem toten Steckerkontakt. So zum Beispiel am Mehrfachstecker der Zentralelektrik im Umfeld der Batterie.

Lassen den Strom abfließen – Metalle

Innerhalb des Astra-Bordnetzes nutzen Opel-Ingenieure ein uraltes physikalisches Prinzip: Metalle sind leitfähig. Diese simple Erkenntnis erspart – völlig legitim – teure Kupferkabel zur Spannungsableitung an den Batterieminuspol. Wenn ein Verbraucher also nicht ordentlich funktioniert, liegt das nicht zwangsläufig an der Zuleitung, sondern mindestens genauso häufig an einer unzureichenden Masseverbindung. Manchmal sucht sich der Wackelkandidat nämlich Unterstützung von irgendwo. Das bringt mitunter die Bordelektrik völlig aus dem Takt.
Häufigstes Beispiel für Disharmonie im Bordnetz ist wohl die taktvoll im Blinkerrhythmus mitglimmende Rückleuchte …

Systematisch geordnet – Kabel und Klemmen

Trotzt rationeller Bauweise würde der hintereinander gelegte Kabelbaum Ihres Astra locker einen Kilometer erreichen. Das scheinbar bunte Gewirr ist akribisch geordnet, die Kabelfarben weisen den Weg zum Adressaten. Die meisten Anschlüsse der Mehrfachstecker und Relais sind zudem nummeriert. Bei der Wahl der Kabelfarben bleibt Opel überwiegend der Norm gängiger Vorbilder treu.

Überlastungsschutz – Sicherungen im Innen- und Motorraum

Die Bordelektrik Ihres Astra schützen zahlreiche Sicherungen vor Überlastung. Ihre Schutzfunktion entspricht der theoretischen Maximalbelastung der einzelnen Stromkreise. Sicherungen unterbrechen den Stromfluss sofort, wenn zum Beispiel ein Kurzschluss (defekter Verbraucher, beschädigte Stromkabel) die Bordspannung ungewollt an Masse ableitet. Sie verhindern dadurch weitere Schäden (z. B. Kabelbrände) an Ihrem Auto. Der Astra hat Flachstecksicherungen, deren Schmelzdraht im Überlastungsfall durchglüht. Für eine Sicherung ist der Tatbestand des Überlastungsfalls übrigens auch erfüllt, wenn voll ausgelastete Stromkreise nachträglich mit zusätzlichen Verbrauchern (Hi-Fi-Anlage, Multimedia Installationen, Booster oder nicht zugelassene Hochleistungsleuchten) aufgemotzt werden. Auch profane Autostaubsauger und Kühlboxen, die Sie einfach mit Strom aus der

Opel Astra – die Sicherungen

WISSENSWERTES

In den Sicherungskästen stecken Flachsicherungen (Minisicherungen), deren transparenter Kunststoffkörper zwei mit einem Schmelzdraht verbundene Flachstecker fixiert, so genannte A1-Sicherungen.

An der Farbe zu erkennen – die Amperezahl

Zur besseren Differenzierung der Maximalbelastung sind Sicherungen, zusätzlich zu ihrer Beschriftung, farbig markiert. Die Minisicherungen im Astra vertragen:

Kennfarbe	*Stromstärke in Ampere*
Grau	2
Hellbraun	5
Dunkelbraun	7,5
Rot	10
Hellblau	15
Gelb	20
Hellgrün	30
Orange	40

Zusätzlich schützen A1-Sicherungen die kräftigeren Stromkreise im Astra. Sie widerstehen:

Kennfarbe	*Stromstärke in Ampere*
Grau	25
Pink	30
Rot	50
Hellblau	60
Schwarz	80

Am geschmolzenen Draht erkennbar: defekte Sicherungen (Pfeil). Häufig ist dann auch die Kunststofumhüllung gebrochen oder verschmort.

Kabel-/Klemmenbezeichnungen

WISSENSWERTES

Klemme 15: Steht ab Zündschloss bei eingeschalteter Zündung unter Strom. Sie setzt, außer der Zündung, auch jene Verbraucher unter Spannung, die nur während des Betriebs Strom erhalten sollen. Die vielfach schwarzen Kabel besitzen im Focus bisweilen auch farbige Zusatzstreifen.

Klemme 30: Steht dauernd in Kontakt mit dem Batteriepluspol bzw. bei laufendem Motor mit dem Generator. Das kann bei unvorsichtigem Umgang mit Werkzeug zu Kurzschlüssen und Funkenregen führen. Zumindest dann, wenn Sie nicht vorher das Minuskabel der Batterie abgenommen haben. Stromführende Kabel sind im Focus rot ummantelt, ggf. tragen auch sie zusätzliche Farbstreifen.

Klemme 49: Setzt die Blink- und Warnblinkanlage unter Strom.

Klemme 53: Speist den Scheibenwischer. Die Kabel sind überwiegend grün und mit weiteren Zusatzfarben (z. B. gelb) gekennzeichnet.

Klemme 56: Mit gelb/schwarzen Farben versorgt sie das Abblendlicht und mit weiß/schwarzen Farben das Fernlicht mit Strom.

Klemme 58: Speist das Standlicht. Die Kabelgrundfarbe ist grau, jeweils mit zusätzlichen Farbstreifen.

Klemme 31: Masseklemme, die alle Bordverbraucher mit Fahrzeugmasse verbindet. Im Bordnetz sind Massekabel meistens braun gefärbt.

Steckdose des Zigarettenanzünders speisen, lassen ab und an die Sicherung dahinschmelzen. Spendieren Sie häufig genutzten Zusatzverbrauchern also im Bedarfsfall einen separaten Stromkreis – natürlich mit einer entsprechend dimensionierten Sicherung und Zuleitung. Um alle Eventualitäten auszuschließen, beauftragen Sie besser einen Profi damit. Der verlegt Ihnen die richtigen Kabelquerschnitte (min. 1,5 mm²) und sichert den Stromkreis ausreichend ab.

Verteilt auf diverse Stromkreise – Bordsicherungen im Astra

Das Motormanagement und die meisten leistungsstarken Aggregate sind separat abgesichert. Damit Ihr Astra bei einem elektrischen Defekt nun nicht gänzlich ohne Strom dasteht, sind Bordverbraucher, ähnlich wie in Ihrer Wohnung, auf mehrere Stromkreise verteilt. Nebenverbraucher mit weniger wichtigen Aufgaben arbeiten in gemeinsamen Stromkreisen – jeweils von einer Sicherung geschützt. Nicht so die Stromkreise zwischen Starter, Batterie, Generator und Zündschloss: Hier liegt ständig die volle Batteriekapazität an. Bei Arbeiten an diesen Stromkreisen gilt also besondere Vorsicht: Klemmen Sie IMMER zuerst die Batterie ab, bevor Sie hier einsteigen! Andernfalls provozieren Sie kapitale Schäden, bis hin zu Fahrzeugbränden.

Mit Bordmitteln machbar – Sicherungen erneuern

Ein Tipp ganz zu Beginn: Bevor Sie eine Sicherung oder ein Relais wechseln, schalten Sie die Zündung und alle Stromverbraucher (z. B. Radio) aus.
Einer von drei Sicherungskästen sitzt im Motorraum, je einer hinter dem Staufach in der Instrumententafel sowie im Kofferraum.
Diese Sicherungen sind relativ einfach mit einer Klammer oder Flachzange in Eigenregie zu tauschen.
Ein Sicherungstausch ist grundsätzlich kein Hexenwerk. Zumindest dann nicht mehr, wenn Sie den Sicherungskasten freigelegt haben.

Arbeitsschritte:

- Egal ob Innen-, Koffer- oder Motorraum: Im Astra sitzen die Sicherungen verborgen hinter Kunststoffdeckeln.

Motorraum, Kofferraum

- Ziehen Sie am Sicherungskasten zunächst die Verkleidung ab.

Innenraum

- Öffnen Sie das Staufach links neben dem Lenkrad.
- Zum Entriegeln drücken Sie das Fach nach links und klappen es ganz nach unten.
- Jetzt ziehen Sie den darunter liegenden Sicherungskastendeckel ab.

alle

- Inspizieren Sie die Sicherungsleiste und ziehen die durchgebrannte Sicherung vorsichtig aus dem Steckplatz. Nutzen Sie dazu die im Sicherungskasten positionierte Kralle oder eine passende Flachzange bzw. eine Wäscheklammer.
- Achten Sie darauf, dass die neue Sicherung fest in beiden Polzungen sitzt und zudem auch die identische Amperestärke wie die geschmolzene Sicherung hat.
- Sollte Ihnen der Ersatz sofort wieder dahinschmelzen, prüfen Sie den Stromkreis auf Masseschluss (Kabelisolation gegen Masse blank gescheuert). Bleiben Sie damit erfolglos prüfen Sie zudem mit einer Behelfsleitung den aus dem Kreis genommenen Verbraucher auf Funktion.

Sitz neben dem Lenkrad: der Sicherungskasten im Innenraum.

Erfüllen unterschiedliche Aufgaben – spezielle Relaistypen

Um die Übersichtlichkeit und Fehlersuche zu verbessern, sitzen die meisten Relais im Astra auf speziellen Trägerplatten. Zusätzlich arbeiten im Bordnetz, ganz in der Nähe ihres Arbeitsplatzes, noch spezielle Funktionsrelais.

Sicherungstabelle (Motorraum)

Sicherung	Abgesicherte Stromkreise
1	Motorsteuergerät
2	Lambdasonde
3	Kraftstoffeinspritzung, Zündanlage
4	Kraftstoffeinspritzung, Zündanlage
5	Nicht belegt
6	Beheizte Spiegel, Diebstahlwarnanlage
7	Gebläsesteuerung, Steuergerät Motor, Steuergerät Getriebe
8	Lambdasonde, Motorkühlung
9	Heckscheibensensor
10	Fahrzeugbatteriesensor
11	Laderaumentriegelung
12	Adaptives Fahrlicht, automatisches Fahrlicht
13	ABS
14	Heckscheibenwischer
15	Motorsteuergerät
16	Anlasser
17	Getriebesteuergerät
18	Heckscheibenheizung
19	Elektrische Fensterbetätigung, vorn
20	Elektrische Fensterbetätigung, hinten
21	Elektrische Zentrale Heck
22	Fernlicht links (Halogen)
23	Scheinwerferwaschanlage
24	Abblendlicht rechts (Xenon)
25	Abblendlicht links (Xenon)
26	Nebelscheinwerfer
27	Heizung Dieselkraftstoff
28	Start-/Stoppsystem
29	Elektrische Parkbremse
30	ABS
31	Adaptiver Geschwindigkeitsregler
32	Airbag
33	Adaptives Fahrlicht, automatisches Fahrlicht
34	Abgasrückführung
35	Außenspiegel, Regensensor
36	Klimatisierung
37	Entlüftungsmagnetventil Aktivkohlebehälter
38	Unterdruckpumpe
39	Zentrales Steuergerät
40	Windschutzscheibenwaschanlage, Heckscheibenwaschanlage
41	Fernlicht rechts (Halogen)
42	Kühlergebläse
43	Scheibenwischer
44	Scheibenwischer
45	Kühlergebläse
46	Nicht belegt
47	Hupe
48	Kühlergebläse
49	Kraftstoffpumpe
50	Leuchtweitenregulierung, adaptives Fahrlicht
51	Lüftungsklappe
52	Zuheizer, Dieselmotor
53	Steuergerät Getriebe, Steuergerät Motor
54	Unterdruckpumpe, Kombiinstrument, Heizung/Lüftung/Klima

Sicherungstabelle (Innenraum)

Sicherung	Abgesicherte Stromkreise
1	Displays
2	Außenbeleuchtung, Steuergerät Karosserie
3	Außenbeleuchtung, Steuergerät Karosserie
4	Infotainment-System
5	Infotainment-System, Instrument
6	Zubehörsteckdose, Zigarettenanzünder
7	Zubehörsteckdose
8	Abblendlicht links, Steuergerät Karosserie
9	Abblendlicht rechts, Steuergerät Karosserie, Airbagmodul
10	Türschlösser, Steuergerät Karosserie
11	Innengebläse
12	Nicht belegt
13	Nicht belegt
14	Diagnosestecker
15	Airbag
16	Zubehörsteckdose
17	Klimaanlage
18	Logistik

Sicherung	Abgesicherte Stromkreise
19	Kontrolleinheit Karosserie
20	Kontrolleinheit Karosserie
21	Kombiinstrument, Diebstahlwarnanlage
22	Zündsensor
23	Kontrolleinheit Karosserie
24	Kontrolleinheit Karosserie
25	Nicht belegt
26	Steckdose im Laderaum (falls kein Sicherungskasten im Laderaum) (nur Sports Tourer)

Sicherungskasten im Kofferraum

Sicherung	Abgesicherte Stromkreise
1	Nicht belegt
2	Anhängeranschluss
3	Einparkhilfe
4	Nicht belegt
5	Nicht belegt
6	Nicht belegt
7	Elektrische Sitzeinstellung
8	Nicht belegt
9	Nicht belegt
10	Nicht belegt
11	Anhängermodul, Anhängersteckdose
12	Anhängermodul
13	Anhängeranschluss
14	Hintersitz, elektrisches Vorklappen
15	Nicht belegt
16	Innenspiegel, Rückblickspiegel
17	Zubehörsteckdose
18	Nicht belegt
19	Lenkradheizung
20	Schiebedach
21	Vordersitzheizung
22	Nicht belegt
23	Nicht belegt
24	Nicht belegt
25	Nicht belegt
26	Nicht belegt
27	Nicht belegt
28	Nicht belegt
29	Nicht belegt
30	Nicht belegt
31	Verstärker, Subwoofer
32	Aktives Dämpfungssystem, Spurassistent

STÖRUNGSBEISTAND

Batterie und Generator

	Störung	Was kann das sein?	Was muss ich tun?
A	**Rote Ladekontrolle brennt nicht beim Einschalten der Zündung**	**1** Batterie leer	Mit Starthilfekabel starten oder Wagen anschieben
		2 Batteriekabel gebrochen. Kabelklemmen lose oder oxidiert	Batteriekabel und -klemmen kontrollieren
		3 Kontrollleuchte defekt	ersetzen
		4 Kabelweg zwischen Zündschloss, Kontrollampe und Lichtmaschine unterbrochen	Durchgang mit Multimeter checken
		5 Spannungsregler defekt	Regler austauschen
		6 Generator schadhaft	Generator überholen oder austauschen
		7 Feuchtigkeit bildet einen isolierenden Schmierfilm zwischen den Schleifringen und Kohlen (z.B. nach Motorwäsche)	Lichtmaschine vorsichtig mit Druckluft ausblasen oder Schleifringe und Kohlen reinigen
B	**Ladekontrolle brennt oder glimmt bei laufendem Motor**	**1** Keilrippenriemen lose bzw. ohne Spannung	Keilrippenriemenspannung kontrollieren
		2 Mangelnder Kontakt an Kabelanschlüssen der Lichtmaschine oder unterbrochene Kabel	Kabelanschlüsse und Kabel prüfen
C	**Batterieoberfläche feucht**	**1** Zu viel eingefülltes destilliertes Wasser	Ausgasen lassen, keine Säure absaugen
		2 Batterieverschlüsse verstopft	Entlüftungslöcher säubern
		3 Spannungsregler defekt	austauschen
D	**Batterie gast stark**	**1** Batterie Zellenschluss	Batterie ersetzen
		2 Ladespannung zu hoch	Lastmanagement prüfen, Fehlerspeicher auslesen (lassen)

STÖRUNGSBEISTAND

Anlasser

Störung	Was kann das sein?	Was muss ich tun?
A **Beim Drehen des Zündschlüssels in Startstellung dreht der Anlasser zu lange oder gar nicht**	**1** Kontrolllampen brennen schwach oder verlöschen **1a** Batterie entladen **1b** Kabelanschlüsse lose oder oxidiert **1c** Batterie entladen	Mit Starthilfekabel starten, Auto anschieben/anschleppen, Kabel befestigen, Anschlüsse säubern, Anlasser überholen lassen oder austauschen
	2 Kontrolllampen brennen hell, Klicken aus Richtung Anlasser **2a** Kohlenbürsten bzw. deren Anschlüsse im Anlasser gelöst **2b** Kontakte im Magnetschalter verschmort **2c** Anlasserwicklung schadhaft	Anlasser überholen lassen oder austauschen
B **Der Anlasser dreht, Anlasserritzel dspurt nicht ein**	**1** Ritzel verschlissen	Ritzel erneuern
	2 Einrückvorrichtung klemmt	Anlasser überholen lassen
	3 Verzahnung der Motorschwungscheibe beschädigt	Wagen bei eingelegtem Gang kurz vorschieben. Wenn der Anlasser danach startet, Zahnkranz der Schwungscheibe auf Verschleißspuren prüfen.
C **Magnetschalter schaltet schnell ein und aus. Anlasser läuft nicht an**	**1** Batterie stark entladen, beim Einschalten des Magnetschalters fällt die Spannung ab und er schaltet wieder ab	Batterie laden
	2 Einrückvorrichtung klemmt	Anlasser überholen lassen
	3 Anlasserritzel oder Motorschwungscheibe beschädigt	Wagen bei eingelegtem Gang kurz vorschieben. Wenn der Anlasser danach startet, Zahnkranz der Schwungscheibe auf Verschleißspuren prüfen.
D **Anlasser läuft weiter, obwohl der Zündschlüssel losgelassen wurde**	**1** Magentschalter hängt oder schaltet nicht ab	Zündung sofort abschalten, notfalls Batterie abklemmen. Magnetschalter austauschen
	2 Zünd-/Anlassschalter defekt	Schalter ersetzen
E **Ritzel spurt nach Anspringen des Motors nicht aus**	**1** Rückstellfeder des Einrückhebels lahm oder gebrochen	Motor abstellen, Anlasser instand setzen

Hupe

STÖRUNGSBEISTAND

	Störung	Was kann das sein?	Was muss ich tun?
A	**Hupe funktioniert nicht**	**1** Sicherung defekt	Ersetzen
		2 Kabel vom Lenkrad zum Lenksäulensteuergerät unterbrochen	Kabelverlauf kontrollieren, Steckkontakte der Hupe säubern
		3 Hupe defekt	Mit Multimeter prüfen, ggf. ersetzen
		4 Relais defekt	Mit Multimeter prüfen, ggf. ersetzen
B	**Hupe tönt dauernd**	**1** Kabel vom Hupenkontakt zum Steuergerät hat Masseschluss	Anschlüsse zum Lenksäulensteuergerät prüfen
		2 Hupe hat inneren Masseschluss	Hupe ersetzen. Unterwegs Kabel von der Hupe abziehen

Bremslicht

STÖRUNGSBEISTAND

	Störung	Was kann das sein?	Was muss ich tun?
A	**Eine Bremsleuchte brennt nicht**	**1** Glühlampe durchgebrannt	Austauschen
		2 Masseverbindung unterbrochen. Brennen alle übrigen Lampen in derselben Heckleuchte?	Kabel kontrollieren
		3 Unterbrechung in der Zuleitung	Kabel kontrolllieren
B	**Beide bzw. alle drei Bremslichter brennen nicht**	**1** Sicherung defekt	Ersetzen
		2 Bremslichtschalter defekt	Überprüfen, ggf. ersetzen
		3 siehe A1 und A3	
C	**Bremslicht brennt dauernd**	**1** Kabel zum Bremslichtschalter haben direkten Kontakt	Kabel kontrollieren

Warnblink- und Blinkanlage

Störung	Was kann das sein?	Was muss ich tun?
A Blinkerkontrolllampe leuchtet in ganz kurzen Intervallen auf. Normaler Blinkrhythmus beim Warnblinken	**1** Eine Glühlampe defekt oder ohne Kontakt	Auswechseln
B Blinkleuchten und Kontrollleuchte brennen bei Richtungs- und Warnblinken dauernd oder gar nicht	**1** Blinkrelais defekt	Auswechseln
C Richtungsblinken funktioniert, aber kein Warnblinken	**1** Sicherung defekt	Auswechseln
	2 Kabel vom Steckkontakt am Warnblinkschalter zur Sicherung bzw. Blinkerrelais unterbrochen	Durchgang kontrollieren, ggf. erneuern
	3 Warnblinkschalter defekt	Auswechseln
D Warnblinken funktioniert, aber kein Richtungsblinken	**1** Kabel zwischen Blinkerschalter und Lenksäulensteuergerät unterbrochen	Durchgang kontrollieren, ggf. erneuern
	2 Blinkerschalter defekt	Auswechseln (lassen)
	3 Sicherung defekt	Ersetzen
E Kein Richtungs- und kein Warnblinken	**1** Sicherung defekt	Auswechseln
	2 Warnblinkschalter defekt	Auswechseln
	3 Anschlüsse zum Lenksäulensteuergerät defekt	prüfen

Technische Daten Opel Astra-J*

Motoren*

Modell	**1,4**	**1,4/****	**1,6/****	**1,4 Turbo/****	**1,4 Turbo/****	**1,4 LPG ecoFLEX**	**1,6 SIDI Turbo-ecoFLEX**
Motorcode	A14XEL	A14XER	A16XER	A14NEL	A14NET	A14NET LPG	A16XHT
GM-Code	LDD2	LDD	LDE	LUJ	LUV	LUJ	LVP
Abgasgrenzwerte gemäß	Euro 5	Euro 5	Euro 5	Euro 5	Euro 5	Euro 5	Euro 5
Zylinder / Ventile	4 / 16	4 / 16	4 / 16	4 / 16	4 / 16	4 / 16	4 / 16
Hubraum cm^3	1398	1398	1598	1364	1364	1364	1598
Bohrung mm	72,5	72,5	79	72,5	72,5	72,5	79,0
Hub mm	82,6	82,6	81,5	82,6	82,6	82,6	81,5
Verdichtung	10,5: 1	10,5: 1	10,8: 1	9,5: 1	9,5: 1	9,5: 1	10,5: 1
Höchstleistung	64/87	74/100	85/115	88/120	103/140	103/140	125/170
kW / PS bei 1/min	6000	6000	6000	4200-6000	4900-6000	4900-6000	6000
max. Drehmoment Nm	130	130	155	200	200	200	260
bei 1/min	4000	4000	4000	1850-4200	1850-4900	1850-4900	1650-3200
Leerlaufdrehzahl 1/min	820	820	780	820	820	820	570
Zulässige Höchst-drehzahl 1/min	6500	6500	6500	6500	6500	6500	6500
Motorblock	Eisen gegossen						
Zylinderkopf	Aluminium gegossen						
Nockenwellenantrieb	zwei obenliegende Nockenwellen; Antrieb über Rollenkette; hydraulische Tassenstößel und variable Ventilsteuerung (A16XER Zahnriemen);.						
Kurbelwelle	Stahl gegossen, vier Ausgleichsgewichte, fünf Hauptlager.						
Einspritzung	Elektronische Benzineinspritzung						Hochdruck-Benzin direkteinspritzung mit 200 bar Druck.
Turboaufladung	-						ja
Öldruck bei 80 °C**							
Leerlaufdrehzahl bar	1,5	1,5	1,5	1,5	1,5	1,5	1,5
Kraftstoff ROZ	95	95	95	95	95	95 / LPG	95
Füllmengen:							
Tankvolumen,ca. l	56	56	56	56	56	56 / 49	56
Motoröl ca. l	4,0	4,0	4,5	4,0	4,0	4,0	5,5
Kühlflüssigkeit ca. l	6,0	6,0	5,9	6,2	6,2	6,0	6,0
Getriebeöl:							
5-Gang ca. l	1,6	1,6	1,6	-	-	--	-
6-Gang ca. l	-	-	-	2,4	2,4	2,4	2,4
Automatik ca. l	-	-	8,0	-	8,0	-	8,0

1,3 CDTI/**	**1,7 CDTI/****	**1,7 CDTI/****	**2,0 CDTI/****	**2,0 BiTurbo CDTI**
A13DTE	A17DTE	A17DTF	A20DTH	A20DTR
LSF	LPV	LUD	LBS	LBY
Euro 5	Euro 5	Euro 5	Euro 5	Euro 5
				4 / 16
1248	1686	1686	1956	1956
69,6	79	79	83,0	83,0
82,0	86	86	90,4	90,4
16,8: 1	18,5: 1	18,5: 1	16,5: 1	16,5: 1
70/95	81/110	96/130	121/165	143/195
4000	3800	4000	4000	4000
190	280	300	350	400
1750-3250	1750-2550	2000-2500	1750-2500	1750-2500
800	800	800	850	850
5200	4630 - 4830	4630 - 4830	4700	4700
Eisen gegossen				
Aluminium gegossen				
zwei obenliegende Nockenwellen; Antrieb über Zahnriemen; Rollen-Schlepphebel.				
Stahl gegossen, vier Ausgleichsgewichte, fünf Hauptlager, Zweimassenschwungrad.				
Common-Rail-Direkteinspritzung mit 1.600 bar Druck.	Common-Rail-Direkteinspritzung mit 1.800 bar Druck.			Common-Rail-Direkteinspritzung mit 1.600 bar Druck.
Turbolader mit variabler Turbinengeometrie				Zwei variable Turbolader
1,0	> 0,8	> 0,8	> 1,0	> 1,0
Diesel	Diesel	Diesel	Diesel	Diesel
56	56	56	56	56
3,5	5,4	5,4	4,5	4,5
6,6	7,1	7,1	9,0	9,0
1,6	-	-	-	-
-	2,4	2,4		1,9
-	-	-	8,0	-

Verbrauch und Fahrleistungen*

Astra Fünftürer			**Kraftstoffverbrauch (l/100 km)**		**Fahrleistungen**		
Motor, Getriebe	Leistung (kW/PS)	CO_2 (g/km)	innerorts	außerorts	kombiniert	max (km/h)	0 –100 km/h (s)
1,4	64/87	129	7,1	4,6	5,5	168	15,1
1,4	74/100	129	7,1	4,6	5,5	178	13,9
1,4 ecoFLEX	74/100	124	6,1	4,5	5,3	178	13,9
1,6	85/115	154	8,7	5,3	6,6	188	11,7
1,6 ecoFLEX	85/115	139	7,8	4,8	5,9	188	11,7
1,4 Turbo	88/120	137	7,9	4,7	5,9	192	11,0
1,4 Turbo ecoFLEX	88/120	129	7,1	4,6	5,5	192	11,0
1,4 Turbo	103/140	137	7,8	4,8	5,9	202	9,8
1,4 Turbo ecoFLEX	103/140	129	7,1	4,6	5,5	202	9,8
1,4 LPG ecoFLEX	103/140	129/141**	10,6/7,9**	6,4/4,9**	7,9/6,0**	202	10,2
1,6 SIDI TurboecoFLEX	125/170	139	7,8	4,9	5,9	221	8,5
1,3 CDTI	70/95	109	5,2	3,5	4,1	175	14,5
1,3 CDTI ecoFLEX	70/95	104	4,6	3,6	3,9	175	14,5
1,7 CDTI	81/110	119	5,4	4,0	4,5	186	12,3
1,7 CDTI ecoFLEX	81/110	99	4,3	3,4	3,7	188	12,5
1,7 CDTI	96/130	119	5,4	4,0	4,5	198	10,6
1,7 CDTI ecoFLEX	96/130	99	4,3	3,4	3,7	201	11,2
2,0 CDTI	121/165	124	6,2	3,9	4,8	215	9,0
2,0 CDTI ecoFLEX	121/165	119	5,4	4,0	4,5	215	9,0
2,0 BiTurbo CDTI	143/195	134	6,2	4,4	5,1	226	8,4
Astra Limousine	**Kraftstoffverbrauch (l/100 km)**				**Fahrleistungen**		
1,4	74/100	129	7,1	4,6	5,5	183	14,2
1,6	85/115	154	8,7	5,3	8,6	193	11,9
1,3 CDTI	70/95	111	5,3	3,6	4,2	180	14,6
1,3 CDTI ecoFLEX	70/95	107	4,7	3,7	4,1	180	14,6
1,4 Turbo	103/140	139	7,8	4,9	5,9	207	10,2
1,4 Turbo ecoFLEX	103/140	132	7,2	4,7	5,6	207	10,2
1,6 SIDI TurboecoFLEX	125/170	159	8,8	5,6	6,8	223	8,7
1,7 CDTI	81/110	122	5,6	4,0	4,6	188	12,4
1,7 CDTI ecoFLEX	81/110	99	4,3	3,4	3,7	191	12,6
1,7 CDTI	96/130	122	5,6	4,0	4,6	203	10,8
1,7 CDTI ecoFLEX	96/130	99	4,3	3,4	3,7	206	11,3
Astra Sports Tourer	**Kraftstoffverbrauch (l/100 km)**				**Fahrleistungen**		
1,4	74/100	139	7,6	4,9	5,9	175	14,5
1,4 ecoFLEX	74/100	134	7,1	4,9	5,7	175	14,5
1,6	85/115	156	8,9	5,4	6,7	185	12,3
1,6 ecoFLEX	85/115	144	8,1	5,0	6,1	185	12,3
1,3 CDTI	70/95	113	5,3	3,7	4,3	174	14,6

Astra Sports Tourer	**Kraftstoffverbrauch (l/100 km)**				**Fahrleistungen**		
Motor, Getriebe	Leistung (kW/PS)	CO2 (g/km)	innerorts	außerorts	kombiniert	max (km/h)	0 –100 km/h (s)
1,3 CDTI ecoFLEX	70/95	109	4,7	3,8	4,1	174	14,6
1,4 Turbo	88/120	144	8,4	4,9	6,1	190	11,2
1,4 Turbo ecoFLEX	88/120	136	7,5	4,8	5,8	190	11,2
1,4 Turbo	103/140	144	8,1	5,0	6,1	200	10,4
1,4 Turbo ecoFLEX	103/140	136	7,4	4,9	5,8	200	10,4
1,6 SIDI TurboecoFLEX	125/170	159	9,0	5,5	6,8	220	8,8
1,4 LPG ecoFLEX	103/140	132/144**	10,8/8,1**	6,6/5,0**	8,1/6,1**	200	10,8
1,7 CDTI	81/110	122	5,6	4,0	4,6	184	12,5
1,7 CDTI ecoFLEX	81/110	105	4,6	3,6	4,0	186	12,7
1,7 CDTI	96/130	122	5,6	4,0	4,6	195	10,9
1,7 CDTI ecoFLEX	96/130	105	4,6	3,6	4,0	198	11,4
2,0 CDTI	121/165	129	6,1	4,2	4,9	212	9,5
2,0 CDTI ecoFLEX	121/165	124	5,7	4,1	4,7	212	9,5
2,0 BiTurbo CDTI	143/195	134	6,2	4,4	5,1	222	8,2

* Stand Juni 2013, ** mit Super

Kraftübertragung

Generell		Frontantrieb, unterschiedlich lange, homokinetische Antriebswellen; hydraulisch betätigte Einscheibentrockenkupplung; Differenzial mit Getriebe verblockt.
Schaltgetriebe		
1,4	64/87	Vollsynchronisiertes 5-Gang-Schaltgetriebe mit Seilzugschaltung (Bezeichnung: F17).
1,4	74/100	
1,4 ecoFLEX	74/100	
1,6	85/115	
1,6 ecoFLEX	85/115	
1,3 CDTI	70/95	
1,3 CDTI ecoFLEX	70/95	
1,4 Turbo	88/120	Vollsynchronisiertes 6-Gang-Schaltgetriebe mit Seilzugschaltung (Bezeichnung: M32-6).
1,4 Turbo ecoFLEX	88/120	
1,4 Turbo	103/140	
1,4 Turbo ecoFLEX	103/140	
1,4 LPG ecoFLEX	103/140	
1,6 SIDI TurboecoFLEX	125/170	
1,7 CDTI	81/110	
1,7 CDTI ecoFLEX	81/110	
1,7 CDTI	96/130	
1,7 CDTI ecoFLEX	96/130	
2,0 CDTI	121/165	Vollsynchronisiertes 6-Gang-Schaltgetriebe mit Seilzugschaltung (Bezeichnung: F40).
2,0 CDTI ecoFLEX	121/165	
2,0 BiTurbo CDTI	143/195	

1,6	85/115	Sechsstufen-Wandlerautomatik; manuelle Gangwechselmöglichkeit; Differenzial mit Getriebe verblockt (Bezeichnung AF-40-6).
1,4 Turbo	103/140	
1,6 SIDI TurboecoFLEX	125/170	
2,0 CDTI	121/165	

Gemischaufbereitung

1,6 SIDI Turbo ecoFLEX	E39 (S3), elektronische Hochdruck Benzineinspritzung, geschlossener 3-Wege-Katalysator mit beheizter Lambdasonde und Abgasrückführung.
1,3 CDTI	Bosch MED17 mit CAN-Bus und je einem individuellen Klopfsensor pro Zylinder, Hochdruck-Benzindirekteinspritzung mit 6-Loch-Injektoren, geschlossener 3-Wege-Katalysator mit beheizter Lambdasonde und Abgasrückführung.
1,3 CDTI	Bosch Common-Rail-Dieselmotorenmanagement mit 1600 bar Druck (EDC 17); Bosch CP1H-Piezo-Injektoren, Oxidationskatalysator mit wassergekühlter Abgasrückführung EGR und serienmäßigem beschichtetem Dieselpartikelfilter (DPF).
1,7 CDTI	Denso Common-Rail-Dieselmotorenmanagement mit 1800 bar Druck (DECe01); Denso DLL P-Piezo-Injektoren, Oxidationskatalysator mit wassergekühlter Abgasrückführung EGR und serienmäßigem beschichtetem Dieselpartikelfilter (DPF).
2,0 CDTI	Common-Rail-Dieselmotorenmanagement der 2. Generation mit 2000 bar Druck; 8-Loch-Elektromagnet-Injektoren, Oxidationskatalysator mit wassergekühlter Abgasrückführung EGR und serienmäßigem beschichtetem Dieselpartikelfilter (DPF).

Fahrwerk

Vorderachse	Einzelradaufhängung mit McPherson-Federbeinen, versetzte Zuganschlagfedern an Gasdruckstoßdämpfern; untere Dreieckslenker mit optimierten Gummibuchsen vorn und Hydrobuchsen hinten verschraubt an separatem verstärktem Querträger-Hilfsrahmen; Stabilisator.
Hinterachse	Verbundlenkerachse mit Torsionsprofil in U-Form; Wattgestänge, Miniblockfedern; Gasdruckstoßdämpfer.
Lenkung	Zahnstangen-Lenkung mit elektrischer Servounterstützung, Gesamtübersetzung 14,7:1, Wendekreis 10,9 m, maximale Lenkradumdrehungen 2,7.
Bremsanlage	Zweikreisdiagonal-Bremsanlage, hydraulisch betätigte Scheibenbremsen rundum; Vakuum-Bremskraftverstärker mit elektronisch gesteuertem Vierkanal-ABS mit elektronischer Bremskraftverteilung.
Bremsscheiben vorn	276 mm, innen belüftet; 1.6 Turbo, 1.7 CDTI und 2.0 CDTI: 300 mm, innen belüftet.
Bremsscheiben hinten	276 mm, 1.6 Turbo, 1.7 CDTI und 2.0 CDTI: 292 mm.
Assistenzsysteme	Serienmäßig: elektronisches Vierkanal-ABS mit elektronischer Bremskraftverteilung (EBD) und Bremsassistent (BAS), elektronisches Stabilitätsprogramm (ESP) und elektronische Antriebsschlupf-Regelung (TC), Kurvenbremskontrolle (CBC), Kurventraktionskontrolle (CTC), elektronische Schleppmomentregelung (EDC), hydraulischer Fadingassistent (HBFA), Anhängerstabilitätsprogramm (TSA).

Karosserie

Karosseriestruktur	Computeroptimierte, verwindungssteife Ganzstahlkarosserie.
Sicherheitsmerkmale – Karosserie	■ Die Stoßfänger überstehen einen Aufprall mit bis zu 15 km/h ohne nennenswerten Schaden. Mit vorderen Längsträgern verschraubte Crashelemente.
	■ orgelagerte, Energie absorbierende Knautschzonen mit definierten Deformationsbereichen der Fahrzeug-Front- und Heckpartie. Längsträger vorn und hinten lasergeschweißt; vorderer Hilfsrahmen mit definiertem Verformungsverhalten – fungiert als zusätzlicher Lastpfad.
	■ Verformungssteife Fahrgastzelle aus hochfestem Stahl, ultrahochfester Boronstahl in der A- und B-Säule sowie im Dach- und Schwellerbereich. Zusätzliche laterale Strukturelemente im Dach- und Bodenbereich.
Passive Sicherheitsausstattung und Rückhaltesysteme	■ Frontairbag für Fahrer und Beifahrer mit einstufigem Auslösemechanismus ■ Sicherheitsgurte vorn mit pyrotechnischen Gurtstraffern und mechanischen Gurtkraftbegrenzern ■ Seitenairbag für Fahrer, Beifahrer und zweite Sitzreihe ■ Kopf-Schulterairbags ■ Sicherheitslenksäule, die sich bei einem Frontaufprall vom Fahrer wegbewegt ■ Sicherheitspedalerie, die beim Unfall wegklappt ■ Schleudertraumaschutzsystem vorne (passiv) ■ 3-Punkt-Sicherheitsgurte für alle Sitze, vorne höhenverstellbar ■ Gurtwarnsystem ■ passive Sicherheitsausstattung
Stoßfängersystem	Die Stoßfänger überstehen einen Aufprall mit bis zu 15 km/h ohne nennenswerten Schaden.
Diebstahlschutz	■ optionale Diebstahlwarnanlage mit Innenraumüberwachung
	■ Elektronische Wegfahrsperre
	■ Zentralverriegelung über Funkfernbedienung oder per Schlüssel
	■ Schließfunktion für elektrische Fensterheber und Schiebedachs
Korrosionsschutz	12 Jahre Garantie gegen Durchrostung. Sie brauchen hierzu lediglich die jährlich vorgesehenen Korrosionsschutzprüfungen von einem Opel-Service-Partner durchführen.

Räder und Bereifung

Material	Stahl	Leichtmetall	Leichtmetall	Leichtmetall	Leichtmetall
Felgengröße (Breite x Durchmesser)	6½ J x 16 7 J x 17	7J x 17	6½ J x 16	7½ J x 18 8 J x 18	8 J x 19
Reifendimension	205 (215)/60 R 16 215 (225)/50 R 17	205 (215)/60 R 16	215 (225)/50 R 17	225/45 R 18 bzw. 235/45 R 18	235/40 R 19

Alle Modelle mit Ersatzrad mit Notlaufeigenschaften

Maße und Gewichte

Wagenabmessungen in mm	Astra Fünftürer	Astra Limousine	Astra Sports Tourer
Länge	4419	4658	4698
Breite mit aus-/ eingeklappten Außenspiegeln	1814 / 2013	1814 / 2013	1814 / 2013
Höhe (bei Leergewicht)	1510	1500	1535
Radstand	2685	2685	2685
Spurweite, vorn	1541	1541	1541
Spurweite, hinten	1551	1551	1551
Wendekreis in m			
Wand zu Wand	11.40	11.50	11.40
Bordstein zu Bordstein	10.90	11.00	10.90
Gepäckraumabmessungen in mm			
Länge am Boden bis Rücksitzlehne	857	1048	1069
Länge am Boden bei vorgeklappter Rücksitzlehne	1580	1778	1835
Breite	1026	976-1283	1026
Höhe bis Oberkante Rücksitzlehne	536	429	454
Höhe bis Dach (über Hinterachse)	809	546	721
Höhe der Ladekante	731	756	640
Öffnungshöhe	806	342	721
Öffnungsbreite	897-978	max. 1049	949-1028
Gepäckrauminhalt in l nach ISO 3832			
Nur Gepäckraum bis Gepäckraumabdeckung	370	460	500
Bei vorgeklappter Rücksitzlehne bis Oberkante Vordersitzrückenlehne	795	1010	1000
Bei vorgeklappter Rücksitzlehne bis unters Dach	1235		1550
Gewichte und Achslasten in kg			
Leergewicht inkl. Fahrer (nach 70/156/EWG)	ab 1373	ab 1393	ab 1393
Zulässiges Gesamtgewicht	bis zu 2065	bis zu 2040	bis zu 2155
Zuladung	bis zu 532	bis zu 537	bis zu 592
Zulässige Achslast, vorn	bis zu 1155	bis zu 1120	bis zu 1175
Zulässige Achslast, hinten	920	950	1020
Zulässige Dachlast1)	75	75	100

1) Unter Berücksichtigung des zulässigen Gesamtgewichts. Aus Sicherheitsgründen wird empfohlen, mit Dachlast nicht schneller als 120 km/h zu fahren.